问题解决的数学建模方法与分析研究

刘常丽/著

中国水利水电出版社
www.waterpub.com.cn
·北京·

内 容 提 要

数学模型是近些年发展起来的新学科，是数学理论与实际问题相结合的一门科学。本书主要论述了数学建模的理论及应用，将数学建模的过程贯穿全书各类问题的分析和讨论中，阐述了如何使用数学模型来解决实际问题，因此，具有重要的理论意义和实际应用价值。本书主要内容包括：问题解决的初等数学及简单优化方法建模、问题解决的数学规划方法建模、问题解决的微分方程方法建模、问题解决的差分方程方法建模、问题解决的概率方法建模、问题解决的图与网络方法建模、问题解决的其他方法建模等。本书内容丰富新颖，条理清晰，是一本值得学习研究的著作。

图书在版编目（CIP）数据

问题解决的数学建模方法与分析研究 / 刘常丽著
. -- 北京 ：中国水利水电出版社，2017.5（2022.9重印）
ISBN 978-7-5170-5365-1

Ⅰ. ①问… Ⅱ. ①刘… Ⅲ. ①数学模型 Ⅳ.
①O141.4

中国版本图书馆CIP数据核字(2017)第079795号

责任编辑：杨庆川　陈　洁　　　封面设计：马静静

书　　名	问题解决的数学建模方法与分析研究 WENTI JIEJUE DE SHUXUE JIANMO FANGFA YU FENXI YANJIU
作　　者	刘常丽　著
出版发行	中国水利水电出版社 （北京市海淀区玉渊潭南路 1 号 D 座 100038） 网址：www.waterpub.com.cn E-mail：mchannel@263.net（万水） sales@mwr.gov.cn 电话：(010)68545888（营销中心）、82562819（万水）
经　　售	全国各地新华书店和相关出版物销售网点
排　　版	北京鑫海胜蓝数码科技有限公司
印　　刷	天津光之彩印刷有限公司
规　　格	170mm×240mm　16 开本　20 印张　358 千字
版　　次	2017年5月第1版　2022年9月第2次印刷
印　　数	2001-3001册
定　　价	68.00 元

前　言

近年来，数学建模方法在各领域中的应用越来越广泛，通过数学建模解决实际问题正在逐渐地成为人们的一种行为习惯. 从日常生活、生产实践到社会管理，数学量化的思想和手段都得到了较多地体现，或简单，或复杂，数学建模的方法及其解决的实际问题都在不断地发展. 从初等数学方法到现代数学理论，从传统的数学应用领域到现代经济、生态及信息等社会领域，数学建模方法也越来越多元化，数学建模所面临的实际问题越来越丰富、越来越复杂. 数学建模之所以能发挥重要作用，关键在于数学建模的本质特征：既来源于实践又应用于实践，它利用数学的理论方法对实际问题进行描述、分析、解释和模拟. 数学建模在科学技术发展中的重要作用越来越受到数学界和工程界的普遍重视，它已成为现代科技工作者必备的重要能力之一.

人才培养的关键在教育，为了科学技术发展的需要，培养高质量、高层次科技人才，数学建模已经在大学教育中逐步开展. 全面提高大学生的数学水平，关系到各行各业高级专门人才的创新精神、综合素质的培养，关系到我国未来科学技术的发展和国际竞争力的提高，是百年树人大业中的重要环节.

作者基于多年的数学建模教学与数学建模竞赛培训、指导工作，参考了国内外各类数学建模书籍，撰写了本书. 本书对数学建模方法与分析研究做了详细地介绍，全面而系统地介绍数学建模的基本理论与方法，主要内容为初等数学及简单优化方法建模、线性规划方法建模、微分方程建模、差分方程方法建模、概率方法建模、图与网络方法建模等，共 8 章，每章编有结合实际问题的数学建模案例分析，帮助读者更好地理解数学建模，提高他们学习数学的兴趣和应用数学的意识与能力，使他们在以后的工作中能经常性地想到用数学思想与方法去解决问题，提高他们充分利用数学、计算机软件及当代高新科成果的意识，能将数学、计算机有机地结合起来解决实际问题.

本书在撰写过程中，参考了国内外各类数学建模书籍，特向其作者表示深切的谢意。

鉴于作者水平有限，且数学建模用到的数学知识包罗万象，很难完整地反映在我们篇幅有限的书中，疏漏之处在所难免，诚望读者指正.

作　者

2017 年 3 月

目　　录

第1章　引　　言

随着计算机技术的迅猛发展,特别是计算机在高速、智能、小型、价廉四个方面的迅速发展(运算速度与智能程度为衡量计算机性能的最重要的两个指标),数学模型的应用已经渗透到从自然科学到工程技术及工农业生产,从经济活动到社会生活的各个领域.

1.1　数学建模的概念

1.1.1　数学模型

数学模型就是对实际问题的一种数学表述,是针对或参照某种问题(事件或系统)的特征和数量相依关系,采用形式化语言,概括或近似表达出来的数学结构.数学模型常常能帮助人们更好地了解一种行为或规划未来.可以把数学模型看作为了研究一种特定的实际系统或人们感兴趣的行为而设计的数学结构.如图 1-1 所示,从模型中,人们能得到有关该行为的数学结论,而阐明这些结论有助于决策者规划未来.

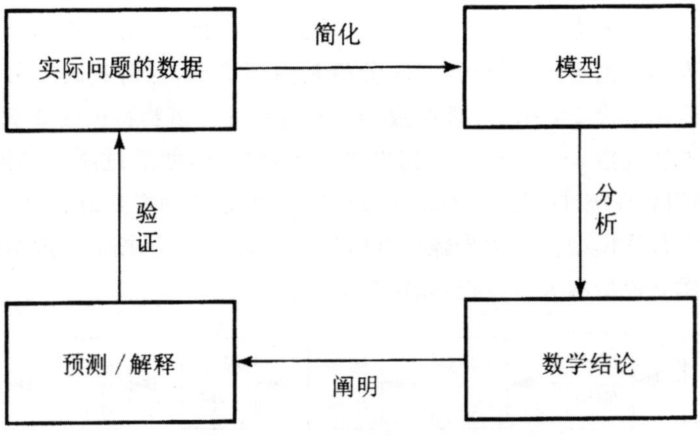

图 1-1　从考察实际数据开始的建模过程的流程图

1.1.2 数学建模

数学建模就是建立数学模型,建立数学模型的过程就是数学建模的过程.通俗地说,就是用数学知识和方法建立数学模型解决实际问题的过程.

建立数学模型解决实际问题的思维方法可用图 1-2 表示.

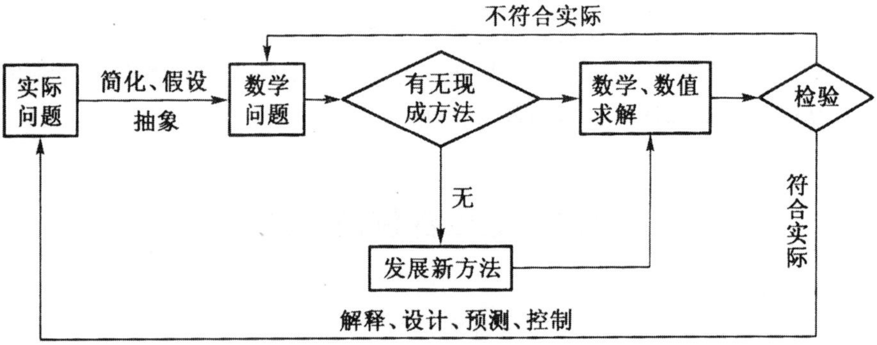

图 1-2 数学建模流程图

数学建模就是通过对实际问题的分析、抽象和简化,明确实际问题中最重要的变量和参数,通过某些规律建立变量和参量间的数学模型.再用精确的或近似的数字方法求解,这样的过程经多次执行和完善就是数学建模的全过程.

1.2 数学建模的基本方法和步骤

数学建模的方法大体上可分为机理分析和测试分析两种.机理分析方法是指人们根据客观事物的特征,分析其内部机理,弄清其因果关系,并在适当的简化假设下,利用合理的数学工具得到描述事物特征的数学模型;测试分析方法是指人们一时得不到事物的机理特征,便通过测试得到一串数据,再利用数理统计等知识,对这些数据进行处理,从而得到最终的数学模型.

建立数学模型需要的步骤没有固定的模式,下面是按照一般情况,提出的一个建立模型的大体过程,如图 1-3 所示.

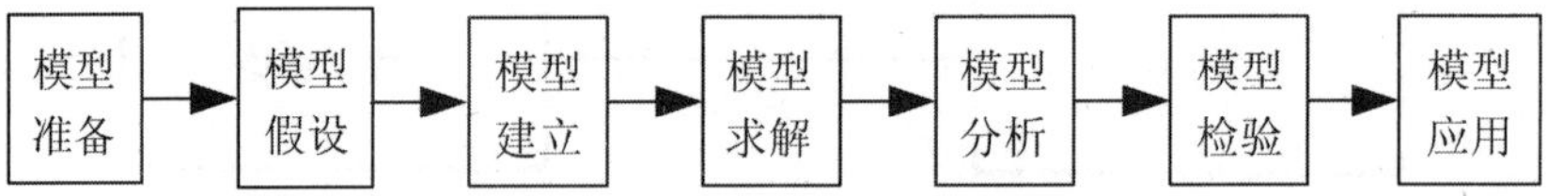

图 1-3 数学建模的基本步骤

1.3 数学建模解决实际问题

数学建模是连接数学和实际问题的纽带，它应用数学知识解决实际问题. 学习数学建模要注意在思考方法和思维方式上的转变，以适应复杂的实际问题，要培养团队意识，良好的交流合作和准确表达的能力也是非常重要的.

1.3.1 录像机计数器的用途

一盘录像带从头至尾用时 183 分 30 秒，计数器 0000 变到 6152，现在录像机计数器为 4580，问剩下的一段能否录下 1 小时的节目.

(1)问题分析

①读数并非均匀增长，而是先快后慢.

②录像机的工作原理见图 1-4.

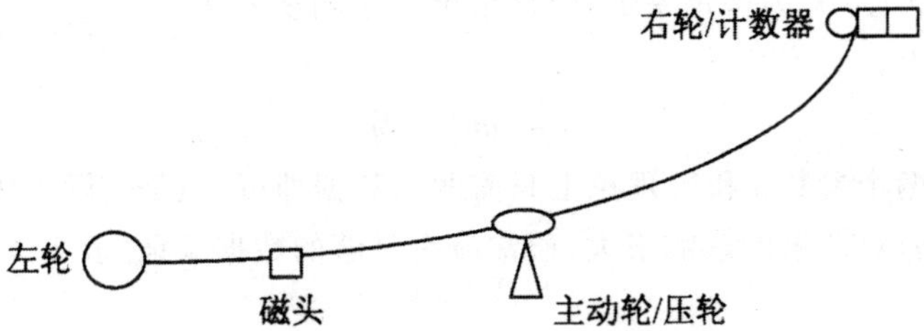

图 1-4 录像带工作原理

(2)目标

找出计数器 n 与录像带转过的时间 t 之间的关系 $t=f(n)$.

(3) 模型假设

① 录像带的线速度(单位时间通过磁头的长度)是常数 v.

② 计数器 n 与右轮的转数 m 成正比，即 $m=kn$，k 为比例系数.

③ 录像带的厚度是常数 w，空右轮的半径 r.

(4) 模型建立

方法一

右轮转盘转到第 i 圈时其半径为 $r+iw$，周长为 $2\pi(r+wi)$，m 圈总长度等于录像带转过的长度 vt，即

$$\pi\sum_{i=1}^{m}2(r+wi)=vt$$

由于 $w \ll r$,将 $m=kn$ 代入得

$$t=\pi\frac{wk^2}{v}n^2+2\pi\frac{rk}{v}n$$

方法二

右轮面积的变化 = 录像带转过的长度 × 厚度

$$\pi[(r+kwm)^2-r^2]=wvt$$

方法三

自 t 到 $t+\mathrm{d}t$,录像带在右轮上缠绕的长度为

$$v\mathrm{d}t=2\pi k(r+kwn)\mathrm{d}n$$

两边积分得

$$v\int_0^t\mathrm{d}t=2\pi k(r+kwn)\mathrm{d}n$$

因此

$$t=\pi\frac{wk^2}{v}n^2+2\pi\frac{kr}{v}n$$

本例中,r、w、v、k 为待定系数,应该给出相应测量方法.

事实上,

$$t=an^2+bn$$

只需确定两个参数 a 和 b. 理论上只需两组数据即可,但是实际上因 w 较小,很小的误差对结果的影响很大,通常应有足够的数据验证. 表 1-1 是一组相关数据.

表 1-1　t 与 n 的相关数据

t/分	0	20	40	60	80	100	120	140	160	183.5
n/转	0	1153	2045	2800	3466	4068	4621	5135	5619	6152

经数据处理得

$$a=2.50\times10^{-6},b=1.445\times10^{-2}$$

即可得到 t 与 n 的关系式.

(5) 模型检验

应从另一组数据进行检验,并计算误差.

(6) 模型应用

当 $n=4580$ 时,将 n 值代入得 $t=118.5$ 分,剩下一段录像带还可录

$183.5-118.5=65$(分).

1.3.2　椅子能否在不平的地面放稳问题

椅子问题来源于日常生活,其问题是:四条腿长相同的方椅放在不平的地面上,是否能使它四脚同时着地呢?

在简单的条件下,答案是肯定的?其证明体现了想象力所发挥的卓越作用.

1. 模型假设

对椅子和地面作出如下假设:

(1) 椅子

四腿长相同,并且四脚连线呈正方形.

(2) 地面

略微起伏不平的连续变化的曲面.

(3) 着地

点接触:在地面任意位置处,椅子应至少有三只脚同时落地.

上述假设表明椅子是正常的,排除了地面有坎以及有剧烈升降等异常情况.

2. 模型建立

该问题的关键是要用数学语言把条件及结论表示出来,需运用直观和空间的方式来思考.将椅脚连线构成的正方形的中心称为椅子中心,椅子处于地面任一位置,总可想象为椅子中心处于该位置 —— 某直角坐标系的原点 O 处,如图 1-5 所示.而用 A、B、C、D 表示椅子四脚的初始位置.椅子总能着地,则意味着通过调整,四脚能达到某一平衡位置,使四脚与地面距离均为零.这可想象为使椅子以原点 O 为中心旋转角度,此时四脚位置变为 A'、B'、C'、D'.

显然,椅子位置可用 θ 来表示,而椅脚与地面距离应是 θ 的连续函数,记 A、C 两脚,B、D 两脚与地面的距离之和分别为 $f(\theta)$ 和 $g(\theta)$,则该问题易归结如下:已知连续函数 $f(\theta)\geqslant 0$,$g(\theta)\geqslant 0$,且若 $f(\theta)g(\theta)=0$,则一定存在 $\theta_0\in\left(0,\frac{\pi}{2}\right)$,使得

$$f(\theta_0)=g(\theta_0)=0$$

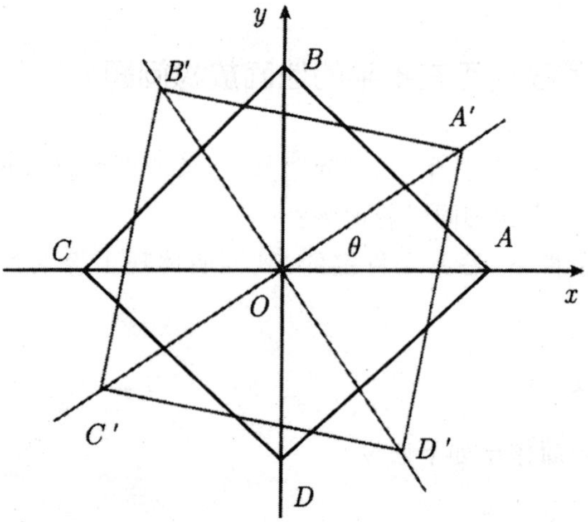

图 1-5　用 θ 表示椅子的位置

3. 模型求解

令 $\theta = \frac{\pi}{2}$(即旋转 90°,对角线 AC 与 BD 互换),则 $f\left(\frac{\pi}{2}\right) = 0, g\left(\frac{\pi}{2}\right) > 0$. 定义 $h(\theta) = f(\theta) - g(\theta)$,得到 $h(0) \cdot h\left(\frac{\pi}{2}\right) < 0$. 根据连续函数的零点定理,则存在 $\theta_0 \in \left(0, \frac{\pi}{2}\right)$,使得

$$h(\theta_0) = f(\theta_0) - g(\theta_0) = 0$$

结合条件 $f(\theta)g(\theta) = 0$,从而得到

$$f(\theta_0) = g(\theta_0) = 0$$

即 4 个点均在地面上.

1.3.3　其他问题

虽然不能说数学建模是万能的,但是数学建模能解决的问题和所涉及的领域在不断地扩大. 下面列举一些身边的实际问题,它们都可以通过数学建模适当地解决.

1. 棋子游戏

15 颗棋子分三堆,每堆分别有 3 颗、5 颗、7 颗,两人依次从中取走棋子,规定每次只能从一堆中取,至少要取走一颗,多取不限,取到最后一颗棋子为胜.问先取者是否有必胜方法?

2.空气清洁

设车间容积为 V m^3,其中有一台机器每分钟能产生 r m^3 的二氧化碳,为了清洁车间里的空气,降低空气中二氧化碳的含量,用一台风力为 K m^3/min 的鼓风机通入含二氧化碳为 $m\%$ 的新鲜空气,来降低车间里空气的二氧化碳含量.假定通入的新鲜空气能与原空气迅速均匀混合,并以相同的风量排出车间.又设鼓风机开始工作时车间空气中含 $x_0\%$ 的二氧化碳.问经过 t min 后,车间空气中含百分之几的二氧化碳?最多能把车间空气中二氧化碳的百分比降低到多少?

3.管道包扎

水管或煤气管道经常需要从外部包扎以便对管道起保护作用.包扎是用很长的带子缠绕在管道外部,如图 1-6 所示.为节省材料,如何进行包扎才能使带子全部包住管道而且所用带子最节省?

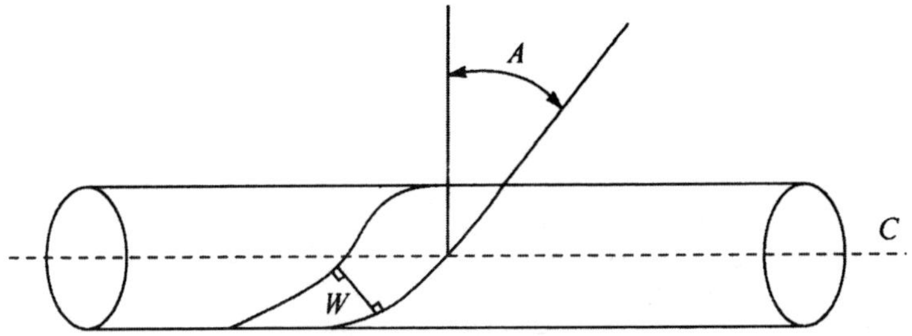

图 1-6 管道包扎示意图

4.崖高估算

假如你站在崖顶,身上只带了一支具有跑表功能的计算器,你也许会出于好奇心想用扔下一块石头听回声的方法来估计出山崖的高度.

1)假定你能准确地测定石块下落时间,请推算山崖的高度.

2)通常是听到回声再按跑表,因此测定的时间中还包含了人的反应时间,反应时间虽然不长,但由于石块落地前的速度已经变得很大,对计算结果的影响仍会较大.考虑这一问题给出新的推算结果.

3)所测定的石块下落时间还包括了声音从崖底传回来所需要的时间,即回声时间,考虑回声时间再继续讨论问题.

5. 拥挤的水房

某大学在校学生一万余人，由一个开水房供应开水. 供水时间为早晨6:30到8:00，中午11:00到12:30，下午17:00到18:30. 水房内共有22个水龙头供大家使用. 水房内有约10 m^2 的面积供排队等候打水. 开水锅炉容量较小，送水管道较细，开水的流量受到一定的限制，再加上水管易被水垢堵塞，使水流减小甚至状如细线，致使水房内常有排队的现象. 拥挤的水房成为人们抱怨的一个话题. 我们的问题：水房的设计是否合理?为什么拥挤，拥挤的程度如何?怎样进行改进?

第2章　问题解决的初等数学及简单优化方法建模

数学建模涉及的问题多种多样，由于建模目的、分析方法与所用数学工具的不同，所得数学模型的类型也不尽相同. 现实世界中有一些问题，它们的机理较为简单，借助线性、逻辑或静态的方法可建立起数学模型，而使用初等的数学方法即可对其进行求解，一般将这些模型统称为初等模型. 判断一个数学模型的优劣主要取决于模型的正确性和实际应用的效果，而与使用的数学理论和方法是否高深无关. 在相同的效果之下，用初等方法建立的数学模型可能要优于用高等方法建立的数学模型. 通过初等分析进行数学建模的方法很多，常用的有类比分析法、几何分析法、逻辑分析法、量纲分析法等. 这些方法主要通过对研究对象特性的认识，分析其因果关系，找出反映内部机理的规律，所建立的模型一般都有明确的物理或现实意义.

2.1　公平席位分配问题

数学向各个领域的渗透可以说是当代科学发展的一个显著特点，代表名额的分配问题就是数学在人类政治活动中的一个应用. 它起源于西方所谓的民主政治问题，美国宪法第1条第2款指出："众议院议员名额 …… 将根据各州的人口比例分配 ……". 美国宪法从1788年生效以来，200多年中，美国的政治家们和科学家们就如何"公正合理"地实现宪法中所规定的分配原则展开了激烈的争论. 虽然设计并实践了许多方法，但没有一种方法能够得到公众普遍的认可.

这个问题可用数学语言表达为：设第 i 方人数为 p_i，$(i=1,2,\cdots,s)$，总人数 $m=\sum_{i=1}^{s}p_i$，待分配的代表名额为 n，问题是如何寻找一组相应的整数 $n_i(i=1,2,\cdots,s)$，使得 $n=\sum_{i=1}^{s}n_i$，其中 n_i 为第 i 方获得的代表名额，并且"尽可能"地接近 $q_i=n\cdot\frac{p_i}{p}$，即按人口比例分配应得的代表名额.

2.1.1 比例分配法

席位分配在社会活动中经常遇到，如人大代表或职工学生代表的名额分配、其他物质资料的分配等. 通常分配结果的公平与否以每个代表席位所代表的人数相等或接近来衡量. 目前沿用的惯例分配方法为按比例分配方法，即

$$\text{某单位席位分配数} = \text{某单位人数比例} \times \text{总席位}$$

按上述公式进行分配，如果一些单位的席位分配数出现小数，则先按席位分配数的整数分配席位，余下席位按所有参与席位分配单位中小数的大小依次进行分配，这种分配方法公平吗？下面来看一个学院在分配学生代表席位中遇到的问题.

某学院有甲、乙、丙三个系，设 20 个学生代表席位，其最初学生人数及学生代表席位如表 2-1 所示.

表 2-1　学生席位情况

系名	甲	乙	丙	总数
学生数	100	60	40	200
学生人数比例	$\frac{100}{200}$	$\frac{60}{200}$	$\frac{40}{200}$	—
席位分配	10	6	4	20

后来由于学生转系原因，甲、乙、丙系的总人数均发生了变化，这就意味着学生的代表席位也要发生变化，学生转系后情况见表 2-2.

表 2-2　转系后学生席位情况

系名	甲	乙	丙	总数
学生数	103	63	34	200
学生人数比例	$\frac{103}{200}$	$\frac{63}{200}$	$\frac{34}{200}$	—
按比例分配席位	10.3	6.3	3.4	20
按惯例席位分配	10	6	4	20

由于总代表席位为偶数，使得在解决问题的表决中有时出现表决平局现象而不能达成一致意见. 为改变这一情况，学院决定再增加一个代表席

位，总代表席位变为 21 个，问此时又应如何分配？表 2-3 为重新按惯例分配席位的情况.

表 2-3　增加一个席位后的席位分配情况

系名	甲	乙	丙	总数
学生数	103	63	34	200
学生人数比例	$\frac{103}{200}$	$\frac{63}{200}$	$\frac{34}{200}$	—
按比例分配席位	10.815	6.615	3.57	21
按惯例席位分配	11	7	3	21

按照此分配方法重新分配 21 个席位，显然新结果对丙系是不公平的，因为总席位增加了 1 席，而丙系却由 4 席减为 3 席，显然是不合理的. 这反映出此方法在代表名额分配时存在严重缺陷，必须加以改进.

2.1.2　相对不公平度和 Q 值法

为了改进比例分配法的缺陷，数学家(Huntington) 从不公平度的角度提出了另一种代表名额的分配方法.

“公平”是一个模糊的概念，因为绝大多数情况下现实世界中本没有绝对的公平. 因此，必须从数学的角度给“公平”或“不公平”赋以某一量化指标，以之来衡量“公平”或“不公平”的程度.

对于某一群体$(p_1, p_2, \cdots, p_s)$及其代表名额分配方案$(n_1, n_2, \cdots, n_s)$，当且仅当$\frac{p_i}{n_i}(i=1,2,\cdots,s)$全相等时，分配方案才是公平的，这里$\frac{p_i}{n_i}$表示第 i 方的每名代表所代表的群体人数. 但是，由于人数和代表数必须是整数，$\frac{p_i}{n_i}$一般不会相等，这说明名额分配不公平.

为叙述方便，以 $s=2$ 为例说明. 设 A，B 两方人数分别为 p_1 和 p_2，占有的席位数分别为 n_1，n_2，则两方每个席位代表的人数分别为$\frac{p_1}{n_1}$，$\frac{p_2}{n_2}$. 通常当$\frac{p_1}{n_1}=\frac{p_2}{n_2}$时，说明 A，B 两方的代表名额严格按双方的人数比例分配，因此认为分配是公平的.

如果$\frac{p_1}{n_1}>\frac{p_2}{n_2}$，即对 A 方不公平，此时其不公平程度可用数值$\frac{p_1}{n_1}-\frac{p_2}{n_2}$衡

量，称为对 A 方的绝对不公平度. 它衡量的是不公平的绝对程度，通常无法区分两种程度明显不同的不公平情况. 如表 2-4 所示，群体 A，B 与群体 C，D 的绝对不公平程度相同，但常识告诉我们，后面这种情况的不公平程度比起前面来已经大为改善了. 因此，“绝对不公平”也不是一个好的衡量标准.

表 2-4　绝对不公平度

群体	人数 p	名额 n	$\frac{p}{n}$	$\frac{p_1}{n_1}-\frac{p_2}{n_2}$
A	150	10	15	5
B	100	10	10	
C	1050	10	105	5
D	1000	10	100	

这时自然想到使用相对标准，下面给出相对不公平度的概念.

若

$$\frac{p_1}{n_1}>\frac{p_2}{n_2}$$

称

$$r_A(n_1,n_2)=\frac{\frac{p_1}{n_1}-\frac{p_2}{n_2}}{\frac{p_2}{n_2}} \tag{2-1}$$

为对 A 方的相对不公平度.

类似地，若

$$\frac{p_2}{n_2}>\frac{p_1}{n_1}$$

则称

$$r_B(n_1,n_2)=\frac{\frac{p_2}{n_2}-\frac{p_1}{n_1}}{\frac{p_1}{n_1}} \tag{2-2}$$

为对 B 方的相对不公平度.

现在的问题是，当总名额再增加一个时，应该给 A 方还是 B 方？

不失一般性，不妨 $\frac{p_1}{n_1}>\frac{p_2}{n_2}$，这时对 A 方不公平，当再增加一个名额时，则可以分为以下两种情况讨论.

① 若$\frac{p_1}{n_1+1} > \frac{p_2}{n_2}$,这说明给 A 方即使再增加一个名额,对 A 方还是不公平,故增加的名额应该给 A 方.

② 若$\frac{p_1}{n_1+1} < \frac{p_2}{n_2}$,这说明增加一个名额给 A 方后,变为对 B 方不公平.但同时$\frac{p_1}{n_1} > \frac{p_2}{n_2} > \frac{p_2}{n_2+1}$,说明将增加的一个名额给 B 方,对 A 方又变为不公平.那增加的一个名额到底应该给哪一方呢?

此时,就必须要计算 A,B 两方的相对不公平度.

① 若 $r_B(n_1+1,n_2) < r_A(n_1,n_2+1)$,说明对 B 方的相对不公平度要小于 A 方,则增加的一个名额应该给 A 方.

② 若 $r_B(n_1+1,n_2) > r_A(n_1,n_2+1)$,则增加的一个名额应该给 B 方.

注意条件 $r_B(n_1+1,n_2) < r_A(n_1,n_2+1)$等价于

$$\frac{p_2^2}{n_2(n_2+1)} < \frac{p_1^2}{n_1(n_1+1)} \tag{2-3}$$

而且容易验证由情形 ① 可推出上式成立.从而可得结论:当上式成立时,增加的一个名额应该给 A 方;否则,应该给 B 方.

将上述方法推广到一般情况:设第 i 方的人数为 p_i,已经占有 n_i 个代表名额,$i=1,2,\cdots,s$.当总的代表名额增加一个时,计算

$$Q_i = \frac{p_i^2}{n_i(n_i+1)} \tag{2-4}$$

并将增加的名额分配给 Q 值最大的一方,这种方法称为 Q 值法或 Huntington 方法.

实际上,在 Q 值法中,我们作了如下两个假设:

① 每一方都享有平等的名额分配权利.

② 每一方至少应该分配到一个名额,如果某一方一个名额也分不到的话,则应把它剔除在分配范围之外.

设有 m 个群体、n 个代表名额,$n > m$.则 Q 值法的一般步骤如下:

① 每个群体分配一个代表名额.

② 计算 $Q_i = \frac{p_i^2}{1\times 2}(i=1,2,\cdots,m)$,若 $Q_k = \max Q_i$,则第 $m+1$ 个代表名额分配给第 k 个群体.

③ 计算 $Q_k' = \frac{p_k^2}{2\times 3}$,再将 Q_k' 与 ② 中的各 $Q_i(i=1,2,\cdots,k-1,k+1,\cdots,m)$ 比较,并将第 $m+2$ 个代表名额分配给 Q 值最大的群体.

④ 重复步骤 ③,直至 n 个代表名额分配完毕.

下面我们用 Q 值法为甲、乙、丙 3 个系重新分配 21 个代表名额，计算结果(保留一位小数) 见表 2-5. 表 2-5 的第二行后每一行的单元格内含两个数字，括号外的数字为各系在不同状态下相应的 Q 值，括号内的数字表示第几个名额分配给了相应的系. 注意在第二行中，Q 值设为 $+\infty$，这表示甲、乙、丙 3 个系一开始即各自分得一个代表名额.

表 2-5　学生会名额的 Q 值法分配方案

	甲系($p_1 = 103$)	乙系($p_2 = 63$)	丙系($p_3 = 34$)
$p_i^2/(0\times1)$	$+\infty$(1)	$+\infty$(2)	$+\infty$(3)
$p_i^2/(1\times2)$	5304.5(4)	1984.5(5)	578(9)
$p_i^2/(2\times3)$	1768.2(6)	661.5(8)	192.7(15)
$p_i^2/(3\times4)$	884.1(7)	330.8(12)	96.3(21)
$p_i^2/(4\times5)$	530.5(10)	198.5(14)	57.8
$p_i^2/(5\times6)$	353.6(11)	132.3(18)	—
$p_i^2/(6\times7)$	252.6(13)	94.5	—
$p_i^2/(7\times8)$	189.4(16)	—	—
$p_i^2/(8\times9)$	147.4(17)	—	—
$p_i^2/(9\times10)$	117.9(19)	—	—
$p_i^2/(10\times11)$	96.4(20)	—	—
$p_i^2/(11\times12)$	80.4	—	—

由表 2-5 可以看出：Q 值法首先计算各群体的 Q 值

$$Q_i^{(n)} = \frac{p_i^2}{n(n+1)}(n = 0,1,\cdots)$$

然后将这些 Q 值按由大到小排序，最后即得代表名额的分配方案.

2.1.3 d'Hondt 法

该方法的思想是尽量让各单位平均 1 个席位代表的人数尽量小(也即同样的人数情况下席位尽量多)，同时要满足总席位不变.

算法　将各单位的人数分别用正整数 1,2,3,4,5,… 相除，对商数取前 p 个数，分别标上横线(表 2-6). 各单位分得的席位取横线上数对应最大的除数.

表 2-6　d'Hondt 方法结果表

	1	2	3	4	5	6	7	8	9	10	11	12	13	14
1	100	50	33.3	25.0	20.0	16.7	14.3	12.5	11.1	10.0	9.1	8.3	7.7	7.1
2	202	101	67.3	50.5	40.4	33.7	28.9	25.3	22.4	20.2	18.4	16.8	15.5	14.4
3	67	33.5	22.3	16.8	13.4	11.2	9.6	8.4	7.4	6.7	6.1	5.6	5.2	4.8
4	40	20	13.3	10.0	8.0	6.7	5.7	5.0	4.4	4.0	3.6	3.3	3.1	2.9
5	59	29.5	19.7	14.8	11.8	9.8	8.4	7.4	6.6	5.9	5.4	4.9	4.5	4.2
6	32	16	10.7	8.0	6.4	5.3	4.6	4.0	3.6	3.2	2.9	2.7	2.5	2.3

从表 2-6 中可以看出，前 30 个数最小的是 15.5. 将各系商不低于 15.5 的数字下面标上横线，各系取最大的除数，即为分配的席位，则各系分配的席位为 6,13,4,2,3,2. 其对应的各单位 1 个席位代表的人数分别为 16.7，15.5,16.8,20,19.7,16. 显然，数值越大者吃亏越多，数值越小者越占便宜.

2.1.4　目标函数法

设各单位分配的人数为 p_i，则各单位每个席位代表的人数为$\frac{p_i}{n_i}$，平均每个席位代表的人数为$\frac{m}{n}$. 对每个单位来说，尽量使$\frac{p_i}{n_i}$与$\frac{m}{n}$接近. 因此，目标函数为

$$\min Z=\sum_{i=1}^{n}\left(\frac{p_i}{n_i}-\frac{m}{n}\right)^2$$

满足的约束

$$\sum_{i=1}^{n}p_i=n$$

且各 p_i 取整数. 因此，该模型为

$$\min Z=\sum_{i=1}^{n}\left(\frac{p_i}{n_i}-\frac{m}{n}\right)^2$$

$$s.t.\begin{cases}\sum\limits_{i=1}^{n}p_i=n\\ p_i\ \text{取整},i=1,2,\cdots,n\end{cases}$$

2.1.5 模型的公理化研究

上面我们在发现了比例分配方法的弊端之后，按照相对不公平度最小的原则，提出了 Q 值法（Huntington 分配方法）和其他更合理的分配方法.当然，如果承认相对不公平度是衡量公平分配的合理指标，那么 Q 值法就是好的分配方法.

设第 i 方群体人数为 $p_i(i=1,2,\cdots,s)$，总人数 $p=\sum_{i=1}^{s}p_i$，待分配的代表名额 n，理想化的代表名额分配结果为 n_i，满足 $n=\sum_{i=1}^{s}n_i$. 记 $q_i=n\cdot\frac{p_i}{p}$，显然若 q_i 均为整数，则应有 $n_i=q_i$，以下研究 q_i 不全为整数的情形.

一般地，n_i 是 n 和 p_i 的函数，记 $n_i=n_i(n,p_1,p_2,\cdots,p_s)$.

1974 年，两位学者巴林斯基（Balinsky M. L.）与杨（Young M. H.）首先在名额分配问题的研究中引进了公理化方法. 下面是他们关于名额分配问题提出的 5 条公理：

公理 2.1（人数单调性） 某一方的人口增加不会导致其名额减少，即 n 固定时，若

$$p_i<p_i',p_j=p_j'(\forall j\neq i)$$

则

$$n_i\leqslant n_i'$$

公理 2.2（名额单调性） 代表总名额的增加不会使某一方的名额减少，即

$$n_i(n,p_1,p_2,\cdots,p_s)<n_i'(n+1,p_1,p_2,\cdots,p_s)$$

公理 2.3（公平分摊性） 任一方的名额都不会偏离其按比例的份额数，即

$$[q_i]\leqslant n_i\leqslant[q_i]+1,i=1,2,\cdots,s$$

公理 2.4（接近份额性） 不存在从一方到另一方的名额转让而使得它们都接近于各自应得的份额.

公理 2.5（无偏性） 在整个时间上平均，每一方都应得到其分摊的份额.

从对模型的检验与分析可以看出，上面讨论的两种代表名额分配方法都有其自身的不足，比例分配方法满足公理 2.1，但不满足公理 2.2；Q 值法满足公理 2.2 却不满足公理 2.1.

1982 年，Balinsky 和 Young 证明了关于名额分配问题的一个不可能性

定理，即还不存在完全满足公理 2.1 ～ 2.5 的代表名额分配方法，从而为这一争论画上了句号.

2.2　动物的身长与体重

2.2.1　问题描述

四足动物的生理构造因种类不同而异，我们可以在较粗浅的假设的基础上，建立动物的身长和体重的比例关系. 本问题与体积和力学有关，搜集与此有关的资料得到弹性力学中两端固定的弹性梁的一个结果：长度为 l 的圆柱型弹性梁在自身重力 f 作用下，弹性梁的最大弯曲 b 与重力 f 和梁的长度 l 的立方成正比，与梁的截面面积 s 和梁的直径 d 的平方成反比，即

$$b \propto \frac{fl^3}{sd^2} \tag{2-5}$$

2.2.2　模型假设

① 四足动物躯干（不包括头尾）长度为 l，断面直径为 d 的圆柱体，体积为 m.

② 四足动物的躯干（不包括头尾）重量与其体重相同，记为 f.

③ 四足动物可看做一根支撑在四肢上的弹性梁，动物在自身体重 f 作用下躯干的最大下垂度 b，即梁的最大弯曲.

该模型如图 2-1 所示.

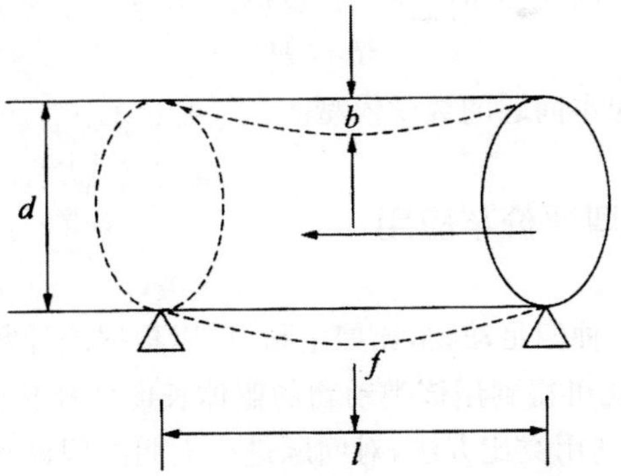

图 2-1　模型假设

2.2.3 模型建立

根据弹性理论结果及重量与体积成正比的关系，有

$$f \propto m$$

$$m \propto sl$$

由正比关系的传递性，得

$$b \propto \frac{sl^4}{sd^2} = \frac{l^4}{d^2} \Rightarrow \frac{b}{l} \propto \frac{l^3}{d^2} \tag{2-6}$$

上式多了一个变量 b，为替代变量 b，注意到 $\frac{b}{l}$ 是动物躯干的相对下垂度，从生物进化的观点，讨论相对下垂度有：$\frac{b}{l}$ 太大，四肢将无法支撑，此种动物必被淘汰；$\frac{b}{l}$ 太小，四肢的材料和尺寸超过了支撑躯体的需要，无疑是一种浪费，也不符合进化理论.

因此从生物学的角度可以确定，对于每一种生存下来的动物，经过长期进化后，相对下垂度 $\frac{b}{l}$ 已经达到其最合适的数值，应该接近一个常数（当然，不同种类的动物，此常数值不同）. 于是可以得出

$$d^2 \propto l^3$$

再由

$$f \propto sl$$

$$s \propto d^2$$

得

$$f \propto l^4 \tag{2-7}$$

由此得到四足动物体重与躯干长度的关系为

$$f = kl^4 \tag{2-8}$$

此关系式即为本问题的数学模型.

2.2.4 模型评价与应用

如果对于某一种四足动物，比如生猪，可以根据统计数据确定公式中的比例常数 k，那么就可得到用该类动物的躯体长度估计其体重的公式.

发挥想象力，利用类比方法，对问题进行大胆的假设和简化是数学建模的一个重要方法. 不过，使用此方法时要注意对所得数学模型进行检验. 此

外,从一系列的比例关系着手推导模型可以使推导过程大为简化.

2.3　双层玻璃窗的功效

2.3.1　问题描述

你是否注意到北方城镇的有些建筑物的窗户是双层的,即窗户上装两层玻璃且中间留有一定空隙,如图 2-2(a) 所示,两层厚度为 d 的玻璃夹着一层厚度为 l 的空气.据说这样做是为了保暖,即减少室内向室外的热量流失.我们要建立一个模型来描述热量通过窗户的传导过程,并将双层玻璃窗与用同样多材料做成的单层玻璃窗[如图 2-2(b) 所示,玻璃厚度为 $2d$]的热量传导进行对比,对双层玻璃窗能够减少多少热量损失给出定量分析结果.

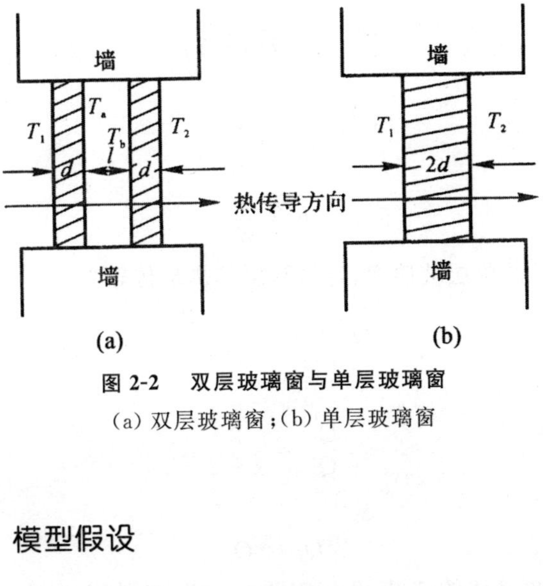

图 2-2　双层玻璃窗与单层玻璃窗

(a) 双层玻璃窗;(b) 单层玻璃窗

2.3.2　模型假设

① 热量的传播过程只有传导,没有对流.即假定窗户的密封性能很好,两层玻璃之间的空气是不流动的.

② 室内温度 T_1 和室外温度 T_2 保持不变,热传导过程已处于稳定状态,即沿热传导方向,单位时间通过单位面积的热量是常数.

③ 玻璃材料均匀,厚度一定,热传导系数是常数.

2.3.3 模型构成

本问题与热量的传播形式、温度有关.检索有关的资料得到与热量传播有关的一个结果——热传导物理定律.厚度为 d 的均匀介质,两侧温度差为 ΔT,则单位时间由温度高的一侧向温度低的一侧通过单位面积的热量 Q 与 ΔT 成正比,与 d 成反比,即

$$Q = k\frac{\Delta T}{d} \tag{2-9}$$

其中,k 为热传导系数.

记双层窗内层玻璃的外侧温度是 T_a,外层玻璃的内侧温度是 T_b,玻璃的热传导系数为 k_1,空气的热传导系数为 k_2,设双层玻璃单位时间单位面积的热量传导为 Q_1,则

$$Q_1 = k_1\frac{T_1 - T_a}{d} = k_2\frac{T_a - T_b}{l} = k_1\frac{T_b - T_2}{d} \tag{2-10}$$

消去不易测量的 T_a、T_b,可得

$$Q_1 = \frac{k_1(T_1 - T_2)}{d(s+2)} \tag{2-11}$$

其中

$$s = h\frac{k_1}{k_2}$$

$$h = \frac{l}{d}$$

对于厚度为 $2d$ 的单层玻璃窗,容易写出其热量传导为

$$Q_2 = k_1\frac{T_1 - T_2}{2d} \tag{2-12}$$

二者之比为

$$\frac{Q_1}{Q_2} = \frac{2}{s+2} \tag{2-13}$$

即有

$$Q_1 < Q_2$$

为了得到更具体的结果,我们需要 k_1 和 k_2 的数据.从有关资料可知,常用玻璃的热传导系数 $k_1 = 4\times10^{3} \sim 8\times10^{-3}$ J/cm·s·kw·h,不流通、干燥空气的热传导系数 $k_2 = 2.5\times10^{-4}$ J/cm·s·kw·h,于是

$$\frac{k_1}{k_2} = 16 \sim 32$$

在分析双层玻璃窗比单层玻璃窗可减少多少热量损失时,我们作最保

守的估计，即取$\frac{k_1}{k_2}=16$，则

$$\frac{Q_1}{Q_2}=\frac{1}{8h+1}$$

$$h=\frac{l}{d}$$

由于$\frac{Q_1}{Q_2}$反映了双层玻璃窗在减少热量损失上的功效，它只与$h=\frac{l}{d}$有关，图 2-3 给出了$\frac{Q_1}{Q_2}\sim h$的曲线，当h增加时，$\frac{Q_1}{Q_2}$迅速下降，而当h超过一定值(比如$h>4$)后$\frac{Q_1}{Q_2}$下降变缓，可见h不必选择过大.

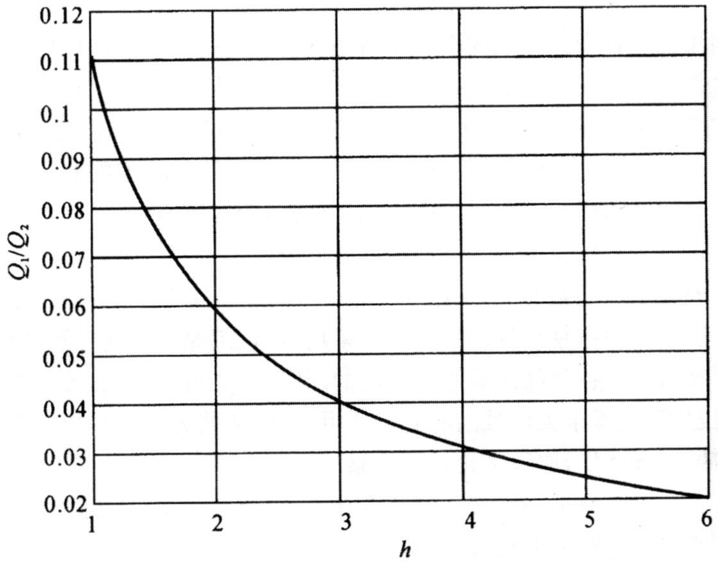

图 2-3　热量损失比$\frac{Q_1}{Q_2}$与$h=\frac{l}{d}$的关系

2.3.4　模型应用

这个模型具有一定应用价值. 制作双层玻璃窗虽然工艺复杂会增加一些费用，但它减少的热量损失却是相当可观的. 通常，建筑规范要求$h=\frac{l}{d}\approx 4$. 按照这个模型，$\frac{Q_1}{Q_2}\approx 3\%$，即双层窗比用同样多的玻璃材料制成的单层窗节

约热量 97% 左右. 不难发现,之所以有如此高的功效主要是由于层间空气的极低的热传导系数,而这要求空气是干燥、不流通的. 作为模型假设的这个条件在实际环境下当然不可能完全满足,所以实际上双层窗户的功效会比上述结果差一些.

本问题给出的启示是:对于不太熟悉的问题,可以根据实际问题涉及的概念着手去搜索有利于进行数学建模的结论来建模,此时建模中的假设要以相应有用结论成立的条件给出. 此外,本题通过对减少热量损失功效的处理给出了处理没有函数极值的求极值问题的一个解决方法.

2.4　投入产出模型

国民经济各个部门之间存在某种连锁关系. 一个经济部门的生产依赖于其他部门的产品或半成品,同时它也直接或间接地为其他经济部门的生产提供必要条件. 如何在一种特定的经济形势下确定各经济产业部门的产出水平,以满足整个社会的经济需求是一个十分重要的问题. 投入产出综合平衡模型就是利用数学方法综合地描述各经济部门间产品的生产和消耗关系的一种经济数学模型.

这种数学模型最早是由美国经济学家列昂惕夫(Leontief) 提出的. 数十年来这个模型被越来越多的国家所采用,用以编制和优化经济计划,进行经济预测和研究各种经济政策对经济的影响,研究诸如污染、人口等专门的社会问题等,获得很大成效. 我国从 20 世纪 70 年代开始应用投入产出模型编制国民经济计划,取得了较好的效果.

投入产出模型是一种宏观的经济模型. 在建立模型时,往往可以将国民经济生产归并为若干个较大的部门.

2.4.1　价值型投入产出数学模型

为了进行生产,每一个产业部门必须有投入,这些投入包括原料、半成品和从其他部门购置的设备等,还有支付工商业税收、支付工资等. 通常作为各部门的投入的产品或服务与不重新进入生产过程的最终产品(又称外部产品) 是不同的. 每一个部门的产出或者销售给外界的用户,或者提供给各产业部门作为投入. 一张概括所有涉及产业部门的各种投入和最终产出的表格称为投入产出表.

下面是一个将国民经济简化为仅由农业、制造业和服务业构成的例子.

每一个产业只生产一种产品，分别为农业产品、制造业产品和服务. 这三个产业部门是相互依赖的，即它们彼此购买对方的产出作为自己的投入，假设没有进口，也不考虑折旧等因素. 所有不重新进入生产过程的最终产品或服务，全部提供给由顾客等构成的“外部部门”. 表 2-7 就是对应的投入产出表.

表 2-7　投入产出表

单位：亿元

作为消耗部门 / 作为生产部门	农业	制造业	服务业	外部需求	总产出
农业	15	20	30	35	100
制造业	30	10	45	115	200
服务业	20	60	—	70	150

表 2-7 中的数字表示产值，单位为亿元. 表中每一行表示一个部门的总产出以及用做各部门的投入和提供给外部用户的分配，而每一列表示一个部门生产需要投入的资源. 例如，第一行表示农业的总产值为 100 亿元，其中 15 亿元农产品用于农业生产本身，20 亿元农产品用于制造业生产，30 亿元农产品用于服务业，最终有 35 亿元农产品用来满足外部需求. 又如第二列表示为了生产总产值 200 亿元的制造业产品，需要投入 20 亿元农产品. 10 亿元制造业本身的产品和 60 亿元的服务.

1. 模型假设

在建立模型时，这种相互关系是已知且不变的. 列昂惕夫将上述认识归结为以下假设：

① 国民经济划分为 n 个物质生产部门. 每一生产部门生产一种产品.

② 每一个生产部门的生产意味着将其他部门的产品经过加工或“变换”，变成一定数量的单一的本部门产品. 在这个过程中，消耗的产品称为“投入”，生产所得的本部门最终产品称为“产出”. 对每一部门而言，投入 - 产出的变换关系是不变的.

2. 模型建立

根据上述假设，共有 n 个部门和 n 种产品，这 n 个部门和 n 种产品是一一对应的. 若设 t_{ij} 为生产一个单位的第 j 种产品需要消耗的第 i 种产品的单位数，那么由②，t_{ij} 是一个常数，称为投入系数. 显然，生产 a 单位的第 j 种产品要消耗 at_{ij} 单位的第 i 种产品.

令 x_i 为一定时间(例如一年)内第 i 种产品的产出，此总产出的一部分用做各部门生产活动的投入，易知用作 n 个生产部门投入的第 i 种产品总量为

$$\sum_{j=1}^{n} t_{ij}x_j$$

剩余的第 i 种产品为

$$d_j = x_i - \sum_{j=1}^{n} t_{ij}x_j$$

即纯产出，称为第 i 种产品的最终需求.

设

$$\boldsymbol{x} = (x_1, x_2, \cdots, x_n)^{\mathrm{T}}, \boldsymbol{d} = (d_1, d_2, \cdots, d_n)^{\mathrm{T}}, \boldsymbol{T} = (t_{ij})_{m\times n}$$

有

$$(\boldsymbol{I} - \boldsymbol{T})\boldsymbol{x} = \boldsymbol{d} \tag{2-14}$$

这是一个线性代数方程组，其系数阵为 $\boldsymbol{A} = (\boldsymbol{I} - \boldsymbol{T})$，$\boldsymbol{I}$ 为 n 阶单位阵.

由于各个部门的产量不能为负值，若对任意给定的最终 d，线性代数方程组 $\boldsymbol{AX} = \boldsymbol{d}$ 总有非负解，模型就是合理的，通常称为可行的.

用下标1,2,3分别表示农业、制造业和服务业；设 x_i 为部门 i 的总产值；x_{ij} 为部门 j 在生产中消耗部门 i 的产值，d_i 为部门 i 的最终需求，那么表2-7中行的基本关系为

$$x_i = x_{i1} + x_{i2} + x_{i3} + d_i, i = 1,2,3 \tag{2-15}$$

这表明一个部门的总产出有销售给各部门(包括自身)的中间产品产值与最终提供给顾客和模型中未涉及的其他部门的最终产值.

将投入产出表转换成表示每一个部门的单位产值产出需要的投入更为方便. 这样转换所得的表称为技术投入产出表，表中元素称为投入系数或直接消耗系数. 将表2-7的各个部门的投入除以该部门的总产出就可得技术投入产出表. 表2-7对应的技术投入产出表为表2-8.

表2-8 技术投入产出表

作为消耗部门 / 作为生产部门	农业	制造业	服务业
农业	0.15	0.10	0.20
制造业	0.30	0.05	0.30
服务业	0.20	0.30	0.00

令 t_{ij} 为表中 i 行 j 列元素，表示生产一个单位产值产品 j 需消耗的产品 i 的产值，据定义应有

$$t_{ij}=\frac{x_{ij}}{x_j}(1\leqslant i,j\leqslant 3)$$

将它代入式(2-15)得

$$x_i=t_{i1}x_1+t_{i2}x_2+t_{i3}x_3+d_i,i=1,2,3 \tag{2-16}$$

令

$$\boldsymbol{T}=(t_{ij})$$

分别引入总产出向量和最终需求向量

$$\boldsymbol{x}=(x_1,x_2,x_3)^{\mathrm{T}}$$
$$\boldsymbol{d}=(d_1,d_2,d_3)^{\mathrm{T}}$$

式(2-16)可写成矩阵形式

$$\boldsymbol{x}=\boldsymbol{T}\boldsymbol{x}+\boldsymbol{d}$$

或

$$(\boldsymbol{I}-\boldsymbol{T})\boldsymbol{x}=\boldsymbol{d}$$

令

$$\boldsymbol{A}=\boldsymbol{I}-\boldsymbol{T}$$

式(2-16)最终化为

$$\boldsymbol{A}\boldsymbol{x}=\boldsymbol{d} \tag{2-17}$$

在本例中

$$\boldsymbol{T}=\begin{bmatrix}0.15 & 0.10 & 0.20\\0.30 & 0.05 & 0.30\\0.20 & 0.30 & 0.00\end{bmatrix},\boldsymbol{A}=\begin{bmatrix}0.85 & -0.10 & -0.20\\-0.30 & 0.95 & -0.30\\-0.20 & -0.30 & 1.00\end{bmatrix}$$

实际问题是：若直接消耗系数保持不变，社会最终需求确定，要求出各部门的总产出；或者社会最终需求改变，相应的总产出应如何改变？为了解决这个问题，需要对给定的 $\boldsymbol{d}$ 求解线性代数方程式(2-17)．若对任何的外部需求 $\boldsymbol{d}$(其元素不会出现负值)，方程组都有非负解 $\boldsymbol{x}$，就称此经济系统是可行的．

对于本例，$\boldsymbol{A}$ 的逆阵(取小数点以后 4 位数字)为

$$\boldsymbol{A}^{-1}=\begin{bmatrix}1.3459 & 0.2504 & 0.3443\\0.5634 & 1.2676 & 0.4930\\0.4382 & 0.4304 & 1.2167\end{bmatrix}$$

其元素全部非负．因此，对任何最终需求向量 $\boldsymbol{d}$(元素全部非负)，解得的总产出向量

$$\boldsymbol{x}=\boldsymbol{A}^{-1}\boldsymbol{d}$$

的元素也为全部非负，即此经济系统是可行的.

最终需求向量 $\boldsymbol{d}=(100,200,300)^{\mathrm{T}}$，产出向量 $\boldsymbol{x}=\boldsymbol{A}^{-1}\boldsymbol{d}=(287.96,457.76,494.91)^{\mathrm{T}}$. 即为了满足社会最终需求，农业、工业、服务业的总产出分别应为 287.96 亿元，457.76 亿元，494.91 亿元.

若对农产品社会最终需求产值增加至 300 亿元，即新的社会最终需求向量改变为 $\bar{\boldsymbol{d}}=(300,200,300)^{\mathrm{T}}$，对应的总产出向量为 $\bar{\boldsymbol{x}}=\boldsymbol{A}^{-1}\bar{\boldsymbol{d}}=(557.14,570.44,582.55)^{\mathrm{T}}$. 由此可见，各个部门的产出都必须增加，但农业本身的产出增加最为显著.

2.4.2 开放型投入产出数学模型

1. 模型假设

与前面一样，将经济系统分为 n 个部门，每一个部门生产一种产品，供给本部门和其他部门并满足外部需求. 设投入和产出都用产品的件数来计算，注意到部门 i 可由它生产的产品 i 来区分，采用以下记号：

x_i 为部门 i 的总产量；x_{ij} 为部门 i 提供给部门 j 的产品数；d_i 为对部门 i 的社会需求产量；t_{ij} 为生产 1 件产品 j 消耗的产品 i 的件数，t_{ij} 也称为投入系数或直接消耗系数.

2. 模型建立

根据模型假设，各经济部门之间的综合平衡可由以下 n 个方程表示

$$x_i=\sum_{j=1}^{n}x_{ij}+d_i(1\leqslant i\leqslant n) \tag{2-18}$$

若产品的产量发生改变，消耗自身和其他部门产品的数量是按比例变化的，即直接消耗系数 t_{ij} 是常数并满足

$$t_{ij}=\frac{x_{ij}}{x_j}(1\leqslant i,j\leqslant n) \tag{2-19}$$

方程式(2-18) 化为

$$x_i=\sum_{j=1}^{n}t_{ij}x_j+d_i(1\leqslant i\leqslant n)$$

令

$$\boldsymbol{T}=(t_{ij}),\boldsymbol{A}=\boldsymbol{I}-\boldsymbol{T},$$

经济综合平衡关系成为

$$\boldsymbol{Ax}=\boldsymbol{d} \tag{2-20}$$

其中，$\boldsymbol{x}=(x_1,x_2,\cdots,x_n)^{\mathrm{T}}$，$\boldsymbol{d}=(d_1,d_2,\cdots,d_n)^{\mathrm{T}}$ 分别为产出向量和最终需求向量. 显然，开放型投入产出模型的特性完全由矩阵 $\boldsymbol{A}$ 的性质决定.

2.4.3　经济系统价值型投入产出数学模型

已知某经济系统（含三个部门）的报告期价值型投入产出表（表 2-9）和计划期最终产品计划数（表 2-10）. 若该系统要制定短期经济计划，问如何计划总产出、中间投入和最初投入.

表 2-9　简化的价值投入产出表

单位：亿元

投入＼产出		中间产品			最终产品			总产品
		部门 1	部门 2	部门 3	—	—	合计	
中间投入	部门 1	100	250	50	—	—	650	1000
	部门 2	200	1000	150	—	—	1150	2500
	部门 3	100	250	0	—	—	150	500
最初投入	固定资产折旧	20	75	15	—	—	—	—
	劳动报酬	380	300	165				
	社会纯收入	200	625	120				
总投入		1000	2500	500	—	—	—	—

表 2-10　最终产品计划数

单位：亿元

投入＼产出	消费	积累	合计
部门 1	600	25	625
部门 2	675	525	1200
部门 3	80.5	80	160.5
合计	1355.5	630	1985.5

1. 模型假设

由于编制的计划是短期计划，从而对于直接消耗系数矩阵有

$$
\boldsymbol{A}_{\text{计划}}=\boldsymbol{A}_{\text{报告}}=\begin{array}{c}\begin{matrix}\text{部门}1 & \text{部门}2 & \text{部门}3\end{matrix}\\ \begin{pmatrix}0.1 & 0.1 & 0.1\\ 0.2 & 0.4 & 0.3\\ 0.1 & 0.1 & 0\end{pmatrix}\end{array}\begin{matrix}\text{部门}1\\ \text{部门}2\\ \text{部门}3\end{matrix}
$$

2.模型建立

根据模型假设,则计划期的总产出为

$$
\boldsymbol{q}_{\text{计划}}=\left[\begin{vmatrix}1 & 0 & 0\\ 0 & 1 & 0\\ 0 & 0 & 1\end{vmatrix}-\begin{vmatrix}0.1 & 0.1 & 0.1\\ 0.2 & 0.4 & 0.3\\ 0.1 & 0.1 & 0\end{vmatrix}\right]^{-1}\cdot\begin{bmatrix}625\\ 1200\\ 160.5\end{bmatrix}
=\begin{bmatrix}1043\\ 2611\\ 525.5\end{bmatrix}
$$

从各部门的总产出 $\boldsymbol{q}_{\text{计划}}$,算出计划期的流量矩阵为

$$
\boldsymbol{X}_{\text{计划}}=\boldsymbol{A}_{\text{计划}}\hat{\boldsymbol{q}}_{\text{计划}}
$$

$$
\begin{bmatrix}0.1 & 0.1 & 0.1\\ 0.2 & 0.4 & 0.3\\ 0.1 & 0.1 & 0\end{bmatrix}\begin{bmatrix}1043 & & \\ & 2611 & \\ & & 525.5\end{bmatrix}=\begin{bmatrix}104 & 261 & 530\\ 209 & 1044 & 158\\ 104 & 261 & 0\end{bmatrix}
$$

从报告期的投入产出表(表 2-9),算出最初投入系数矩阵为

$$
\bar{\boldsymbol{A}}_{\text{报告}}=\begin{bmatrix}\frac{20}{1000} & \frac{75}{2500} & \frac{15}{500}\\ \frac{380}{1000} & \frac{3000}{2500} & \frac{165}{500}\\ \frac{200}{1000} & \frac{625}{2500} & \frac{120}{500}\end{bmatrix}
=\frac{1}{100}\begin{bmatrix}2 & 3 & 3\\ 38 & 12 & 33\\ 20 & 25 & 24\end{bmatrix}
$$

利用最初投入系数矩阵 $\bar{\boldsymbol{A}}_{\text{报告}}=\bar{\boldsymbol{A}}_{\text{计划}}$,则计划期的最初投入矩阵为

$$
\hat{\boldsymbol{I}}_{\text{计划}}=\frac{1}{100}\begin{bmatrix}2 & 3 & 3\\ 38 & 12 & 33\\ 20 & 25 & 24\end{bmatrix}\begin{bmatrix}1043 & & \\ & 2611 & \\ & & 525.5\end{bmatrix}
=\begin{bmatrix}21 & 79 & 16\\ 397 & 313 & 173.5\\ 208 & 653 & 125\end{bmatrix}
$$

2.5　量纲分析与无量纲化

量纲分析法(Dimensional Analysis)是 20 世纪初提出的在物理领域中建立数学模型的一种方法，它在实验的基础上利用物理定律的量纲齐次原则，确定各物理量之间的关系. 尽管有时这种关系的确切形式并不能够完全确定，但在某些情况下，量纲分析法却十分有效. 量纲分析法可以去掉诸多次要的物理量，初步确定那些主要物理量的内在关系，达到减少物理量的目的.

2.5.1　单位与量纲

在数学建模过程中我们所处理的变量、参数和常数往往不是人们在数学上所理解的“纯粹的数”，而是客观事物某些特征的度量. 它们都是带有度量单位的量. 例如，木杆的长度是 20 cm，光的速度是 3×10^8 m/s，这里的“厘米”和“米 / 秒”分别是长度和速度的测量单位. 作为一个测量值如果没有明确它的度量单位，它的意义是含混的. 因此在数学建模的过程中必须对测量值的度量单位给予足够的重视.

数学模型中的测量值通常都是以物理量的形式出现的. 物理学中，不同的物理量有着不同的单位，然而这些单位之间都是相互联系的. 实际上，恰当地规定一些基本物理量及其度量单位(称为基本单位)，它们相互独立并可以通过自然规律的各种定律构成其他的物理量，可以使其他单位(称为导出单位或衍生单位)表示为这些基本单位的乘积. 基本单位一旦被确定，导出单位也就确定了. 因此物理量的度量单位体系是由基本物理量及其度量单位确定的. 我们把选定的基本物理量及其度量单位称为一个单位制，如过去使用的 CGS(厘米、克、秒制)和 MKS(米、千克重、秒制)等. 现在通用的单位制是国际单位制(SI 制)，它由 7 个基本单位组成：长度 L、质量 M、时间 T、电流强度 I、温度 Θ、光强 J，和物质的量 N，如表 2-11 所示.

表 2-11　国际单位制的基本单位

基本物理量	长度	质量	时间	电流强度	温度	光强	物质的量
物理量符号	L	M	T	I	Θ	J	N
单位	米	千克	秒	安培	开尔文	坎德拉	摩尔
单位符号	m	kg	s	A	K	cd	mol

其他物理量的单位将是这7个基本量单位的复合.表2-12列出了其他几个常用的物理量及其单位.

表 2-12 常用物理量及其单位

物理量	单位	符号
力	牛顿	$N(kg \cdot m \cdot s^{-2})$
能量	焦耳	$J(kg \cdot m^2 \cdot s^{-2})$
功率	瓦特	$W(kg \cdot m^2 \cdot s^{-3})$
频率	赫兹	$Hz(s^{-1})$
压强	帕斯膏	$Pa(kg \cdot m^{-1} \cdot s^{-2})$

一个物理量Q一般都可以表示为若干个基本量(有理数)幂之积,则称该幂之积的表达式

$$[Q]=[L^{\alpha}M^{\beta}T^{\gamma}I^{\delta}\Theta^{\omega}J^{\theta}N^{\sigma}]$$

为该物理量对选定的这一组基本量的量纲积或量纲表达式,简称为量纲(Dimension),$\alpha,\beta,\gamma,\delta,\omega,\theta,\sigma$称为量纲指数.

当基本量选定后,任何物理量都有确定的量纲.通常我们用方括号给出物理量的量纲表达式,如在国际单位制下7个基本量的量纲分别为:[长度]$=[L]$,[质量]$=[M]$,[时间]$=[T]$,[电流强度]$=[I]$,[温度]$=[\Theta]$,[光强]$=[J]$,[物质的量]$=[N]$.这时,速度的量纲是$[LT^{-1}]$,加速度的量纲为$[LT^{-2}]$,面积的量纲是$[L^2]$.

若某个物理量Q不依赖于所有的基本物理量,称之为无量纲量,记为$[Q]=1$,它可理解为$[Q]=[L^0M^0T^0I^0\Theta^0J^0N^0]$.

2.5.2 量纲齐次原则

量纲服从的规律成为量纲法则,常用的量纲法则有两条:

① 只有量纲相同的物理量才能彼此相加、相减和相等.

② 指数函数、对数函数和三角函数的宗量是量纲1的.

上面的第一条量纲法则表示当用数学公式表示一个物理量时,等号两端必须保持量纲的一致,这种性质称为量纲齐次性.当方程中的各项具有相同的量纲时,这个方程被称为是量纲齐次的,只有量纲相同的量才能进行比较、相加和相减.

利用量纲法则寻求物理量间关系的过程称为量纲分析.量纲法则是量

纲分析的基础，如果我们在数学建模过程中得到的数学公式不符合量纲法则，那么该式必须是错误的，必须加以改进.

下面的定理是量纲分析法的基本定理.

定理 2.1（Buckingham） 设有 m 个物理量 $q_1,q_2,\cdots,q_m$ 满足某物理定律：

$$f(q_1,q_2,\cdots,q_m)=0$$

$X_1,X_2,\cdots,X_n$ 是基本量纲（$n\leqslant m$）. $q_1,q_2,\cdots,q_m$ 的量纲可表示为

$$[q_j]=\prod_{i=1}^{n}X_i^{a_{ij}}\ (j=1,2,\cdots,m)$$

矩阵 $\boldsymbol{A}=(a_{ij})_{m\times n}$ 称为量纲矩阵，$\boldsymbol{A}$ 的秩 $r_A=r$. 设线性方程组（$\boldsymbol{y}$ 是 m 维向量）的 $m-r$ 个基本解为

$$\boldsymbol{y}_s=(y_{s1},y_{s2},\cdots,y_{sm})^{\mathrm{T}}(s=1,2,\cdots,m-r)$$

则

$$\pi_s=\prod_{j=1}^{m}q_j^{y_{sj}}$$

为 $m-r$ 个相互独立的无量纲量，且

$$F(\pi_1,\pi_2,\cdots,\pi_{m-r})=0$$

与 $f(q_1,q_2,\cdots,q_m)=0$ 等价，其中 F 为一未知函数.

量纲分析法在建立物理问题的数学模型中能够得到一些重要的、有用的结果，但是也有较大的局限性. 在应用和评价这个方法时，以下几点值得注意：

① 正确确定各个物理量. 面对一个实际问题，将哪些物理量包括在量纲分析的基本关系式 $f(q_1,q_2,\cdots,q_m)=0$ 中，对所得的结果的合理性是至关重要的.

② 合理选择物理量. 物理量选少了得不到问题的正确结果，选多了会使问题复杂化.

③ 恰当构造基本解. 线性方程组的基本解可以有许多不同的构造方法，虽然基本解组能够互相线性表示，但为了特定的建模目的，恰当地构造基本解能够更直接地得到希望的结果.

④ 结果的效用和局限性. 量纲分析法的优点在于可以减少变量的个数，局限性在于该方法仅限于某些物理问题的分析，而且也不能最终得到物理量的明确关系.

2.5.3 量纲分析的基本步骤

一般地，量纲分析可按以下步骤实施：

① 决定所研究问题所包含的各个变量：$q_1, q_2, \cdots, q_m$.

② 根据问题的物理意义确定基本量纲，记为 $X_1, X_2, \cdots, X_n (n \leqslant m)$.

③ 写出 q_j 的量纲：

$$[q_j] = \prod_{i=1}^{n} X_i^{a_{ij}} (j = 1,2,\cdots,m)$$

④ 设 $q_1, q_2, \cdots, q_m$ 满足关系 $\pi = \prod_{j=1}^{m} q_j^{y_j}$，其中 y_i 为待定的.

$[\pi] = \prod_{i=1}^{n} X_i^{a_i} = 1$ 为无量纲量，其中

$$a_i = \sum_{j=1}^{m} a_{ij} y_j = 0 (i = 1,2,\cdots,n)$$

解线性方程组 $\mathbf{Ay} = 0$，其中 $\mathbf{A} = (a_{ij})_{m\times n}$，$r_{\mathbf{A}} = r$，得 $m - r$ 个基本解

$$\mathbf{y}_k = (y_{k1}, y_{k2}, \cdots, y_{km})^{\mathrm{T}} (k = 1,2,\cdots,m-r)$$

⑤ 记 $\pi_k = \prod_{j=1}^{m} q_j^{y_{kj}}$，则 $\pi_k (k = 1,2,\cdots,m-r)$ 为无量纲量.

⑥ 由 $F(\pi_1, \pi_2, \cdots, \pi_{m-r}) = 0$ 解出物理规律.

2.5.4 量纲分析的应用

1. 自由落体运动

设有质量为 m 的小球、从高度为 h 的位置落下. 忽略阻力，求自由落体的速度. 在这一问题中出现的物理量有 v, m, h, g，设它们之间有关系式：

$$v = \lambda m^{\alpha_1} h^{\alpha_2} g^{\alpha_3} (\lambda \text{ 是无量纲的比例系数})$$

取量纲表达式

$$[v] = [m]^{\alpha_1} [h]^{\alpha_2} [g]^{\alpha_3}$$

再将 $[v] = LT^{-1}$，$[m] = M$，$[h] = L$，$[g] = LT^{-2}$ 代入得

$$LT^{-1} = M^{\alpha_1} L^{\alpha_2+\alpha_3} T^{-2\alpha_3}$$

按量纲一致原则应有

$$\begin{cases} \alpha_1 = 0 \\ \alpha_2 + \alpha_3 = 1 \\ -2\alpha_3 = -1 \end{cases}$$

其解为 $\alpha_1 = 0$，$\alpha_2 = \alpha_3 = \dfrac{1}{2}$，所以得到 $v = \lambda \sqrt{gh}$. 再经实验测定常数 $\lambda = \sqrt{2}$，于是得到自由落体的速度 $v = \sqrt{2gh}$. 从中还可看出，自由落体的速度与质量大小无关.

2. 航船的阻力问题

长 l、吃水深度 h 的船以速度 v 航行，若不考虑风的影响，那么航船受到的阻力 f 除依赖船的诸变量 l,h,v 以外，还与水的参数 —— 密度 ρ、粘性系数 μ 以及重力加速度 g 有关. 下面用量纲分析法确定阻力 f 和这些物理量之间的关系.

1) 航船问题涉及的物理量有：阻力 f、船长 l、吃水深度 h、水的粘性系数 μ、水的密度 ρ、船速 v、承力加速度 g，要寻求的关系记作

$$\varphi(f,l,h,v,\rho,\mu,g)=0 \tag{2-21}$$

2) 这是一个力学问题，基本量纲选为$[L]$、$[M]$、$[T]$，上述符物理量的量纲表示为

$$\begin{cases}[f]=[LMT^{-2}]\\ [l]=[L]\\ [h]=[L]\\ [v]=[LT^{-1}]\\ [\rho]=[L^{-3}M]\\ [\mu]=[L^{-1}MT^{-1}]\\ [g]=[LT^{-2}]\end{cases} \tag{2-22}$$

其中 μ 的量纲由基本关系 $p=\mu\dfrac{\partial v}{\partial x}$ 得到. 这里 p 是压强(单位面积受的力)，即：

$$p=[LMT^{-2}][L^{-2}]=[L^{-1}MT^{-2}]$$

v 是流速，x 是长度，有

$$\left[\frac{\partial v}{\partial x}\right]=[LT^{-1}]\cdot[L^{-1}]=[T^{-1}]$$

所以

$$[\mu]=\frac{[p]}{\left[\dfrac{\partial v}{\partial x}\right]}=\frac{[L^{-1}MT^{-2}]}{[T^{-1}]}=[L^{-1}MT^{-1}]$$

3) 式(2-22)的量纲矩阵为

$$\boldsymbol{A}_{3\times7}=\begin{pmatrix}1 & 1 & 1 & 1 & -3 & -1 & 1\\ 1 & 0 & 0 & 0 & 1 & 1 & 0\\ -2 & 0 & 0 & -1 & 0 & -1 & 2\end{pmatrix}\begin{matrix}[L]\\ [M]\\ [T]\end{matrix}$$

$$\begin{matrix}(f) & (l) & (h) & (v) & (\rho) & (\mu) & (g)\end{matrix}$$

并可求出 $R(\boldsymbol{A})=3$.

4）解齐次方程 $\boldsymbol{A\beta}=\boldsymbol{0}$，可得 $n-r=7-3=4$，即有 4 个基本解，可取为

$$\begin{cases}\boldsymbol{\beta}_1=(0\quad 1\quad -1\quad 0\quad 0\quad 0\quad 0)^{\mathrm{T}}\\ \boldsymbol{\beta}_2=(0\quad 1\quad 0\quad -2\quad 0\quad 0\quad 1)^{\mathrm{T}}\\ \boldsymbol{\beta}_3=(0\quad 1\quad 0\quad 1\quad 1\quad -1\quad 0)^{\mathrm{T}}\\ \boldsymbol{\beta}_4=(1\quad -2\quad 0\quad -2\quad -1\quad 0\quad 0)^{\mathrm{T}}\end{cases}\tag{2-23}$$

5）式(2-23) 给出 4 个无量纲量：

$$\begin{cases}lh^{-1}=\pi_1\\ lv^2g=\pi_2\\ lv\rho\mu^{-1}=\pi_3\\ fl^{-2}v^{-2}\rho^{-1}=\pi_4\end{cases}\tag{2-24}$$

从而得到与式(2-23) 等价的方程

$$\varphi(\pi_1,\pi_2,\pi_3,\pi_4)=0\tag{2-25}$$

式(2-24) 与式(2-25) 表达了航船问题中各物理量间的全部关系，这里 φ 是未定的函数.

6）为得到阻力 f 的显式表达式，由式(2-25) 及式(2-24) 中的 π_4 可写出

$$f=l^2v^2\rho\varphi(\pi_1,\pi_2,\pi_3)$$

其中 φ 表示一个未定函数. 在流体力学中 $\dfrac{v}{\sqrt{gl}}$ 称为 Froude 数，π_3 称为 Reynold 数，分别计为

$$\mathrm{Fr}=\frac{v}{\sqrt{gl}},\mathrm{Fe}=\frac{lv\rho}{\mu}\tag{2-26}$$

则阻力 f 又表示为

$$f=l^2v^2\rho\varphi\left(\frac{l}{h},\mathrm{Fr},\mathrm{Fe}\right)\tag{2-27}$$

上式就是应用量纲分析确定的航船阻力与各物理量之间的关系. 式中函数 φ 的形式虽无从知道，但后面会看到这个表达式在物理模拟中的用途.

从本例我们看到，对实际问题应用量纲分析时，其前提就是要找出所有与问题有关的物理量，包括变量与常量，既不能遗漏，也不能多余，因为包含了无关变量或丢掉了必需变量，都会使构造的无量纲量出现错误和矛盾.

2.5.5 无量纲化方法解数学问题

无量纲化方法是用数学工具研究问题的常用方法，通过选择恰当的变

换可将按量纲齐次原则构成的方程简化为一个与其等价但比它简单的方程. 利用无量纲化方法也可以使某些数学问题简单.

设模型方程为如下的非线性方程：

$$A(ax+b)^{1/3}+kx=c \tag{2-28}$$

其中，A,a,b,k,c 为参数，x 为待求量. 一般假设它们带有各自的量纲，且满足量纲齐次原则，下面用无量纲化方法将问题简化.

首先将它化为多项式，为此令

$$ax+b=u^3$$

因此

$$Au+\frac{k(u^3-b)}{a}=c$$

即

$$\frac{ku^3}{a}+Au=c+\frac{bk}{a}$$

令

$$d=c+\frac{bk}{a}, u=\alpha v, d=\beta w$$

其中，v,w 是无量纲的量，α 与 u，β 与 d 有相同的量纲，所以

$$\frac{k\alpha^3v^3}{a}+A\alpha v=\beta w$$

化简得

$$v^3+\frac{Aa}{k\alpha^2}v=\frac{a\beta}{k\alpha^3}w \tag{2-29}$$

上式中第一项是无量纲的量，因此后面两项也应该是无量纲的量，取恰当的 α,β 值，使此方程成为最简形式（通常称为范式），为此，设

$$\frac{Aa}{k\alpha^2}=1, \frac{a\beta}{k\alpha^3}=1$$

得

$$\alpha=\left(\frac{Aa}{k}\right)^{1/2}, \beta=\left(\frac{Ak}{a}\right)^{1/2}$$

方程(2-29) 变为

$$v^3+v=w \tag{2-30}$$

方程(2-30) 仅含 1 个参数 w，方程由原来的 5 个参数减少到 1 个参数，不仅使问题简化，而且也便于编程求解. 假如(2-30) 有形如 $v=v(w)$ 的解，则可得到原问题解的表示如下：

$$x=\frac{u^3-b}{a} \tag{2-31}$$

其中，

$$\begin{cases} u = \alpha v \\ \alpha = \left(\dfrac{Aa}{k}\right)^{1/2} \\ v = v(w) \\ w = \dfrac{d}{\beta} \\ \beta = \left(\dfrac{Ak}{a}\right)^{1/2} \\ d = c + \dfrac{bk}{a} \end{cases} \tag{2-32}$$

将式(2-32)代入式(2-31)，得

$$x = a^{1/2}\left(\frac{A}{k}\right)^{3/2} v^3\left(\frac{ac+bk}{\sqrt{Aak}}\right) - \frac{b}{a} \tag{2-33}$$

例 2-1 （火箭发射中的抛射问题）在地球表面某处发射火箭，假设火箭以初速度 v 垂直向上发射，记地球的半径为 r，地球表面的重力加速度 g，不计阻力，我们来讨论火箭发射高度随时间 t 的变化规律.

取 x 轴垂直向上. 设发射初始火箭在地球表面，$x=0$，火箭和地球的质量分别为 m_1 和 m_2，则由牛顿第二定律和万有引力定律，可得

$$m_1 x'' = -k\frac{m_1 m_2}{(x+r)^2} \tag{2-34}$$

当 $t=0$ 时

$$x(0) = 0$$
$$x''(0) = -g$$

从而由式(2-34)，得到

$$m_2 k = r^2 g \tag{2-35}$$

将式(2-35)代入式(2-34)，并注意到初始条件，抛射问题满足如下方程

$$x'' = -\frac{r^2 g}{(x+r)^2}$$
$$x(0) = 0$$
$$x'(0) = 0$$

则上述方程的解可写成

$$x = x(t, r, v, g)$$

即发射高度 x 是以 r, v, g 为参数的时间 t 的函数.

2.6　存贮模型

为了使生产和销售有条不紊地进行，一般的工商企业总需要存贮一定数量的原料或商品，然而大量库存不但积压了资金，而且会使仓库保管的费用增加. 因此，寻求合理的库存量乃是现代企业管理的一个重要课题.

需要注意的是，存贮问题的原型可以是真正的仓库存货，水库存水，也可以是计算机的存储器的设计问题，甚至是大脑的存贮问题.

衡量一个存贮策略优劣的直接标准是该策略所消耗的平均费用的多寡. 这里的费用通常主要包括：存贮费、订货费（订购费和成本费）、缺货损失费和生产费（指货物为本单位生产，若是外购，则无此费用）. 由此可知，存贮问题的一般模型为：

$$\min[\text{订货费（或生产费）} + \text{存贮费} + \text{缺货损失费}]$$

下面我们讨论几个重要的存贮模型.

2.6.1　不允许缺货的订货销售模型

为了使问题简化，我们作如下假设：

① 由于不允许缺货，所以规定缺货损失费为无穷大.

② 当库存量为零时，可立即得到补充.

③ 需求是连续均匀的，且需求速度（单位时间的需求量）为常数.

④ 每次订货量不变，订货费不变.

⑤ 单位存贮费不变.

假定每隔时间 t 补充一次存货，货物单价为 k，订货费为 C_3，单位存储费为 C_1，需求速度为 R. 由于不允许缺货，所以订货费为 Rt，从而成本费为 kRt，总的订货费为 $C_3 + kRt$，平均订货费为 $\frac{C_3}{t} + kR$.

又因为 t 时间内的平均存货量为 $\frac{1}{t}\int_0^t Rt\,\mathrm{d}t = \frac{1}{2}Rt$，所以平均存储费为 $\frac{1}{2}C_1Rt$. 于是，在时间 t 内，总的平均费用为 $C(t) = \frac{C_3}{t} + kR + \frac{1}{2}C_1Rt$. 这样，问题就变成 t 取何值时，费用 $C(t)$ 最小，即存贮模型为：

$$\min C(t) = \frac{C_3}{t} + kR + \frac{1}{2}C_1Rt$$

这是一个简单的无条件极值问题，很容易求得它的最优解为：

$$t^* = \sqrt{\frac{2C_3}{RC_1}}$$

即每隔 t^* 时间订货一次，可使平均订货费用 $C(t)$ 最小. 每次批量订货为：

$$Q^* = Rt^* = \sqrt{\frac{2RC_3}{C_1}}$$

这就是存储论中著名的经济订购批量公式（Economic Ordering Quantity），简称 EOQ 公式.

例 2-2 某商店出售某种商品，每次采购该种商品的订购费为 2040 元，其存贮费为每年 170 元 / 吨. 顾客对该种商品的年需求量为 1040 吨，试求商店对该商品的最佳订货批量、每年订货次数及全年的费用.

解：取时间单位为年，则有

$$R = 1040, C_3 = 2040, C_1 = 170$$

于是订货批量为：

$$Q^* = \sqrt{\frac{2\times 2040\times 1040}{170}} = \sqrt{24960} \approx 158$$

订货间隔为：

$$t^* = \sqrt{\frac{2\times 2040\times 1040}{170\times 1040}} = \sqrt{0.023} \approx 0.152$$

全年费用为：

$$C(t^*) = \frac{2040}{0.152} + \frac{1}{2}\times 170\times 1040\times 0.152 = 22858$$

于是每年的订货次数为：

$$\frac{1}{t^*} = \frac{1}{0.152} \approx 6.58$$

由于订货的次数应为正整数，故可以比较订货次数分别为 6 次和 7 次的费用. 若订货次数为 6，可得每年的总费用为 $C\left(\frac{1}{6}\right) = 22973$. 若订货次数为 7，可得每年的总费用为 $C\left(\frac{1}{7}\right) = 22908$. 所以，每年应订货 7 次，每次订货批量为 1040/7 吨，每年的总费用为 22908 元.

2.6.2 不允许缺货的生产销售模型

2.6.1 小节所述模型中的货物是通过从其他单位订购而获得的，然后再进行销售. 现在讨论货物不是从其他单位订购的，而是本单位生产的销售模型.

由于生产需要一定时间,所以除保留前述模型的假设外,再设生产批量为 Q,所需生产时间为 T,故生产速度为 $P=\frac{Q}{T}$,而且需求速度 $R<P$.

假设 $t=0$ 时 $Q=0$,则在时间区间[0,T]内,存贮量以速度 $P-R$ 增加;在时间区间[T,t] 内存贮量以速度 R 减少(图 2-4).

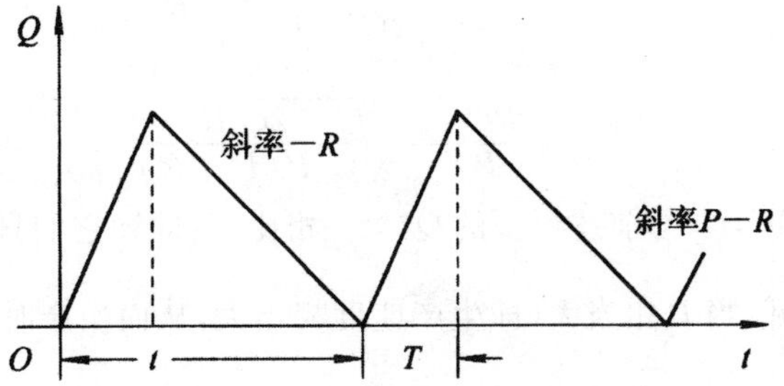

图 2-4　时间区间[0,T] 内的存贮量

图 2-4 中的 T 和 t 皆为待定数.

由图 2-4 可知 $(P-R)T=R(t-T)$,即 $PT=Rt$. 这说明以速度 P 生产 T 时间的产品恰好等于 t 时间内的需求$\left(T=\frac{Rt}{P}\right)$.

由于 t 时间内的存贮量等于图 2-4 中三角形的面积,故 t 时间内的存储量为

$$\frac{1}{2}(P-R)Tt$$

从而存贮费用为$\frac{1}{2}C_1(P-R)Tt$.

如果再设 t 时间内的生产费用为 C_3,则 t 时间内的平均总费用 $C(t)$ 为

$$\begin{aligned}C(t)&=\frac{1}{t}\left[\frac{1}{2}C_1(P-R)Tt+C_3\right]\\&=\frac{1}{t}\left[\frac{1}{2}C_1(P-R)\frac{Rt^2}{P}+C_3\right]\\&=\frac{1}{2P}C_1(P-R)Rt+\frac{C_3}{t}\end{aligned}$$

于是,所求数学模型为

$$\min C(t)=\frac{1}{2P}C_1(P-R)Rt+\frac{C_3}{t}$$

利用微积分方法,可得生产的最佳周期为

$$t^* = \sqrt{\frac{2C_3P}{C_1R(P-R)}} \tag{2-36}$$

由此可求出最佳生产批量为 Q^*，最佳费用 $C(t^*)$ 及最佳生产时间 T^* 分别为

$$Q^* = Rt^* = \sqrt{\frac{2C_3RP}{C_1(P-R)}} \tag{2-37}$$

$$C(t^*) = \sqrt{2C_1C_3R\frac{P-R}{P}} \tag{2-38}$$

$$T^* = \frac{Rt^*}{P} = \sqrt{\frac{2C_3R}{C_1P(P-R)}} \tag{2-39}$$

这里的 Q^*，t^* 与前述模型的 Q^*，t^* 相比较，即知它们只相差一个因子 $\sqrt{\frac{P}{P-R}}$. 可见，当 P 相当大(即生产速度相当大，从而生产时间就很短)时，$\sqrt{\frac{P}{P-R}}$ 趋近于 1，这时两个模型就近似相同了.

例 2-3 假设某厂每月需某种产品 100 件. 生产率为 500 件 / 月，每生产一批产品需准备费 5 元，每月每件产品的存贮费为 0.4 元，试求最佳生产周期、最佳生产批量以及最佳费用和最佳生产时间.

解：由题意知 $C_1 = 0.4, C_3 = 5, P = 500, R = 100$. 利用公式得：

$$t^* \approx 0.56(\text{月}), Q^* \approx 56(\text{件})$$

$$C(t^*) \approx 14.8(\text{元}), T^* \approx 0.12(\text{月})$$

2.6.3 允许缺货的订货销售模型

所谓允许缺货，就是企业可以在存贮量降到零时，还可以再等一段时间订货. 本模型的假设条件除允许缺货外，其余条件皆与 2.6.1 小节的模型相同.

记缺货费(即单位缺货损失费)为 C_2. 假设时间 $t = 0$ 时存贮量为 S，可以满足 t_1 时间的需求，则在 t_1 这段时间内的存贮量应为 $\frac{1}{2}St_1$. 在 $t - t_1$ 到 t 这段时间内，存贮为零，缺货量为 $\frac{1}{2}R(t-t_1)^2$，如图 2-5 所示.

由于 S 只能满足 t_1 时间的需求，故 $S = Rt_1$，即 $t_1 = \frac{S}{R}$，从而在 t 时间内的存贮费及缺货费分别为：

$$C_1 \cdot \frac{1}{2}St_1 = \frac{1}{2}C_1\frac{S^2}{R}$$

$$C_2 \cdot \frac{1}{2}R(t-t_1)^2 = \frac{1}{2}C_2\frac{(Rt-S)^2}{R}$$

于是平均总费用为：

$$C(t,S) = \frac{1}{t}\left[\frac{C_1 S^2}{2R} + \frac{C_2}{2R}(Rt-S)^2 + C_3\right]$$

所讨论的问题的数学模型为：

$$\min C(t,S) = \frac{1}{t}\left[\frac{C_1 S^2}{2R} + \frac{C_2}{2R}(Rt-S)^2 + C_3\right]$$

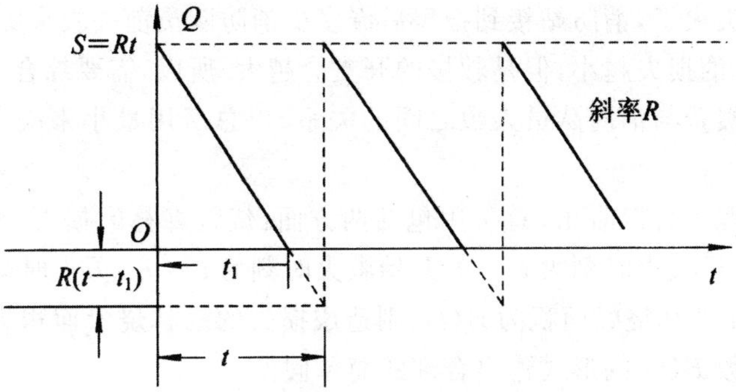

图 2-5　允许缺货的订货销售模型

这是二元函数的极值问题，用微分法可以求得最佳周期为：

$$t^* = \sqrt{\frac{2C_3(C_1+C_2)}{C_1 R C_2}}$$

最初的存储量为：

$$S^* = \sqrt{\frac{2C_2 C_3 R}{C_1(C_1+C_2)}}$$

最佳订货量为：

$$Q^* = Rt^* = \sqrt{\frac{2C_3 R(C_1+C_2)}{C_1 C_2}}$$

最佳费用为：

$$C(t^*,S^*) = \sqrt{\frac{2C_1 C_2 C_3 R}{C_1+C_3}}$$

如果 C_2 很大（这意味着不允许缺货），此时

$$\frac{C_2}{C_1+C_2} \approx 1$$

所以

$$t^* \approx \sqrt{\frac{2C_3}{C_1 R}},\quad Q^* \approx \sqrt{\frac{2C_3 R}{C_1}}$$

这和 2.6.1 小节的模型的结论相同.

2.7 森林救火模型

2.7.1 问题描述及分析

森林失火了,消防站接到报警后派多少消防队员前去救火呢?派的队员越多,森林的损失越小,但是救援的开支会越大.所以,需要综合考虑森林损失费和救援费与消防队员人数之间的关系、以总费用最小来决定派出队员的数目.

从问题中可以看出,总费用包括两方面:烧毁森林的损失,派出救火队员的开支.记失火时刻为 $t=0$,开始救火时刻为 $t=t_1$,灭火时刻为 $t=t_2$.设在时刻 t 森林烧毁面积为 $B(t)$,则造成损失的森林烧毁面积为 $B(t_2)$.建模要对函数 $B(t)$ 的形式作出合理的简单假设.

研究 $\frac{\mathrm{d}B}{\mathrm{d}t}$ 比 $B(t)$ 更为直接和方便.$\frac{\mathrm{d}B}{\mathrm{d}t}$ 是单位时间烧毁面积,表示火势蔓延的程度.在消防队员到达之前,即 $0\leqslant t\leqslant t_1$,火势越来越大,即 $\frac{\mathrm{d}B}{\mathrm{d}t}$ 随 t 的增加而增加;开始救火以后,即 $t_1\leqslant t\leqslant t_2$,如果消防队员救火能力足够强,火势会越来越小,即 $\frac{\mathrm{d}B}{\mathrm{d}t}$ 减小,并且当 $t=t_2$ 时,$\frac{\mathrm{d}B}{\mathrm{d}t}=0$.

2.7.2 模型假设

需要对烧毁森林的损失费、救援费及火势蔓延程度 $\frac{\mathrm{d}B}{\mathrm{d}t}$ 的形式作出假设.

① 损失费与森林烧毁面积 $B(t_2)$ 成正比,比例系数为 c_1,c_1 即烧毁单位面积的损失费.

② 从失火到开始救火这段时间($0\leqslant t\leqslant t_1$)内,火势蔓延程度 $\frac{\mathrm{d}B}{\mathrm{d}t}$ 与时间 t 成正比,比例系数 β 称火势蔓延速度.

③ 派出消防队员 x 名,开始救火以后($t\geqslant t_1$)火势蔓延速度降为 $\beta-\lambda x$,其中 λ 可视为每个队员的平均灭火速度.显然,应有 $\beta<\lambda x$.

④ 每个消防队员单位时间的费用为 c_2，于是，每个队员的救火费用是 $c_2(t_2-t_1)$；每个队员的一次性支出是 c_3.

第 ② 条假设可做如下解释：火势以失火点为中心，以均匀速度向四周呈圆形蔓延，所以，蔓延的半径 r 与时间 t 成正比. 又因为烧毁面积 B 与 r^2 成正比，故 B 与 t^2 成正比，从而 $\frac{\mathrm{d}B}{\mathrm{d}t}$ 与 t 成正比.

2.7.3　模型建立

根据假设条件 ②③，火势蔓延程度在 $0 \leqslant t \leqslant t_1$ 时线性增加，在 $t_1 \leqslant t \leqslant t_2$ 时线性减小，具体绘出其图形见图 2-6.

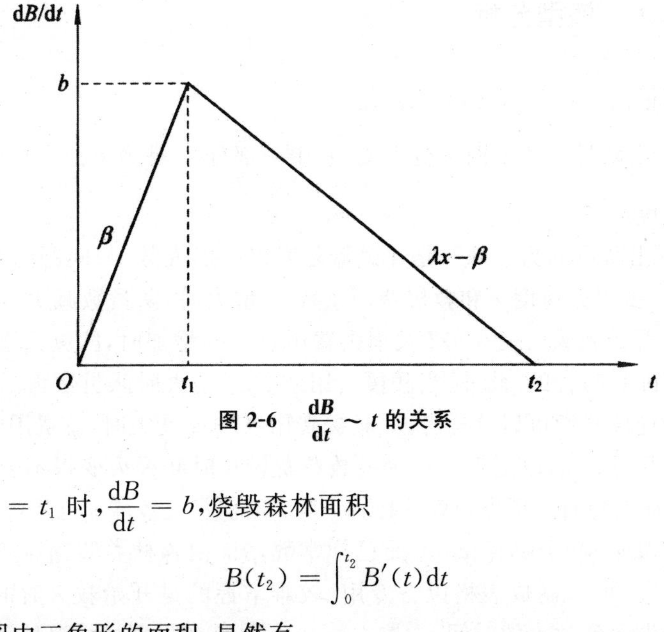

图 2-6　$\frac{\mathrm{d}B}{\mathrm{d}t} \sim t$ 的关系

记 $t=t_1$ 时，$\frac{\mathrm{d}B}{\mathrm{d}t}=b$，烧毁森林面积

$$B(t_2)=\int_0^{t_2} B'(t)\,\mathrm{d}t$$

正好是图中三角形的面积，显然有

$$B(t_2)=\frac{1}{2}bt_2$$

而且

$$t_2-t_1=\frac{b}{\lambda x-\beta}$$

因此

$$B(t_2)=\frac{1}{2}bt_1+\frac{b^2}{2(\lambda x-\beta)}$$

根据条件①④得到，森林烧毁的损失费为 $c_1B(t_2)$，救火费为 $c_2x(t_2-t_1)+c_3x$，据此计算得到救火总费用为

$$C(x)=\frac{1}{2}c_1bt_1+\frac{c_1b^2}{2(\lambda x-\beta)}+\frac{c_2bx}{\lambda x-\beta}+c_3x$$

问题归结为求 x 使 $C(x)$ 达到最小. 令

$$\frac{\mathrm{d}C}{\mathrm{d}t}=0$$

得到最优的派出队员人数为

$$x=\sqrt{\frac{c_1\lambda b+2c_2\beta b}{2c_3\lambda^2}}+\frac{\beta}{\lambda}$$

由于队员人数应为整数，故还需将 x 取整或四舍五入.

2.7.4 模型分析

根据最后表达式可得以下结论：

① 派出队员人数由两部分组成. 其中一部分 $\frac{\beta}{\lambda}$ 是为了把火扑灭所必需的最低限度.

② 派出队员的另一部分是在最低限度以上的人数，与问题的各个参数有关. 当队员灭火速度 λ 和救援费用系数 c_3 增大时，队员数减少；当火势蔓延速度 β、开始救火时的火势 b 及损失费用系数 c_1 增加时，队员数增加，这些结果与实际是吻合的. 此外，当救援费用系数 c_2 变大时队员数也增大，这一结果的合理性我们可以这样考虑：救援费用系数 c_2 变大时，总费用中灭火时间引起的费用增加，以至于以较少人数花费较长时间灭火变得不合算，通过增加人数而缩短时间更为合算，因此，c_2 变大时队员人数增加也是合理的.

③ 在实际应用中，c_1、c_2、c_3 是已知常数，β、λ 由森林类型、消防队员素质等因素决定，可以制成表格以备专用. 较难掌握的是开始救火时的火势 b，它可以由失火到救火的时间 t_1，按 $b=\beta t_1$ 算出，或据现场情况估计.

④ 本模型假设条件只符合无风的情况，在有风的情况下，应考虑另外的假设. 此外，此模型并不否认真正发生森林火灾时，全民全力以赴扑灭大火的情况.

建立这个模型的关键是对 $\frac{\mathrm{d}B}{\mathrm{d}t}$ 的假设. 比较合理而又简化的假设条件②，③只能符合风力不大的情况. 在风势的影响下应考虑另外的假设. 再者，有人对队员灭火的平均速度 λ 是常数的假设提出异议，认为 λ 应与开始救火的时刻 t_1 有关，t_1 越大 λ 越小. 这时要对函数 $\lambda(t_1)$ 作出合理的假设，再

得到进一步的结果.

2.8　生猪的出售时机模型

2.8.1　问题提出

一饲养场每天投入 4 元资金用于饲料、设备、人力,估计可使一头 80 kg 重的生猪每天增加 2 kg. 目前生猪出售的市场价格为 8 元 /kg,但是预测每天会降低 0.1 元,问该场应该什么时候出售这样的生猪. 如果上面的估计和预测有出入,对结果有多大影响?

2.8.2　问题分析

① 目标函数:选择最佳的生猪出售时机的标准是使得生猪出售的利润最大. 因此目标函数应当是利润函数,利润 - 收益 - 成本. 影响收益的因素有生猪出售时的体重及生猪出售时的价格,成本完全是由生猪饲养的天数决定. 在影响收益的两个因素中,生猪的体重随着饲养天数的增加而增加,而价格却随着饲养天数的增加而减少,这是一对矛盾体,这样也就决定了最终存在一个最佳的出售时机.

② 决策变量:生猪饲养的天数 t.

③ 约束条件:关于天数的约束,$t \geqslant 0$.

④ 求解的方法:虽然有 $t \geqslant 0$ 的约束,但是总的来说该模型最后可以看成是无约束的优化问题,因此可以使用微分法解决.

2.8.3　模型建立

给出以下记号:t—— 时间(天);w—— 生猪体重(kg);p—— 单价(元 /kg);R—— 出售的收入(元);C——t 天投入的资金(元);Q—— 纯利润(元).

按照假设,$w = 80 + rt\ (r = 2)$,$p = 8 - gt\ (g = 0.1)$. 又知道 $R = pw$,$C = 4t$,再考虑到纯利润应扣掉以当前价格(8 元 /kg) 出售 80 kg 生猪的收入,有 $Q = R - C - 8 \times 80$,得到目标函数(纯利润) 为

$$Q(t) = (8 - gt)(80 + rt) - 4t - 640 \tag{2-40}$$

其中,$r = 2$,$g = 0.1$. 求 $t \geqslant 0$ 使 $Q(t)$ 最大.

2.8.4 模型求解

这是求二次函数最大值问题,用代数或微分法容易得到

$$t = \frac{4r - 40g - 2}{rg} \tag{2-41}$$

当 $r = 2, g = 0.1$ 时,$t = 10, Q(10) = 20$,即 10 天后出售,可得最大纯利润 20 元.

2.8.5 敏感性分析

由于模型假设中的参数(生猪每天体重的增加 r 和价格的降低 g)是估计和预测的,所以应该研究它们有所变化时对模型结果的影响.

1) 设每天生猪价格的降低 $g = 0.1$ 元不变,研究 r 变化的影响,由式(2-41)可得

$$t = \frac{40r - 60}{r}, r \geqslant 1.5 \tag{2-42}$$

t 是 r 的增函数,表 2-13 和图 2-7 给出它们的关系.

表 2-13 r 与 t 的关系

r	1.5	1.6	1.7	1.8	1.9	2.0	2.1	2.2
t	0	2.5	4.7	6.7	8.4	10.0	11.4	12.7
r	2.3	2.4	2.5	2.6	2.7	2.8	2.9	3.0
t	13.9	15.0	16.0	16.9	17.8	18.6	19.3	20.0

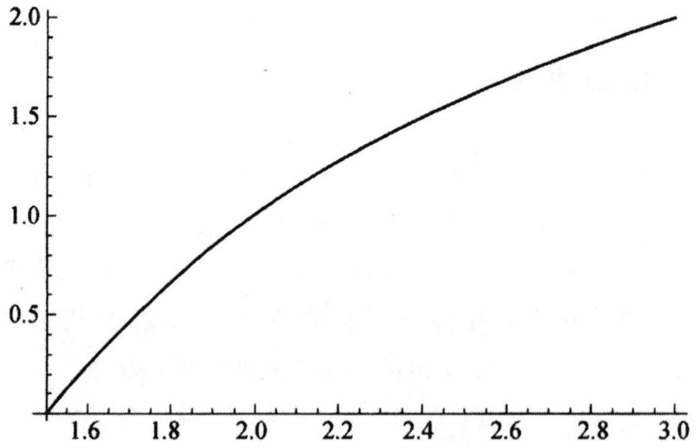

图 2-7 r 与 t 的关系

2）设每天生猪体重的增加 $r=2$ kg 不变，研究 g 变化的影响，由(2-41)式可得

$$t=\frac{3-20g}{g},0\leqslant g\leqslant 0.15 \tag{2-43}$$

t 是 g 的减函数，表 2-14 和图 2-8 给出它们的关系.

表 2-14　g 与 t 的关系

g	0.06	0.07	0.08	0.09	0.10	0.11	0.12	0.13	0.14	0.15
t	30.0	22.9	17.5	13.3	10.0	7.3	5.0	3.1	1.4	0

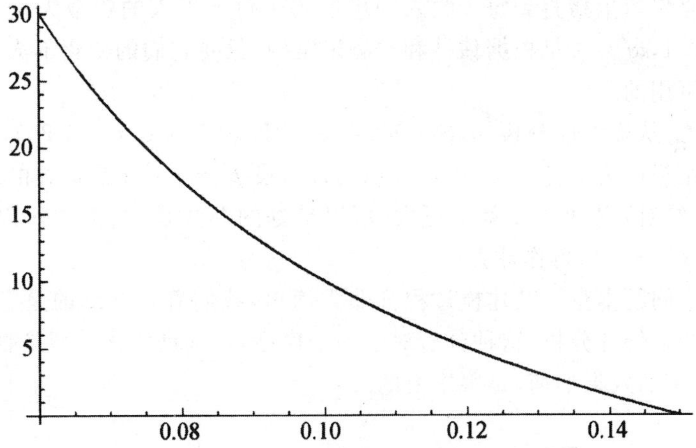

图 2-8　g 与 t 的关系

可以用相对改变量衡量结果对参数的敏感程度. t 对 r 的敏感度记作 $S(t,r)$，定义为

$$S(t,r)=\frac{\Delta t/t}{\Delta r/r}\approx\frac{\mathrm{d}t}{\mathrm{d}r}\frac{r}{t}$$

由式(2-42)，当 $r=2$ 时可算出

$$S(t,r)\approx\frac{60}{40r-60}=3$$

即生猪每天的体重 r 增加 1%，出售时间推迟 3%.

类似地定义 t 对 g 的敏感度 $S(t,g)$，由式(2-43)，当 $g=0.1$ 时可算出

$$S(t,g)=\frac{\Delta t/t}{\Delta g/g}\approx\frac{\mathrm{d}t}{\mathrm{d}g}\frac{g}{t}=-\frac{3}{3-20g}=-3$$

即生猪价格每天的降低量 g 增加 1%，出售时间提前 3%，r 和 g 的微小变化对模型结果的影响并不算大.

2.8.6 强健性(Robustness)分析

建模过程中假设了生猪体重的增加和价格的降低都是常数,由此得到的 w 和 p 都是线性函数,这无疑是对现实情况的简化.更实际的模型应考虑非线性和不确定性,如记 $w = w(t)$,$p = p(t)$,则式(2-40)应为

$$Q(t) = p(t)w(t) - 4t - 640 \tag{2-44}$$

用微分法求解式(2-44)的极值问题,可知最优解应满足

$$p'(t)w(t) + p(t)w'(t) = 4 \tag{2-45}$$

式(2-45)左端是每天收入的增值,右端是每天投入的资金.于是出售的最佳时机是保留生猪直到每天收入的增值等于每天投入的资金为止.本例中 $p' = -0.1$,$w' = 2$ 是根据估计和预测确定的,只要它们的变化不大,上述结论就是可用的.

另外,从敏感性分析知,$S(t,g) = 3$,所以若 $1.8 \leqslant w' \leqslant 2.2$(10% 以内),则结果应为 $7 \leqslant t \leqslant 13$(30% 以内).若设 $p' = -0.1$ 是最坏的情况,如果这个(绝对)值更小,t 就应更大.所以最好的办法是:过大约一周后重新估计 p, p', w, w',再作计算.

这个问题本身及其建模过程都非常简单,我们着重介绍的是它的敏感性分析和强健性分析,这种分析对于一个模型,特别是优化模型是否真的能用,或者用的效果如何,是很重要的.

2.9 血管分支模型

血液在动物的血管中一刻不停地流动,为了维持血液循环,动物的机体要提供能量.能量的一部分用于供给血管壁以营养,另一部分用来克服血液流动受到的阻力.消耗的总能量显然与血管系统的几何形状有关.在长期的生物进化过程中,高级动物血管系统的几何形状应该已经达到消耗能量最小原则下的优化标准了.

我们不可能讨论整个血管系统的几何形状,这会涉及太多的生理学知识.下面的模型只研究血管分支处粗细血管半径的比例和分岔角度,在消耗能量最小原则下应该取什么样的数值.

2.9.1 模型假设

在血液循环过程中能量的消耗主要用于克服血液在血管中流动时所受

到的阻力和为血管壁提供营养.

① 较粗的血管在分支点只分成两条较细的血管，它们在同一平面内且分布对称，因为如果不在一个平面上，血管总长度必然增加，导致能量消耗增加，不符合最优原则. 这是一条几何上的假设.

② 在考察血液流动受到的阻力时，将这种流动视为黏性流体在刚性管道中的运动. 这当然是一种近似，实际上血管是有弹性的，不过这种近似的影响不大. 这是一条物理上的假设.

③ 血管壁所需的营养随管壁内表面厚度增加，管壁厚度与管壁半径成正比，或为常数. 这是一条生理上的假设.

根据假设 ①，血管分支示意图如图 2-9 所示. 一条粗血管与两条细血管在 C 点分岔，并形成对称的几何形状. 设粗细血管半径分别是 r 和 r_1，分岔处夹角是 θ. 考察长度为 l 的一段粗血管 AC 和长度为 l_1 的两条细血管 CB 和 CB'，$ACB(ACB')$ 的水平和竖直距离为 L 和 H，如图所示. 再设血液在粗细血管中单位时间的流量分别为 q 和 q_1，显然 $q = 2q_1$.

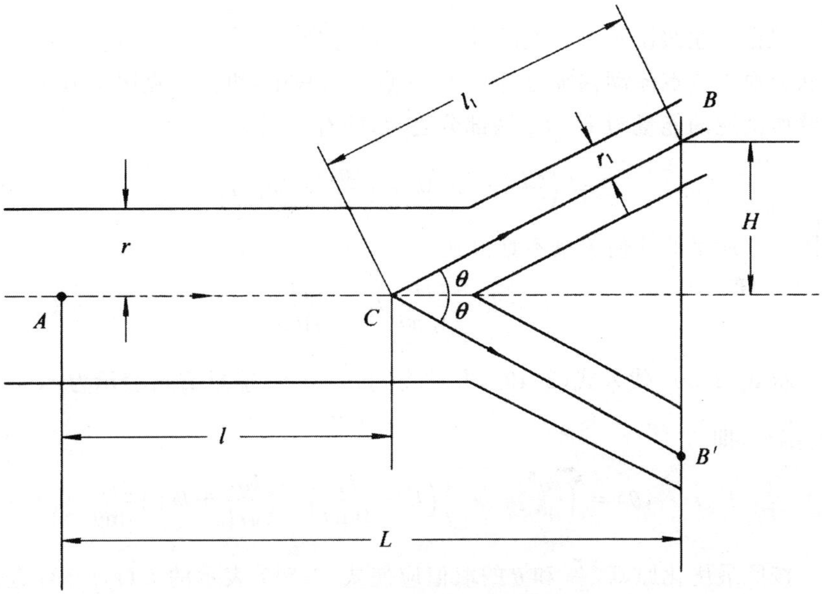

图 2-9　血管分支示意图

根据假设 ②，我们可以利用流体力学关于黏性流体在刚性管道中流动的能量消耗定律. 按照 Poiseuille 定律，血液流过半径 r、长 l 的一段血管 AC 时，流量

$$q = \frac{\pi r^4 \Delta p}{8\mu l} \tag{2-46}$$

其中，Δp 是 A，C 两点的压力差，μ 是血液的粘性系数. 在血液流动过程中，机体克服阻力所消耗能量为 $E_1 = q \cdot \Delta p$，将式(2-46) 中的 Δp 代入，得

$$E_1 = \frac{8\mu q^2 l}{\pi r^4} \tag{2-47}$$

假设 ③ 比较复杂，需要作进一步简化. 对于半径为 r、长度为 l 的血管，管壁内表面积 $s = 2\pi r l$，管壁所占体积 $v = s'l$，其中 s' 是管壁截面积. 记壁厚为 d，则 $s' = \pi[(r+d)^2 - r^2] = \pi(d^2 + 2rd)$. 设壁厚 d 近似地与半径 r 成正比，可知 v 近似地与 r^2 成正比. 又因为 s 与 r 成正比，综合考虑管壁内表面积 s 和管壁所占体积 v 对能量消耗的影响，可设血液流过长度 l 的血管的过程中，为血管壁提供营养消耗的能量为

$$E_2 = br^{\alpha} l \tag{2-48}$$

其中 $1 \leqslant \alpha \leqslant 2$，$b$ 是比例系数.

2.9.2 模型建立

根据上述假设及对假设的进一步分析得到的式(2-47) 和式(2-48)，血液从粗血管 A 点流动到细血管 B，B' 两点的过程中，机体为克服阻力和供养管壁所消耗的能量为 E_1，E_2 两部分之和，即有

$$E = \left(\frac{kq^2}{r^4} + br^{\alpha}\right)l + \left(\frac{kq_1^2}{r_1^4} + br_1^{\alpha}\right)2l_1 \tag{2-49}$$

由图 2-9 所示的几何关系不难得到

$$l = L - \frac{H}{\tan\theta}, l_1 = \frac{H}{\sin\theta} \tag{2-50}$$

将式(2-50) 代入式(2-49)，并注意到 $q_1 = \frac{q}{2}$，能量 E 可表示为 r，r_1 和 θ 的函数，即

$$E(r, r_1, \theta) = \left(\frac{kq^2}{r^4} + br^{\alpha}\right)\left(L - \frac{H}{\tan\theta}\right) + \left(\frac{kq^2}{4r_1^4} + br_1^{\alpha}\right)\frac{2H}{\sin\theta} \tag{2-51}$$

按照最优化原则，$\frac{r}{r_1}$ 和 θ 的取值应使式(2-51) 表示的 $E(r, r_1, \theta)$ 达到最小，应有

$$\frac{\partial E}{\partial r} = 0$$

$$\frac{\partial E}{\partial r_1} = 0$$

即

$$\begin{cases} -\dfrac{4kq^2}{r^5}+b\alpha r^{\alpha-1}=0 \\ -\dfrac{kq^2}{r_1^5}+b\alpha r_1^{\alpha-1}=0 \\ \left(\dfrac{kq^2}{r^4}+br^{\alpha}\right)-2\left(\dfrac{kq^2}{4r_1^4}+br_1^{\alpha}\right)\cos\theta=0 \end{cases} \tag{2-52}$$

从方程(2-52)可解出

$$\frac{r}{r_1}=4^{\frac{1}{\alpha+4}} \tag{2-53}$$

再由

$$\frac{\partial E}{\partial \theta}=0$$

代入式(2-53),可得

$$\cos\theta=2\left(\frac{r}{r_1}\right)^{-4} \tag{2-54}$$

将式(2-53)代入式(2-54),则

$$\cos\theta=2^{\frac{\alpha-4}{\alpha+4}} \tag{2-55}$$

式(2-53)和式(2-55)就是在能量消耗最小原则下血管分岔处几何形状的结果,由 $1\leqslant\alpha\leqslant 2$,可以算出$\dfrac{r}{r_1}$和 θ 的大致范围为

$$1.26\leqslant\frac{r}{r_1}\leqslant 1.32,37^\circ\leqslant\theta\leqslant 49^\circ$$

2.9.3　模型检验

生物学家认为,上述结果与经验观察吻合得相当好.由此还可以导出一个有趣的推论.

记动物的大动脉和最细的毛细血管的半径分别为 $r_{\max}$ 和 $r_{\min}$,设从大动脉到毛细血管共有 n 次分岔,将式(2-53)反复利用 n 次可得

$$\frac{r_{\max}}{r_{\min}}=4^{\frac{n}{\alpha+4}} \tag{2-56}$$

$\dfrac{r_{\max}}{r_{\min}}$的实际数值可以测出,例如对狗而言,有$\dfrac{r_{\max}}{r_{\min}}\approx 1000\approx 4^5$,由式(2-56)可知 $n\approx 5(\alpha+4)$.因为 $1\leqslant\alpha\leqslant 2$,所以按照这个模型,狗的血管应有 25 ～ 30 次分岔.又因为当血管有 n 次分岔时血管总条数为 2^n,所以估计狗应约有 $2^{25}\sim 2^{30}$,即 $3\times 10^7\sim 10^9$ 条血管.这个估计不可过于认真看待,因为血管分支很难是完全对称的.

第3章　问题解决的数学规划方法建模

在工程实践、科学技术、经济管理等诸多领域中，很多实际问题都能归结为求一个函数在一定的约束条件下的最值问题，这类问题就是优化问题或规划问题. 系统优化模型大体可分为数学规划模型和非数学规划模型两大类，其中应用最广泛的是基于数学规划技术的优化模型，如线性规划、整数规划、非线性规划、动态规划模型等. 非数学规划模型大多数是基于经验和观察所总结的经验性方法. 本章主要介绍数学规划问题.

解决数学规划问题是数学的一些最为常见的应用，无论进行何种工作，总是希望达到最好的结果，而使不好的方面或消耗等降低到最小. 数学规划模型正是要给定问题的约束条件，确定约束的可控变量的取值，以达到最优结果的模型.

3.1　线性规划模型

线性规划主要是研究一组由线性等式或不等式组成的约束条件下的极值问题，可以有效地解决各种规划、生产、运输等科学管理与工程领域方面的问题. 它的主要算法是单纯形法. 随着电子计算机的发展，数学软件的使用，线性规划模型的应用日益广泛，至今，它已是一个理论完备、方法成熟、解决实际问题非常有效的数学模型.

3.1.1　线性规划模型的表示形式

1. 线性规划模型的一般形式

线性规划模型的一般形式为

$$\max(\min) z = \sum_{j=1}^{n} c_i x_j$$

$$s.t.\begin{cases}\sum_{j=1}^{n} a_{ij} x_j \leqslant (\geqslant, =) b_i (i = 1,2,\cdots,m) \\ x_j \geqslant 0 (j = 1,2,\cdots,n)\end{cases} \tag{3-1}$$

也可表示为矩阵形式

$$\max(\min)z = CX$$
$$s.t.\begin{cases} AX \leqslant (\geqslant, =)b \\ X \geqslant 0 \end{cases} \tag{3-2}$$

也可以表示为向量形式

$$\max(\min)z = CX$$
$$s.t.\begin{cases} \sum_{j=1}^{n} P_j x_j \leqslant (\geqslant, =)b_i \\ X \geqslant 0 \end{cases}$$

其中 $C = (c_1, c_2, \cdots, c_n)$ 称其为目标函数的系数向量；$X = (x_1, x_2, \cdots, x_n)^T$ 称其为决策向量；$b = (b_1, b_2, \cdots, b_n)^T$ 称其为约束方程组的常数向量；$A = (a_{ij})m \times n$ 称其为约束方程组的系数矩阵；$P_j = (a_{1j}, a_{2j}, \cdots a_{mj})^T (j = 1,2,\cdots,n)$ 称其为约束方程组的系数向量.

2. 线性规划模型的标准形式

线性规划模型的标准形式表示为

$$\max z = CX$$
$$s.t.\begin{cases} AX = b \\ X \geqslant 0 \end{cases}$$

3. 其他形式的线性规划问题

除了线性规划问题的标准形式之外，还有一些其他形式的线性规划问题，当然这些问题都可以通过一些简单代换化为标准线性规划问题.

(1) 极大化问题

对于目标函数为极大化问题，如 $\max z = \sum_{j=1}^{n} c_j x_j$，可以将其等价地化为极小化问题，因为

$$\max \sum_{j=1}^{n} c_j x_j = -\left(\min\left(-\sum_{j=1}^{n} c_j x_j\right)\right)$$

(2) 不等式约束问题

对于形如

$$a_{j1}x_1 + a_{j2}x_2 + \cdots + a_{jn}x_n \leqslant b_j$$

的不等式约束，可以通过引入所谓“松弛变量 r_j” 化为等式约束

$$a_{j1}x_1 + a_{j2}x_2 + \cdots + a_{jn}x_n + r_j = b_j\ (\text{其中 } r_j \geqslant 0)$$

而对于形如

$$a_{j1}x_1 + a_{j2}x_2 + \cdots + a_{jn}x_n \geqslant b_j$$

的不等式约束，可以通过引入所谓“剩余变量 s_j”化为等式约束

$$a_{j1}x_1 + a_{j2}x_2 + \cdots + a_{jn}x_n - s_j = b_j \text{（其中 } s_j \geqslant 0\text{）}$$

（3）无非负条件问题

对于无非负约束条件问题，可以定义 $x_j = x_j^{(1)} - x_j^{(2)}, x_j^{(1)} \geqslant 0, x_j^{(2)} \geqslant 0$，从而将其化为非负约束.

例如，将下列线性规划化为标准形式

$$\max f = 4x_1 + 3x_2$$

$$s.t.\begin{cases} x_1 + x_2 \leqslant 10 \\ 2x_1 + x_2 \geqslant 2 \\ x_1, x_2 \geqslant 0 \end{cases}$$

转化方法：

①$\max f \to \min f' = \min(-f)$，求最大值化为求最小值.

② 对约束条件可以增加松弛变量，使不等号变为等号，对 $\leqslant$ 加上松弛变量，对 $\geqslant$ 减去松弛变量.

③ 自变量为负时，令 $x = -y$，则 y 为非负变量.

④ 无非负限制的变量 x 令 $y = x' - x''$，则 x', x'' 为非负变量.

按上述规则，可得到如下标准形式

$$\max f' = -4x_1 - 3x_2$$

$$s.t.\begin{cases} x_1 + x_2 + x_3 = 10 \\ 2x_1 + x_2 - x_4 = 2 \\ x_1, x_2, x_3, x_4 \geqslant 0 \end{cases}$$

式中，x_3、x_4 为松弛变量.

再如，

$$\max f = -x_1 + 2x_2$$

$$s.t.\begin{cases} 3x_1 - 8x_2 \leqslant 5 \\ x_1 - 3x_2 \geqslant 4 \\ x_1 \geqslant 0 \text{（} x_2 \text{ 是自由变量）} \end{cases}$$

将其转化成标准形式为

$$\max f' = x_1 - 2(x_3 - x_4) + 0x_5 + 0x_6$$

$$s.t.\begin{cases} 3x_1 - 8(x_3 - x_4) + x_5 = 5 \\ x_2 - x_3 + x_4 = 0 \\ x_1 - 3(x_3 - x_4) - x_6 = 4 \\ x_1, x_2, x_3, x_4, x_5, x_6 \geqslant 0 \end{cases}$$

3.1.2　求解线性规划的方法

1. 图解法

该法也称几何解法，特别适用于两个变量的简单线性规划问题. 这种解法比较简单，几何直观.

例 3-1　用图解法求解如下线性规划问题：

$$\max f = x_1 + 2x_2$$

$$s.t.\begin{cases} x_1 + 3x_2 \leqslant 3 \\ x_1 + x_2 \leqslant 2 \\ x_1 \geqslant 0, x_2 \geqslant 0 \end{cases}$$

求 x_1，x_2.

解：图解法的求解步骤如下：

(1) 由全部约束条件作图求出可行域

以 x_1 为横轴，x_2 为纵轴建立直角坐标系. 非负条件 $x_1, x_2 \geqslant 0$ 是指第一象限；其他约束条件都代表一个半平面，如约束条件 $x_1 + 3x_2 \leqslant 3$ 代表以直线 $x_1 + 3x_2 = 3$ 为边界的下半平面.

全部约束条件相应的各半平面的交集，称为线性规划问题的可行域. 显然，可行域内各点的坐标都满足全部约束条件，都可作为这个线性规划问题的解（这里面包含要求的最优解），称为可行解. 图 3-1 中阴影区域即为可行域.

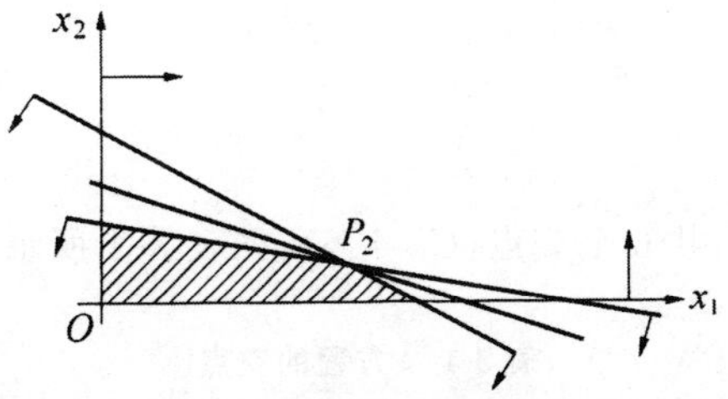

图 3-1　可行域示意图

(2) 作出一条目标函数的等值线

在这个坐标平面上，目标函数 $f = x_1 + 2x_2$ 表示以 f 为参数、$-\dfrac{1}{2}$ 为斜率的一组平行线：

$$x_2 = -\frac{1}{2}x_1 + f$$

位于同一直线上的点，具有相同的目标函数值，因而称它为“等值线”.

(3) 平移目标函数的等值线寻找最优点、算出最优解

当 f 值由小变大时，直线

$$x_2 = -\frac{1}{2}x_1 + f$$

沿其法线方向向右上方平行移动. 当等值线向上移动到图 3-1 中可行域的顶点 $P_2\left(\frac{3}{2},\frac{1}{2}\right)$时，使 f 值在可行域的边界上(顶点处)实现最大化，这就得到了本例的最优解$\begin{cases} x_1 = \frac{3}{2} \\ x_2 = \frac{1}{2} \end{cases}$，目标函数最优值为 $\max f = \frac{5}{2}$.

从图解法中可直观地看到，当线性规划问题的可行域非空时，若它是有界的凸多边形(或凸多面体)，则线性规划问题存在最优解，而且它一定在可行域的某个顶点得到；若在两个顶点同时得到最优解，则它们连线上的任意一点都是最优解，即有无穷多解.

2. 列举法

由于可行域的顶点个数是有限的(不超过 C_n^m 个)，可采用“列举法”找出所有基本可行解，然后一一比较，最终求得最优解.

例 3-2 用列举法求例 3-1 的解.

解：可行域的四条边界线为

$$\begin{cases} x_1 + 3x_2 = 3 & (1) \\ x_1 + x_2 = 2 & (2) \\ x_1 = 0 & (3) \\ x_2 = 0 & (4) \end{cases}$$

两者之间求出交点，共 6 个交点($C_4^2 = 6$)，如表 3-1 所示.

表 3-1 方程的交点

方程	交点(x_1,x_2)	是否可行域的顶点	目标函数值 f
(1)、(2)	$\left(\frac{3}{2},\frac{1}{2}\right)$	是	$\frac{5}{2}$
(1)、(3)	(0,1)	是	2
(1)、(4)	(3,0)	不是(不满足 $x_1 + x_2 \leqslant 2$)	—
(2)、(3)	(0,2)	不是(不满足 $x_1 + x_2 \leqslant 2$)	—

续表

方程	交点(x_1,x_2)	是否可行域的顶点	目标函数值 f
(2)、(4)	(2,0)	是	2
(3)、(4)	(0,0)	是	0

从表 3-1 知，当$(x_1,x_2)=\left(\frac{3}{2},\frac{1}{2}\right)$时，有最优解，目标函数最优值为 $\max f=\frac{5}{2}$.

3. 软件实现法

(1)Matlab 法

Matlab 中线性规划的标准型为

$$\min c^{T}x$$
$$s.t.\ Ax\leqslant b$$

基本函数形式为 linprog(c,A,b)，它的返回值是向量 x 的值. 还有其他的一些函数调用形式，如：

[x,fval] = linprog(c,A,b,Aeq,beq,LB,UB,x_0,OPTIONS)

这里 fval 是返回目标函数的值，Aeq 和 beq 对应等式约束 Aeq * x = beq，LB 和 UB 分别是 x 的下界和上界，x_0 是 x 的初始值，OPTIONS 是控制参数.

例如，用 Matlab 方法求解下列线性规划问题.

$$\max z=2x_1+3x_2-5x_3$$
$$s.t.\begin{cases}x_1+x_2+x_3=7\\2x_1-5x_2+x_3\geqslant 10\\x_1,x_2,x_3\geqslant 0\end{cases}$$

求解步骤如下：

① 编写 M 文件

```
    c = [2,3,-5];
    a = [-2,5,-1];
    b =-10;
    aeq = [1,1,1];
  beq = 7;
  x = linprog(-c,a,b,aeq,beq,zeros(3,1));
  value = c' * x
```

② 将文件 M 存盘，并命名为 exam. m.

③ 在 Matlab 指令窗口运行 exam 即可得到结果.

(2) Lindo 法

例 3-3　用 Lindo 法求解如下线性规划问题：

$$\max z = 2x_1 + x_2$$

$$s.t.\begin{cases} 5x_2 \leqslant 15 \\ 6x_1 + 2x_2 \leqslant 24 \\ x_1 + x_2 \leqslant 5 \\ x_1 \geqslant 0, x_2 \geqslant 0 \end{cases}$$

解：用 Lindo 软件求解该线性规划的输入方法是，打开一个新文件，直接输入：

```
max 2x1 + x2
st
5x2 <= 15
6x1 + 2x2 <= 24
x1 + x2 <= 5
end
```

将文件存储并命名后，选择菜单"Solve"并对"DO RANGE (SENSITIVITY) ANALYSIS"(灵敏性分析) 回答"no"，即可得到如下输出：

```
LP OPTIMUM FOUND AT STE      P2
        OBJECTIVE FUNCTION VALUE
        1)      8.500000
VARIABLE            VALUE              REDUCED COST
        x1          3.500000           0.000000
        x2          1.500000           0.000000
        ROW    SLACK OR SURPLUS        DUAL PRICES
        2)          7.500000           0.000000
        3)          0.000000           0.250000
        4)          0.000000           0.500000
NO. ITERATIONS =            2
```

3.1.3　线性规划问题及其数学模型

在生产管理和经营活动中，经常遇到如何合理地利用有限的人力、物力、财力等资源，以便得到最好的经济收益的问题.

1. 下料问题

(1) 问题提出

现要用 100 cm×50 cm 的板料裁剪出规格分别为 40 cm×40 cm 与 50 cm×20 cm 的零件，前者需要 25 件，后者需要 30 件. 问如何裁剪，才能最省料?

(2) 模型建立

先设计几个裁剪方案.

记 A——40 × 40；B——50 × 20，如图 3-2 所示.

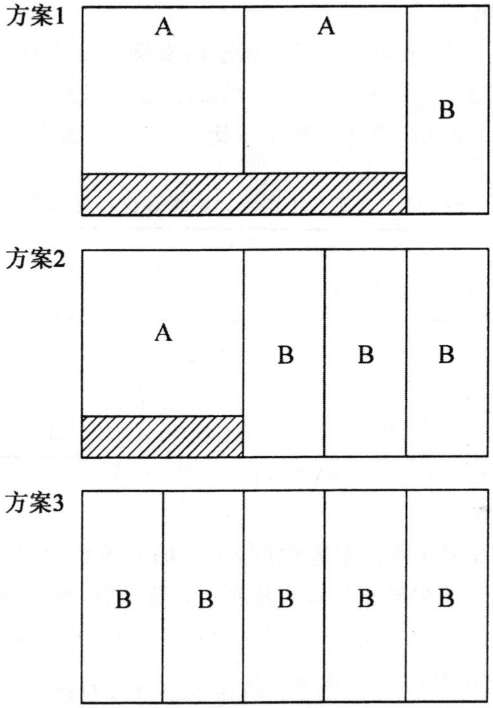

图 3-2　裁剪方案

显然，若只用其中一个方案，都不是最省料的方法. 最佳方法应是 3 个方案的优化组合. 设方案 i 使用原材料 x_i 件($i = 1,2,3$)，共用原材料 f 件，则根据题意，可用如下数学式子表示：

$$\min f = x_1 + x_2 + x_3$$

$$s.t.\begin{cases} 2x_1 + x_2 \geqslant 25 \\ x_1 + 3x_2 + 5x_3 \geqslant 30 \\ x_j \geqslant 0, \text{整数}(j = 1,2,3) \end{cases}$$

这是一个整数线性规划模型.

最优解有 4 个：

x_1	12	11	10	9
x_2	1	3	5	7
x_3	3	2	1	0

$$\min f = 16$$

2. 运输问题

(1) 问题提出

现要从两个仓库(发点)运送库存原棉来满足 3 个纺织厂(收点)的需要,数据如下表,试问在保证各纺织厂的需求都得到满足的条件下应采取哪个运输方案,才能使总运费达到最小?(运价(元/t) 如表 3-2).

表 3-2　各工厂不同仓库的库存量与需求量

工厂 j / 仓库 i	1 号	2 号	3 号	库存量/t
1 号	2	1	3	50
2 号	2	2	4	30
需求量/t	40	15	25	

(2) 模型建立

题意即要确定从 i 号仓库运到 j 号工厂的原棉数量,故设 x_{ij} 表示从 i 号仓运到 j 号工厂的原棉数量(t),f 表示总运费,则运输模型为

$$\min f = 2x_{11} + x_{12} + 3x_{13} + 2x_{21} + 2x_{22} + 4x_{23}$$

$$s.t.\begin{cases} \left.\begin{array}{l} x_{11} + x_{12} + x_{13} \leqslant 50 \\ x_{21} + x_{22} + x_{23} \leqslant 30 \end{array}\right\} \text{运出量受存量约束} \\ \left.\begin{array}{l} x_{11} + x_{21} = 40 \\ x_{12} + x_{22} = 15 \\ x_{13} + x_{23} = 25 \end{array}\right\} \text{需求量约束} \\ x_{ij} \geqslant 0 (i = 1,2; j = 1,2,3) \text{ 运输量非负约束} \end{cases}$$

3. 奶制品的生产与销售问题

(1) 加工奶制品的生产计划

1) 问题.

一奶制品加工厂用牛奶生产 A_1、A_2 两种奶制品,1 桶牛奶可以在设备

甲上用12 h加工成3 kg A_1,或在设备乙上用8 h加工成4 kg A_2.根据市场需求,生产的A_1、A_2全都能售出,且每千克A_1获利24元,每千克A_2获利16元.现在加工厂每天能得到50桶牛奶的供应,每天正式工人总的劳动时间为480 h,并且设备甲每天至多能加工100 kg A_1,设备乙的加工能力没有限制.试为该厂制订一个生产计划,使每天获利最大,并进一步讨论以下三个附加问题:

① 若用35元可以买1桶牛奶,应否作这项投资?若投资,每天最多购买多少桶牛奶?

② 若可以聘用临时工人以增加劳动时间,付临时工人的工资最多是每小时几元?

③ 由于市场需求变化,每千克A_1的获利增加到30元,应否改变生产计划?

2)模型的建立.

决策变量:设每天用x_1桶牛奶生产A_1,用x_2桶牛奶生产A_2.

目标函数:每天获利为$z = 72x_1 + 64x_2$.

约束条件:

原料供应限制　　$x_1 + x_2 \leqslant 50$

劳动时间限制　　$12x_1 + 8x_2 \leqslant 480$

设备能力限制　　$3x_1 \leqslant 100$

非负约束　　$x_1 \geqslant 0, x_2 \geqslant 0$

综上可得数学模型:

$$\max z = 72x_1 + 64x_2$$

$$s.t.\begin{cases} x_1 + x_2 \leqslant 50 \\ 12x_1 + 8x_2 \leqslant 480 \\ 3x_1 \leqslant 100 \\ x_1 \geqslant 0, x_2 \geqslant 0 \end{cases}$$

3)模型求解.

用Lindo软件求解.

打开一个新文件,直接输入:

```
max 72x1 + 64x2
st
①x1 + x2 <= 50
②12x1 + 8x2 <= 480
③3x1 <= 100
end
```

将文件存储并命名后，选择菜单“Solve”并对“DO RANGE (SENSITIVITY) ANALYSIS?”(灵敏性分析) 回答“no”,即可得到如下输出：

```
LP OPTIMUM FOUND AT STE     P2
        OBJECTIVE FUNCTION VALUE
        1)      3360.000
  VARIABLE          VALUE                  REDUCED COST
        x1          20.000000              0.000000
        x2          30.000000              0.000000
        ROW   SLACK OR SURPLUS             DUAL PRICES
        1)          0.000000               48.000000
        2)          0.000000               2.000000
        3)          40.000000              0.000000
NO. ITERATIONS =            2
RANGES IN WHICH THE BASIS  IS UNCHANGED:
                        OBJ COEFFICIENT RANGES
VARIABLE   CURRENT        ALLOWABLE        ALLOWABLE
             COEF          INCREASE         DECREASE
x1         72.000000       24.000000        8.000000
x2         64.000000       8.000000         16.000000
                        RIGHTHAND SIDE RANGES
ROW      CURRENT         ALLOWABLE        ALLOWABLE
           RHS            INCREASE         DECREASE
1        50.000000       10.000000        6.666667
2        480.000000      53.333332        80.000000
3        100.000000      INFINITY         40.000000
```

4) 结果与分析.

上面结果的第 3 行、第 5 行和第 6 行给出线性规划的最优值为 $z=3360$,最优解为 $x_1=20$,$x_2=30$,即生产计划为每天用 20 桶牛奶生产 A_1,用 30 桶牛奶生产 A_2,每天可获最大利润 3360 元.

输出结果的第8行表明,原料(即牛奶)的影子价格为48元,即1桶牛奶的影子价格为 48 元.用 35 元可以买到 1 桶牛奶,其价格低于 1 桶牛奶的影子价格,应该作这项投资.输出结果的第 21 行表明,牛奶数量的允许变化范围为(50－6.6667,50＋10),因此每天最多购买 10 桶牛奶.

输出结果的第 9 行表明,劳动时间的影子价格为 2 元,即 1 h 劳动的影子价格为 2 元.因此聘用临时工人以增加劳动时间,付给的工资最多是每小时 2 元.

输出结果的第 17 行表明，当 x_1 的系数在允许范围(72－8,72＋24)[即(64,96)] 内变化时，最优解不变，即生产计划不变. 现在若每千克 A_1 的获利增加到 30 元，则 x_1 的系数为 90，在此范围内，所以不应改变生产计划.

(2) 奶制品的生产销售计划

1) 问题的提出.

假设前面的“加工奶制品的生产计划”问题中所给出的 A_1、A_2 两种奶制品的生产条件、利润及工厂的“资源”限制全都不变. 为了增加工厂的利润，开发了奶制品的深加工技术：用 2 h 和 3 元加工费，可将 1 kg A_1 加工成 0.8 kg 高级奶制品 B_1，也可将 1 kg A_1 加工成 0.75 kg 高级奶制品 B_2，每 kg B_1 能获利 44 元，每 kg B_2 能获利 32 元. 试为该工厂制订一个生产销售计划，使每天的净利润最大，并讨论以下问题：

① 若投资 30 元可以增加供应 1 桶牛奶，投资 3 元可以增加 1 h 劳动时间，应否作这项投资？若每天投资 150 元，可赚回多少？

② 每 kg 高级奶制品 B_1、B_2 的获利经常有 10% 的波动，对制订生产销售计划有无影响？若每千克 B_1 的获利下降 10%，计划应该变化吗？

2) 模型的建立.

决策变量：设每天销售 x_1 千克 A_1，x_2 千克 A_2，x_3 千克 B_1，x_4 千克 B_2，用 x_5 千克 A_1 加工 B_1，用 x_6 千克 A_2 加工 B_2.

目标函数：每天获得净利润为 $z = 24x_1 + 16x_2 + 44x_3 + 32x_4 - 3x_5 - 3x_6$.

约束条件：

原料供应限制　$\dfrac{x_1 + x_5}{3} + \dfrac{x_2 + x_6}{4} \leqslant 50$

劳动时间限制　$4(x_1 + x_5) + 2(x_2 + x_6) + 2x_5 + 2x_6 \leqslant 480$

设备能力限制　$x_1 + x_5 \leqslant 100$

附加约束　$x_3 = 0.8x_5, x_4 = 0.75x_6$

非负约束　$x_1, x_2, \cdots, x_6 \geqslant 0$

数学模型：

$$\max z = 24x_1 + 16x_2 + 44x_3 + 32x_4 - 3x_5 - 3x_6$$

$$s.t.\begin{cases} \dfrac{x_1 + x_5}{3} + \dfrac{x_2 + x_6}{4} \leqslant 50 \\ 4(x_1 + x_5) + 2(x_2 + x_6) + 2x_5 + 2x_6 \leqslant 480 \\ x_1 + x_5 \leqslant 100 \\ x_3 = 0.8x_5, x_4 = 0.75x_6 \\ x_1, x_2, \cdots, x_6 \geqslant 0 \end{cases}$$

3）模型求解.

用 Lindo 软件求解.

打开一个新文件，直接输入：

```
max 24x1 + 16x2 + 44x3 + 32x4 - 3x5 - 3x6
st
①4x1 + 3x2 + 4x5 + 3x6 <= 600
②4x1 + 2x2 + 6x5 + 4x6 <= 480
③x1 + x5 <= 100
④x3 - 0.8x5 = 0
⑤x4 - 0.75x6 = 0
end
```

将文件存储并命名后，选择菜单"Solve"并对"DO RANGE (SENSITIVITY) ANALYSIS?"（灵敏性分析）回答"no"，即可得到如下输出：

```
LP OPTIMUM FOUND AT STE      P2
        OBJECTIVE FUNCTION VALUE
        1)      3460.800
  VARIABLE        VALUE           REDUCED COST
        x1        0.000000          1.680000
        x2        168.000000        0.000000
        x3        19.200001         0.000000
        x4        0.000000          0.000000
        x5        24.000000         0.000000
        x6        0.000000          1.520000
       ROW   SLACK OR SURPLUS     DUAL PRICES
        2)        0.000000          3.160000
        3)        0.000000          3.260000
        4)        76.000000         0.000000
        5)        0.000000          44.000000
        6)        0.000000          32.000000
 NO. ITERATIONS =          2
 RANGES IN WHICH THE BASIS  IS UNCHANGED:
                       OBJ COEFFICIENT RANGES
 VARIABLE   CURRENT        ALLOWABLE      ALLOWABLE
             COEF           INCREASE       DECREASE
```

x1	24.000000	1.680000	INFINITY
x2	16.000000	8.150000	2.100000
x3	44.000000	19.750002	3.166667
x4	32.000000	2.026667	INFINITY
x5	−3.000000	15.800000	2.533334
x6	−3000000	1.520000	INFINITY

RIGHTHAND SIDE RANGES

ROW	CURRENT RHS	ALLOWABLE INCREASE	ALLOWABLE DECREASE
2	600.000000	120.000000	280.000000
3	480.000000	253.333328	80.000000
4	100.000000	INFINITY	76.000000
5	0.000000	INFINITY	19.200001
6	0.000000	INFINITY	0.000000

4）结果与分析.

最优解为 $x_1=0,x_2=168,x_3=19.2,x_4=0,x_5=24,x_6=0$，最优值 $z=3460.8$. 即每天销售 168 kg A_2 和 19.2 kg B_1（不出售 A_1、B_2），可获净利润3460.8元. 为此，需要用8桶牛奶加工成 A_1，42桶加工成 A_2，并将得出的 24 kg A_1 全部加工成 B_1.

由输出结果看出：约束2）和约束3）的影子价格分别为3.16和3.26，而约束2）的右端的单位是桶/12，所以1桶牛奶的影子价格是 $3.16\times12=37.92$ 元，这说明增加1桶牛奶可使净利润增加37.92元，而条件3）的影子价格说明增加1 h劳动时间可使净利润增加3.26. 所以应该投资30元增加供应1桶牛奶或投资3元增加1 h劳动时间. 若每天投资150元，增加供应5桶牛奶，可赚回 $37.92\times5=189.6$ 元. 但是，通过投资增加牛奶的数量是有限制的，输出结果表明，约束2）的右端的允许范围为 $(600-200,600+120)$，由此可知牛奶的桶数的允许变化范围 $(50-23.3,50+10)$，即最多增加供应10桶牛奶.

输出结果还给出了在最优解不变的情况下，决策变量的系数的允许变化范围. x_3 的系数的允许变化范围为 $(44-3.77,44+19.75)$；x_4 的系数为 $(32-\infty,32+2.03)$，所以当 B_1 的获利向下波动10%，或 B_2 的获利向上波动10%时，上面得到的生产销售计划将不再是最优解，应重新制订计划. 如若每千克 B_1 的获利下降10%，应将模型的目标函数中的 x_3 的系数改为39.6，重新计算，得到最优解为 $x_1=0,x_2=160,x_3=0,x_4=30,x_5=0,x_6=40$，最优值 $z=3400$ 元，即50桶牛奶全部加工成 A_2，其中出售160 kg，将其余的 40 kg A_2 加工成 30 kg B_2 出售，获净利 3400 元，可见计划改变很大，这就是说，最优生产计划对 B_1 或 B_2 获利的波动是很敏感的.

3.2 整数规划模型

对于一些非常广泛存在的实际问题，可以用整数变量和线性约束条件建立其数学模型. 尽管有时，这种模型仅由整数变量组成，这就是纯整数规划模型. 另外，在一些更常见的是普通的连续变量和整数变量同时出现的情况下，这种模型又可称为混合整数规划模型.

在实际问题中，常带有许多量具有不可分割的性质. 如最优调度的车辆数、设置的销售网点数、指派工作的人数等；另外有些问题的解必须满足逻辑条件和顺序要求等一些特殊的约束条件，此时往往需引进逻辑变量(又称 0-1 变量)，用以表示“是”与“非”. 这类问题的模型均为整数规划模型. 如果把整数规划问题中变量的整数约束松弛为任意实数约束，则对应的线性规划问题成为原问题的松弛问题.

整数规划模型的一般形式为

$$\min f(x_1, x_2, \cdots x_n)$$

$$s.t.\begin{cases} h_i(x_1, x_2, \cdots x_n) \geqslant 0, i = 1,2,\cdots,m \\ x_j \geqslant 0, j = 1,2,\cdots,n \\ x_j \text{ 为整数}, j = 1,2,\cdots,n \end{cases}$$

当 f 和 $h_i(i = 1,2,\cdots,m)$ 中至少有一个是 $x_1, x_2, \cdots x_n$ 的线性函数时，称模型为整数线性规划模型；当 f 和 $h_i(i = 1,2,\cdots,m)$ 中至少有一个是 $x_1, x_2, \cdots x_n$ 的非线性函数时，称模型为整数非线性规划模型.

3.2.1 求解整数规划的方法

1. 穷举法

尽管穷举法并不是有效的和常用的方法，常常对一些模型无可奈何，但却是一种最易想到和直观的方法. 通过对穷举法的研究，往往能够得到启发而产生新的方法. 满足整数规划模型所有约束条件的解的集合称为可行解集，很多情况下是有限集合，这为穷举法的应用提供了可能. 下面用穷举法求一个只有两个变量的整数规划模型的最优解.

$$\max z = 6x_1 + 4x_2$$

$$s.t.\begin{cases}2x_1+4x_2\leqslant 13\\2x_1+x_2\leqslant 7\\x_1,x_2\geqslant 0\\x_1,x_2\text{ 为整数}\end{cases}$$

图 3-3 给出了可行解集，共有 12 个整数点（即对应到可行解），得整数规划模型的最优解 $x^*=(3,1)^T$，最优值 $z^*=22$.

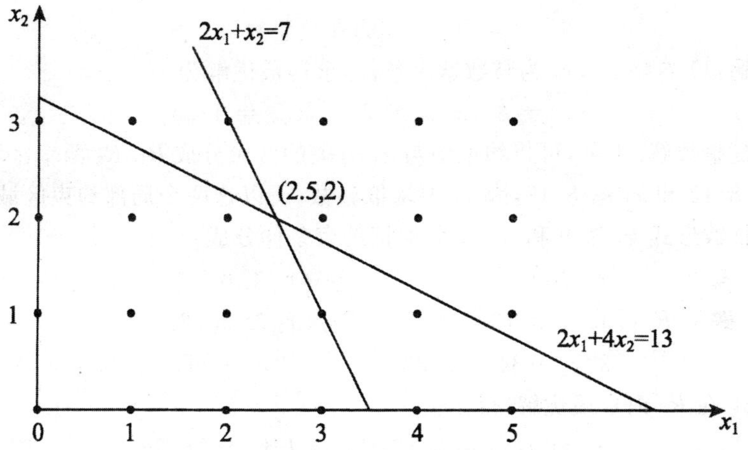

图 3-3　可行解集图

2. 分支定界法

分支定界法本质上是穷举法，思想极为简单，但该方法实际效果较好，故为很多程序包所使用，它也可用于求解混合整数规划. 若与割平面方法相比较，分支定界法更具有实际意义.

记待解的整数规划问题为 W，相应的线性规划问题（即去掉了整数的约束条件）为 M，整数规划的最优解为 z^*.

分支定界法求解方法如下：

① 先不考虑整数条件，即先求解相应的线性规划 M 的最优解. 若得到的是整数解，则问题得到解决；否则，这个非整数解必是原整数规划问题 W 的最优解 z^* 的上界，记为 $\bar{z}$；而 W 的任一整数解，可以看作 z^* 的一个下界，记为 $\underline{z}$.

② 从得到的 M 的最优解中，任选一个非整数的变量 x_k，在 M 中增加约束条件 $x_k\leqslant[x_k]$，构成一个新的线性规划问题 M_1，它实际上是 M 的一个分支；在 M 中增加另一约束条件 $x_k\geqslant[x_k]$，又得到一个 M 的分支 M_2，分别求 M_1 和 M_2 的最优解，判断这两个解是否是整数解，若是，问题得到解决；

若不是,调整 $\bar{z}$ 和$\underline{z}$,将它们再分支,直到求出最优整数解为止.分支定界法实质是将 B 的可行域分成若干区域(称为分支),逐步减小 $\bar{z}$ 和增大$\underline{z}$,最终求出 z^*.

例 3-4 求解下面的整数规划问题:

$$\min z = x_1 + 3x_2$$

$$s.t.\begin{cases} x_2 \geqslant 3.13 \\ 22x_1 + 34x_2 \geqslant 285 \\ x_1, x_2 \text{ 为非负整数} \end{cases}$$

解:1) 忽略 x_1, x_2 为整数这个条件,求得最优解为

$$x_1 = 8.12, x_2 = 3.13, z_{\min} = 17.5$$

这不是整数解.于是,可将约束中与 x_1 有关的区域分成 R_1, R_2 两个区域,即 $x_1 \geqslant 8.12$ 和 $x_1 < 8.12$,因 x_1 要求取整数,所以这两个局部约束区域也可写成整数形式 $x_1 \geqslant 9$ 和 $x_1 \leqslant 8$,即把约束条件分成:

$$R_1:\begin{cases} x_1 \geqslant 9 \\ x_2 \geqslant 3.13 \\ 22x_1 + 34x_2 \geqslant 285 \end{cases} \qquad R_2:\begin{cases} x_1 \leqslant 8 \\ x_2 \geqslant 3.13 \\ 22x_1 + 34x_2 \geqslant 285 \end{cases}$$

2) 在 R_1 内求最优解,得

$$x_1 = 9, x_2 = 3.13, z_{\min} = LB_2 = 18.39$$

在 R_2 内求最优解,得

$$x_1 = 8, x_2 = 3.12, z_{\min} = LB_3 = 17.62$$

3) 由于 2) 所得的解都不是整数解,且 $LB_3 < LB_2$,所以 $z_{\min}$ 在 R_2 内的值就可能比在 R_1 内的值小.于是进一步将 R_2 分成两个区域,注意到由 2) 所得的非整数解:$x_2 = 3.12$,且要求 x_2 是整数,故对 R_2 分别增加条件 $x_2 \geqslant 4$ 和 $x_2 \leqslant 3$,对应地将 R_2 分成 R_{21} 和 R_{22}.

4) 求出 R_{21} 内的最优解:

$$x_1 = 6.77, x_2 = 4, z_{\min} = LB_4 = 18.77$$

在 R_{22} 中因新的约束 $x_2 \leqslant 3$ 和原有约束 $x_2 \geqslant 3.13$ 矛盾,故 R_{22} 中没有可行解.

5) 对区域 R_1 和 R_{21} 进行比较,有 $LB_2 < LB_4$,所以应转向在 R_1 中搜索.因 R_1 中的非负整数解 $x_2 = 3.13$,把 R_1 分为 $x_2 \geqslant 4$ 和 $x_2 \leqslant 3$,对应地得两个约束区域:

$$R_{11}:\begin{cases} x_2 \geqslant 4 \\ x_1 \geqslant 9 \\ x_2 \geqslant 3.13 \\ 22x_1 + 34x_2 \geqslant 285 \end{cases} \qquad R_{12}:\begin{cases} x_2 \leqslant 3 \\ x_1 \geqslant 9 \\ x_2 \geqslant 3.13 \\ 22x_1 + 34x_2 \geqslant 285 \end{cases}$$

6) R_{12} 显然无可行解,在 R_{11} 中的最优解是

$$x_1 = 9, x_2 = 4, z_{\min} = LB_5 = 21$$

这个解满足整数的条件,但是否是最优解呢?因为有 $LB_4 < LB_5$,故最优解可能位于 R_{21} 中.

7) 对 R_{21} 分别增加条件 $x_1 \geqslant 7$ 和 $x_2 \leqslant 6$, R_{21} 又分成两个局部区域 R_{211} 和 R_{212}.

R_{211} 中的最优解是

$$x_1 = 7, x_2 = 4, z_{\min} = LB_6 = 19$$

R_{212} 中的最优解是

$$x_1 = 6, x_2 = 4.5, z_{\min} = LB_7 = 19.5$$

可见,R_{211} 中的最优解满足整数条件. 同时,目标函数的下限值 LB_6 比其他局部区域的下限值小,即 $LB_6 < LB_7 < LB_5$,所以 R_{212} 或 R_{11} 没有必要进一步搜索. 因此,最后得到所求的最优整数解为

$$x_1 = 7, x_2 = 4, z_{\min} = LB_6 = 19.$$

3. 割平面法

割平面法可用于求解一般的整数规划问题,其求解方法为:计算时首先不考虑整数约束,像对待一般线性规划问题一样地用单纯形法进行求解,如果所得到的最优解恰好满足整数条件,那么问题已解决;如果得到的是非整数解,则考虑由所得到的解增加额外的约束,将相应的非整数顶点从可行解区域中除去,使可行解区域缩小,再次利用单纯形法计算一个新的解,这个新解可能仍然不满足整数条件,那么再次增加额外约束,重复以上步骤. 如此一步步进行,最后或者得到了所要的最优解,或者表明问题无解.

例 3-5　求解下面的整数规划问题:

$$\max z = 3x_1 - x_2$$

$$s.t.\begin{cases} x_1 + 2x_2 \geqslant 1 \\ x_1 - 2x_2 \leqslant 2 \\ x_1 + x_2 \leqslant 3 \\ x_1, x_2 \text{ 为非负整数} \end{cases}$$

解:引入松弛变量和剩余变量 x_3, x_4, x_5 后,用单纯形法求出不计整数值限制的最优解,见表 3-3.

最优解 $x^1 = \left(\frac{8}{3}, \frac{1}{3}\right)^{\mathrm{T}}$ 作为第一次逼近,它不是整数解,故可取相应的方程

$$x_1 + \frac{1}{3}x_4 + \frac{2}{3}x_5 = \frac{8}{3}$$

作为诱导方程,从而得到割平面方程

$$y_1 - \frac{1}{3}x_4 - \frac{2}{3}x_5 = -\frac{2}{3}$$

将割平面方程添入表 3-3,可得表 3-4.

表 3-3　不计整数值限制的最优解

	x_1	x_2	x_3	x_4	x_5	
z	0	0	0	$\frac{4}{3}$	$\frac{5}{3}$	$\frac{23}{3}$
x_1	1	0	0	$\frac{1}{3}$	$\frac{2}{3}$	$\frac{8}{3}$
x_2	0	1	0	$-\frac{1}{3}$	$\frac{1}{3}$	$\frac{1}{3}$
x_3	0	0	1	$-\frac{1}{3}$	$\frac{4}{3}$	$\frac{7}{3}$

表 3-4　用割平面方程处理上述最优解

	x_1	x_2	x_3	x_4	x_5	y_1	
z	0	0	0	$\frac{4}{3}$	$\frac{5}{3}$	0	$\frac{23}{3}$
x_1	1	0	0	$\frac{1}{3}$	$\frac{2}{3}$	0	$\frac{8}{3}$
x_2	0	1	0	$-\frac{1}{3}$	$\frac{1}{3}$	0	$\frac{1}{3}$
x_3	0	0	1	$-\frac{1}{3}$	$\frac{4}{3}$	0	$\frac{7}{3}$
x_5	0	0	0	$-\frac{1}{3}$	$-\frac{2}{3}$	1	$-\frac{2}{3}$

显然得到一个非可行的正则解,再用对偶单纯形法求最优解,作为第二次逼近(表 3-5).

表 3-5　对偶单纯形法得到的最优解

	x_1	x_2	x_3	x_4	x_5	y_1	
z	0	0	0	$\frac{1}{2}$	0	$\frac{5}{2}$	6
x_1	1	0	0	0	0	1	2

续表

	x_1	x_2	x_3	x_4	x_5	y_1	
x_2	0	1	0	$-\frac{1}{2}$	0	$\frac{1}{2}$	0
x_3	0	0	1	-1	0	2	1
x_5	0	0	0	$-\frac{1}{2}$	1	$-\frac{3}{2}$	1

于是,得整数值最优解

$$x_1 = 2, x_2 = x_4 = 0, x_3 = x_5 = 1$$

目标值 $\max z = 6$.

3.2.2　整数规划问题及其数学模型

例 3-6　汽车的生产计划建模

(1) 问题描述

一汽车厂生产小、中、大三种汽车,已知各类型每辆车对钢材、劳动时间的需求、利润以及每月工厂钢材、劳动时间的现有量如表 3-6 所列,试制订月生产计划,使工厂的利润最大.

进一步讨论:由于条件限制,如果生产某一类型汽车,则至少要生产 80 辆,那么最优的生产计划应如何改变.

表 3-6　汽车厂的生产数据

	小型	中型	大型	现有量
钢材	1.5	3	5	600
时间	280	250	400	60000
利润	2	3	4	

(2) 问题分析

汽车的生产计划就是确定生产何种车型以及各种车型的生产数量的方案,目标是使工厂的利润最大.而从给出的数据看,汽车的生产受原材料和时间的限制,所有的钢材需求量要不超过 600,所耗费的时间不超过 60000,在此条件下确定生产计划,使该汽车厂的利润最大.

(3) 模型建立及求解

1) 决策变量:设每月生产小、中、大型汽车的数量分别为 x_1, x_2, x_3,工

厂的月利润为 z.

2）约束条件.

汽车的生产受原材料和时间的限制，钢材需求量要不超过 600，即 $1.5x_1 + 3x_2 + 5x_3 \leqslant 600$.

所耗费的时间不超过 60000，即 $280x_1 + 250x_2 + 400x_3 \leqslant 60000$.

而汽车的数量必须得是整数，即 x_1, x_2, x_3 为非负整数.

3）目标函数：使该汽车厂的利润最大，即 $\max z = 2x_1 + 3x_2 + 4x_3$.

则可得到如下整数规划模型：

$$\max z = 2x_1 + 3x_2 + 4x_3$$

$$s.t.\begin{cases} 1.5x_1 + 3x_2 + 5x_3 \leqslant 600 \\ 280x_1 + 250x_2 + 400x_3 \leqslant 60000 \\ x_1, x_2, x_3 \text{ 非负整数} \end{cases}$$

在线性规划模型中增加约束条件：x_1, x_2, x_3 为整数，这样得到的模型称为整数规划. 利用 Mathematica 软件进行求解：

```
In[1]: = Maximize[{2x1 + 3x2 + 4x3,
1.5x1 + 3x2 + 5x3 <= 600,
280x1 + 250x2 + 400x3 <= 60000.
x1 >= 0,
x2 >= 0,
x3 >= 0,
Element[{x1,x2,x3},Integers]},
{x1,x2,x3}]
Out[1] = {632,{x1 → 64,x2 → 168,x3 → 0}}
```

即问题要求的月生产计划为生产小型车 64 辆、中型车 168 辆，不生产大型车.

讨论：对于问题提出的“如果生产某一类型汽车，则至少要生产 80 辆”的限制，上面得到的整数规划的最优解不满足这个条件. 这种类型的要求是实际生产中经常提出的.

$$\max z = 2x_1 + 3x_2 + 4x_3$$

$$s.t.\begin{cases} 1.5x_1 + 3x_2 + 5x_3 \leqslant 600 \\ 280x_1 + 250x_2 + 400x_3 \leqslant 60000 \\ x_1, x_2, x_3 = 0 \text{ 或} \geqslant 80 \end{cases}$$

解决方法有下面三种：

（1）分解为多个线性规划子模型

约束条件 $x_1, x_2, x_3 = 0$ 或 $\geqslant 80$，可分解为 8 种情况：

$$x_1 \geqslant 80, x_2 = 0, x_3 = 0$$
$$x_1 = 0, x_2 \geqslant 80, x_3 = 0$$
$$x_1 = 0, x_2 = 0, x_3 \geqslant 80$$
$$x_1 \geqslant 80, x_2 \geqslant 80, x_3 = 0$$
$$x_1 \geqslant 80, x_2 = 0, x_3 \geqslant 80$$
$$x_1 = 0, x_2 \geqslant 80, x_3 \geqslant 80$$
$$x_1 \geqslant 80, x_2 \geqslant 80, x_3 \geqslant 80$$
$$x_1, x_2, x_3 = 0$$

对 8 个线性规划子模型逐一求解，比较目标函数值，再加上整数约束，可得最优解.

(2) 化为非线性规划

约束条件 $x_1, x_2, x_3 = 0$ 或 $\geqslant 80$，可表示为

$$x_1(x_1 - 80) \geqslant 0$$
$$x_2(x_2 - 80) \geqslant 0$$
$$x_3(x_3 - 80) \geqslant 0$$

式子左端是决策变量的非线性函数，构成非线性规划模型. 虽然非线性规划也可用 Mathematica 软件进行求解，但比较麻烦.

(3) 引入 0-1 变量，化为整数规划

设 y_1, y_2, y_3 只取 0,1 两个值，则

$x_1 = 0$ 或 $\geqslant 80$ 等价于 $x_1 \leqslant My_1, x_1 \geqslant 80y_1$

$x_2 = 0$ 或 $\geqslant 80$ 等价于 $x_2 \leqslant My_2, x_2 \geqslant 80y_2$

$x_3 = 0$ 或 $\geqslant 80$ 等价于 $x_3 \leqslant My_3, x_3 \geqslant 80y_3$

其中 M 为充分大的实数，本例可取 10^10(x_1, x_2, x_3 不可能超过 10^10).

得到下面的整数规划模型：

$$\max z = 2x_1 + 3x_2 + 4x_3$$

$$s.t.\begin{cases} 1.5x_1 + 3x_2 + 5x_3 \leqslant 600 \\ 280x_1 + 250x_2 + 400x_3 \leqslant 60000 \\ x_1 \leqslant My_1, x_1 \geqslant 80y_1 \\ x_2 \leqslant My_2, x_2 \geqslant 80y_2 \\ x_3 \leqslant My_3, x_3 \geqslant 80y_3 \\ x_1, x_2, x_3 \text{ 为非负整数} \\ y_1, y_2, y_3 \text{ 为 0-1 变量} \end{cases}$$

利用 Mathenmtica 求解模型：

```
In[1]:= Maximize[{2x1 + 3x2 + 4x3,
1.5x1 + 3x2 + 5x3 <= 600,
```

```
280x1 + 250x2 + 400x3 <= 60000,
x1 <= 10^10 * y1, x2 <= 10^10 * y2, x3 <= 10^10 * y3,
x1 >= 80 * y1, x2 >= 80 * y2, x3 >= 80 * y3,
x1 >= 0, x2 >= 0, x3 >= 0,
Element[{x1, x2, x3}, Integers],
y1 == 1 || y1 == 0,
y2 == 1 || y2 == 0,
y3 == 1 || y3 == 0},
{x1, x2, x3, y1, y2, y3}]
Out[1] = {610, {x1 → 80, x2 → 150, x3 → 0, y1 → 1, y2 → 1, y3 → 0.}}
```

即问题要求的月生产计划为生产小型车 80 辆、中型车 150 辆，不生产大型车.

评注：像汽车这样的对象自然是整数变量，应该建立整数规划模型，但是求解整数规划比线性规划要难得多，所以当整数变量取值很大时，常作为连续变量用线性规划处理.

为了考虑 $x_1, x_2, x_3 = 0$ 或 $\geqslant 80$ 这样的条件，通常是引入 0-1 变量，建立 0-1 线性规划模型，0-1 线性规划模型是一个特殊的整数规划，而一般尽量不用非线性规划.

3.3 非线性规划模型

3.3.1 非线性规划的表示形式

1. 非线性规划的一般模型

非线性规划的一般模型为

$$\max(\min) f(x_1, x_2, \cdots, x_n)$$
$$s.t. \begin{cases} h_i(x_1, x_2, \cdots, x_n) = 0, i = 1, 2, \cdots, m \\ g_j(x_1, x_2, \cdots, x_n) \geqslant 0, j = 1, 2, \cdots, l \end{cases}$$

若记 $X = (x_1, x_2, \cdots, x_n)^{\mathrm{T}} \in E^n$ 是 n 维欧几里德空间中的向量（点），则其模型为

$$\max(\min) f(X)$$
$$s.t. \begin{cases} h_i(X) = 0, i = 1, 2, \cdots, m \\ g_j(X) \geqslant 0, j = 1, 2, \cdots, l \end{cases}$$

注意：

1) 若目标函数为最大化问题，由 $\max f(X)=-\min[-f(X)]$，令 $F(X)=-f(X)$，则 $\min F(X)=-\max f(X)$.

2) 若约束条件为 $g_j(X)\leqslant 0$，则 $-g_j(X)\geqslant 0$.

3) $h_i(X)=0 \Leftrightarrow h_i(X)\geqslant 0$ 且 $-h_i(X)\geqslant 0$.

于是，可将非线性规划的一般模型写成如下形式：

$$\begin{cases}\max(\min) f(X)\\ g_j(X)\geqslant 0, j=1,2,\cdots,m\end{cases}$$

2. 几种特殊情形

(1) 无约束的非线性规则

当问题无约束条件时，则此问题称为无约束的非线性规划问题，即求多元函数的极值问题. 一般模型为

$$\begin{cases}\min\limits_{X\in R} f(X)\\ X\geqslant 0\end{cases}$$

(2) 二次规划

如果目标函数是 X 的二次函数，约束条件都是线性的，则称此规划为二次规划，二次规划的一般模型为

$$\begin{cases}\min f(X)=\sum\limits_{j=1}^{n} c_j x_j+\sum\limits_{j=1}^{n}\sum\limits_{k=1}^{n} c_{jk}x_j x_k\\ \sum\limits_{j=1}^{n} a_{ij}x_j+b_i\geqslant 0, i=1,2,\cdots,m\\ x_j\geqslant 0, c_{jk}=c_{kj}\end{cases}$$

(3) 凸规划

当模型中的目标函数 $f(X)$ 为凸函数，$g_j(X)(j=1,2,\cdots,m)$ 均为凹函数(即 $-g_j(X)$ 为凸函数)，则这样的非线性规划称为凸规划.

3.3.2　求解非线性规划模型的方法

1. 非线性规划的图解法求解

当非线性规划问题只有两个自变量时，也可像线性规划那样用图解法求解.

非线性规划

$$\min f(X) = (x_1 - 2)^2 + (x_2 - 2)^2$$

$$s.t. \begin{cases} h(X) = x_1 + x_2 - 6 = 0 \\ x_1 \geqslant 0, x_2 \geqslant 0 \end{cases}$$

它可用图解法求解，但这种空间图形既不容易画，也不容易看出最优解，因此，可仿照线性规划的图解法把它投影到平面上.

考虑规划问题

$$\min f(x_1, x_2)$$

$$s.t. \begin{cases} h(x_1, x_2) = 0 \\ g(x_1, x_2) \geqslant 0 \end{cases}$$

可以用图解法求出.

在进行图解法求解之前先介绍相关概念.

(1) 约束集合

在平面上，一个不等式可确定一个区域. 如 $x^2 - y < 0$，表示 $y = x^2$ 上方部分；$x^2 + y^2 \leqslant 1$，表示 $x^2 + y^2 = 1$ 内部部分等. 一个等式可确定一条曲线.

将所有不等式、等式确定的区域的公共部分称为约束集合.

(2) 等高线

对于目标函数 $f(x_1, x_2)$，$f(x_1, x_2) = z$ 取定值时，确定平面上一条曲线，而 $z = f(x_1, x_2)$，z 取不同值为平面上一条曲线. 对应于该曲线上的点，其函数值相同，称这些曲线为等高线.

例如，$z = f(x_1, x_2) = x_1^2 + x_2^2$ 的等高线为一组以原点为圆心的同心圆，$z = c$ 时，这些同心圆半径为$\sqrt{c}$. 随着圆的半径增大，圆上的函数值增大，如图 3-4 所示.

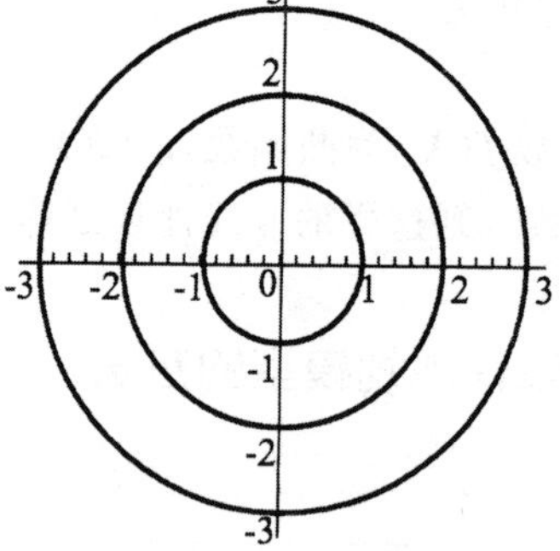

图 3-4　半径增大，函数值增大

再如，$z = f(x_1, x_2) = \dfrac{1}{x_1^2 + x_2^2}$ 的等高线也为一组以原点为圆心的同

心圆，半径为$\sqrt{\frac{1}{c}}$. 随着圆的半径扩大，圆上的函数值减小，如图 3-5 所示.

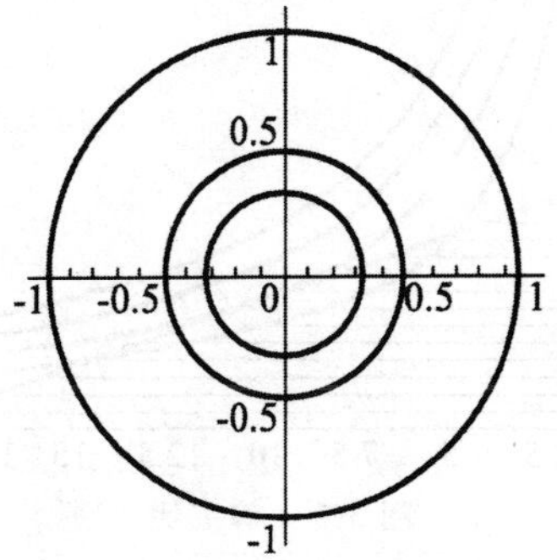

图 3-5　半径增大，函数值减小

(3) 几何意义及图解法

以下列非线性规划问题为例.

$$\min(x_1+2)^2+(x_2+2)^2$$

$$s.t.\begin{cases}x_1^2+x_2^2\leqslant 1\\x_i\geqslant 0\end{cases}$$

的可行域(约束集合) 如图 3-6 所示阴影部分，最优解为(0,0).

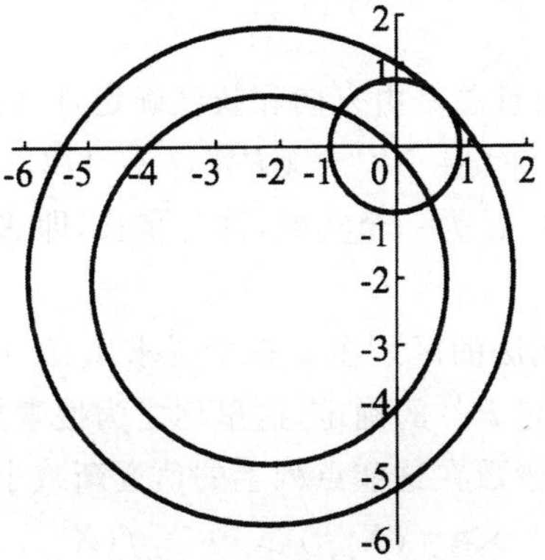

图 3-6　图解法

对于该实例，有

$$\max x_1, x_2$$

$$s.t.\begin{cases}2x_1+5x_2\leqslant 40\\x_1, x_2\geqslant 0\end{cases}$$

可行域即图 3-7 的阴影部分，做出等高线 $x_1x_2=c$，取 $c=60,50,40,$

30,易知最优解为 $x_1x_2=40$ 与交点(10,4).

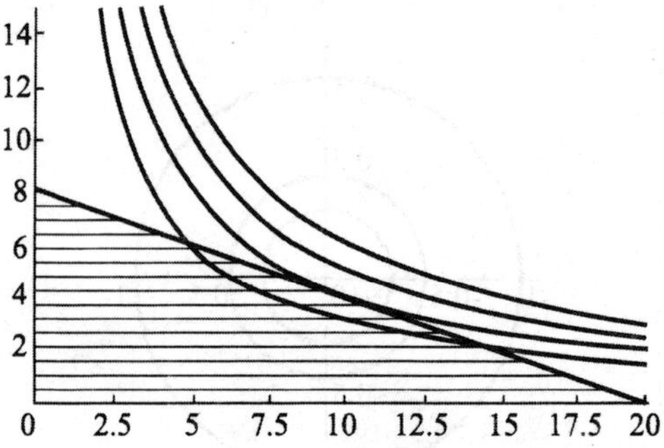

图 3-7　等高线

2. 其他非线性规划的求解方法

(1) 一般迭代法

迭代法是一种最常用的求解非线性规划问题的数值方法,其基本思想是:对无约束的非线性规划模型,给出其 $f(X)$ 的极小点的初始值 $X^{(0)}$,按某种规律计算出一系列的 $X^{(k)}(k=1,2,\cdots)$,希望点列 $\{X^{(k)}\}$ 的极限 X^* 就是 $f(X)$ 的一个极小点.

但是,如何来产生这个点列,即如何由一个解向量 $X^{(k)}$ 求出另一个新的解向量 $X^{(k+1)}$?

当然,实际中的向量总是由方向和长度确定,即向量 $X^{(k+1)}$ 可以写成

$$X^{(k+1)}=X^{(k)}+\lambda_k P^{(k)}(k=1,2,\cdots)$$

其中,$P^{(k)}$ 为一个向量,λ_k 为一个实数,称为步长,即 $X^{(k+1)}$ 可由 λ_k 及 $P^{(k)}$ 唯一确定.

实际上,各种迭代法的区别主要在于寻求 λ_k 及 $P^{(k)}$ 方式的不同,其中最关键的就是方向向量 $P^{(k)}$ 的确定,这里称之为搜索方向,选择 λ_k 及 $P^{(k)}$ 的一般原则是使用目标函数在这些点列上的值逐渐减小,即

$$f(X^{(0)})\geqslant f(X^{(1)})\geqslant\cdots\geqslant f(X^{(k)})\geqslant\cdots$$

由于上述原因,这种算法也被称为下降算法.最后检验 $\{X^{(k)}\}$ 是否收敛于最优解,即对于给定的精度 $\varepsilon>0$,是否有 $\|\nabla f(X^{(k+1)})\|\leqslant\varepsilon$,决定迭代过程是否结束.

(2) 牛顿(Newton) 法

对于问题

$$\min f(X)=\frac{1}{2}X^{\mathrm{T}}AX+B^{\mathrm{T}}X+c$$

由 $\nabla f(X^{(k)}) = AX + B = 0$，则由最优性条件 $\nabla f(X) = 0$，当 A 为正定时，A^{-1} 存在，此时 $X^* = -A^{-1}B$ 就是最优解.

(3) 拟牛顿法

对于一般的二阶可微函数 $f(X)$，在 $X^{(k)}$ 点的局部存在

$$f(X) \approx f(X^{(k)}) + \nabla f(X^{(k)})^{\mathrm{T}}(X - X^{(k)}) + \frac{1}{2}(X - X^{(k)})^{\mathrm{T}} \nabla^2 f(X^{(k)})(X - X^{(k)})$$

当海赛矩阵 $\nabla^2 f(X^{(k)})$ 正定时，也可以使用上面的牛顿法，即拟牛顿法. 拟牛顿法的计算步骤如下：

① 任取 $X^{(1)} \in E^n$，$k = 1$.

② 计算 $g_k = \nabla f(X^{(k)})$，若 $g_k = 0$，则停止计算，否则计算 $H(X^{(k)}) = \nabla^2 f(X^{(k)})$，令 $X^{(k+1)} = X - (H(X^{(k)}))^{-1} g_k$；③ 令 $k = k + 1$，并返回 ②.

(4) 梯度法（最速下降法）

一般的，在选择一个使函数值下降速度最快的方向时，考虑到 $f(X)$ 在点 $X^{(k)}$ 处沿方向 P 的方向导数为 $f_P(X^{(k)}) = \nabla f(X^{(k)})^{\mathrm{T}} \cdot P$，其表示 $f(X)$ 在点 $X^{(k)}$ 处沿方向 P 的变化率. 当 $f(X)$ 连续可微，且方向导数为负时，说明函数值沿该方向下降，方向导数越小，表明下降速度越快. 因此，可以把 $f(X)$ 在 $X^{(k)}$ 点的方向导数最小的方向（即梯度的负方向）作为搜索方向，即令 $P^{(k)} = -\nabla f(X^{(k)})$.

梯度法的计算步骤如下：

① 选择初始点 $X^{(0)}$ 和给定精度要求 $\varepsilon > 0$，并令 $k = 0$.

② 若 $\|\nabla f(X^{(k)})\| < \varepsilon$，则停止计算，$X^* = X^{(k)}$，否则令 $P^{(k)} = -\nabla f(X^{(k)})$.

③ 在 $X^{(k)}$ 处沿方向 $P^{(k)}$ 作一维搜索，可以得到 $X^{(k+1)} = X^{(k)} + \lambda_k P^{(k)}$，令 $k = k + 1$，返回第二步，直到求得最优解为止. 这样就可以求得

$$\lambda_k = \frac{\nabla f(X^{(k)})^{\mathrm{T}} \cdot \nabla f(X^{(k)})}{\nabla f(X^{(k)})^{\mathrm{T}} \cdot H(X^{(k)}) \cdot \nabla f(X^{(k)})}$$

(5) 共轭梯度法

共轭梯度法仅应用于正定二次函数的极小值问题：

$$\min f(X) = \frac{1}{2} X^{\mathrm{T}} AX + B^{\mathrm{T}} X + c$$

其中 A 为 $n \times n$ 阶实对称正定阵，$X, B \in E^n$，c 为常数.

这里假设 A 为 $n \times n$ 阶实对称正定阵，若对 n 维向量 P_1 和 P_2 满足 $P_1^{\mathrm{T}} AP_2 = 0$，则称向量 P_1 和 P_2 关于 A 共轭或正交.

从任意点 $X^{(1)}$ 和向量 $P^{(1)} = -\nabla f(X^{(1)})$ 出发，由

$$X^{(k+1)} = X^{(k)} + \lambda_k P^{(k)}, \lambda_k = \min_{\lambda} f(X^{(k)} + \lambda P^{(k)}) = -\frac{(\nabla f(X^{(k)})^{\mathrm{T}}) P^{(k)}}{(P^{(k)})^{\mathrm{T}} AP^{(k)}}$$

和

$$P^{(k+1)}=-\nabla f(X^{(k+1)})+\beta_k P^{(k)},\beta_k=\frac{(P^{(k)})^{\mathrm{T}}\cdot A\cdot\nabla f(X^{(k+1)})}{(P^{(k)})^{\mathrm{T}}AP^{(k)}}$$

可以得到$(X^{(2)},P^{(2)})$，$(X^{(3)},P^{(3)})$，…，$(X^{(n)},P^{(n)})$. 从而可以证明向量 $P^{(1)},P^{(2)},\cdots P^{(n)}$ 是线性无关的，且关于 A 是两两共轭的. 进而得到$\nabla f(X^{(n)})=0$，$X^{(n)}$ 为 $f(X)$ 的极小点. 这就是共轭梯度法.

共轭梯度法的计算步骤如下：

① 对任意初始点 $X^{(1)}\in E^n$ 和向量 $P^{(1)}=-\nabla f(X^{(1)})$，取 $k=1$.

② 若$\nabla f(X^{(k)})=0$，即可得到最优解，并停止计算；否则求

$$X^{(k+1)}=X^{(k)}+\lambda_k P^{(k)}$$

$$\lambda_k=\min_{\lambda} f(X^{(k)}+\lambda P^{(k)})=-\frac{(\nabla f(X^{(k)})^{\mathrm{T}})P^{(k)}}{(P^{(k)})^{\mathrm{T}}AP^{(k)}}$$

$$P^{(k+1)}=-\nabla f(X^{(k+1)})+\beta_k P^{(k)}$$

$$\beta_k=\frac{(P^{(k)})^{\mathrm{T}}\cdot A\cdot\nabla f(X^{(k+1)})}{(P^{(k)})^{\mathrm{T}}AP^{(k)}}$$

$$(k=1,2,\cdots,n-1)$$

③ 令 $k=k+1$；返回 ②.

需要注意的是，对于一般的二阶可微函数 $f(X)$，在每一点的局部都可以近似的视为二次函数.

$$f(X)\approx f(X^{(k)})+\nabla f(X^{(k)})^{\mathrm{T}}(X-X^{(k)})$$
$$+\frac{1}{2}(X-X^{(k)})^{\mathrm{T}}\nabla^2 f(X^{(k)})(X-X^{(k)})$$

类似的可以用共轭梯度法进行处理.

3.3.3 非线性规划问题及其数学模型

1. 机器负荷问题

设某种机器可以在高、低两种不同负荷下进行生产. 若机器在高负荷下生产，则产品年产量是投入生产的机器数量的 8 倍，机器的年折损率为 30%；若机器在低负荷下生产，则产品年产量是投入生产的机器数量的 5 倍，机器的年折损率为 10%. 设开始有完好机器 1000 台，要求制定一个 4 年计划，每年初分配完好机器在不同负荷下工作，使 4 年的总产量达到最高.

解：(1) 建立 D. P. 模型

以每年作一个阶段

s_k—— 第 k 年初的完好机器数量；

x_k—— 第 k 年安排高负荷生产的机器数量，则安排低负荷生产的机器数量为 $s_k - x_k$；

ω_k—— 第 k 年的产量，由题意，$\omega_k = 8x_k + 5(s_k - x_k) = 5s_k + 3x_k$；

$f_k(s_k)$—— 在第 k 年年初有 s_k 台完好机器的条件下，第 k 年年初到第 4 年年末的最大产量状态转移方程 $s_{k+1} = 0.7x_k + 0.9(s_k - x_k) = 0.9s_k - 0.2x_k$；

$$\text{递推方程}\begin{cases} f_5(s_5) = 0 \\ f_k(s_k) = \max\limits_{x_k \in D_k(s_k)} \{5s_k + 3x_k + f_{k+1}(0.9s_k - 0.2x_k)\} \\ (k = 4,3,2,1) \end{cases}$$

状态集 $s_1 = 1000, 0 \leqslant s_k \leqslant 1000 (k = 2,3,4)$

决策集 $D_k = \{x_k | 0 \leqslant x_k \leqslant s_k, \text{整数}\}(k = 1,2,3,4)$

(2) 递推

①$k = 4, f_4(s_4) = \max\limits_{0 \leqslant x_4 \leqslant s_4} \{5s_4 + 3x_4\} = 8s_4 (x_4 = s_4)$

②$k = 3, f_3(s_3) = \max\limits_{0 \leqslant x_3 \leqslant s_3} \{5s_3 + 3x_3 + 8(0.9s_3 - 0.2x_3)\}$

$= \max\limits_{0 \leqslant x_3 \leqslant s_3} \{12.2s_3 + 1.4x_3\} = 13.6s_3 (x_3 = s_3)$

③$k = 2, f_2(s_2) = \max\limits_{0 \leqslant x_2 \leqslant s_2} \{5s_2 + 3x_2 + 13.6(0.9s_2 - 0.2x_2)\}$

$= \max\limits_{0 \leqslant x_2 \leqslant s_2} \{17.24s_2 + 0.28x_2\} = 17.52s_2 (x_2 = s_2)$

④$k = 1, f_1(s_1) = \max\limits_{0 \leqslant x_1 \leqslant s_1} \{5s_1 + 3x_1 + 17.52(0.9s_1 - 0.2x_1)\}$

$= \max\limits_{0 \leqslant x_1 \leqslant s_1} \{20.76s_1 + 0.504x_1\} = 20.76s_1 (x_1 = 0)$

$f_1(1000) = 20760$

(3) 找最优解

$$x_1 = 0, x_2 = s_2, x_3 = s_3, x_4 = s_4$$

即第一年全部机器安排低负荷生产，而后 3 年全部完好的机器都安排高负荷生产，可得 4 年的产量最大，最大值为 20768.

当然，若进一步想确定 x_k 值，则可利用状态转移方程

$$x_2 = s_2 = 0.9s_1 - 0.2x_1 = 0.9 \times 1000 - 0.2 \times 0 = 900$$

$$x_3 = s_3 = 0.9s_2 - 0.2x_2 = 0.7 \times 900 = 630$$

$$x_4 = s_4 = 0.9s_3 - 0.2x_3 = 0.7 \times 630 = 441$$

2. 森林管理问题

(1) 问题

森林中的树木每年要有一批被砍伐出售，为使这片森林不被耗尽而且每年有所收获，每砍伐一棵树，应该就地补种一棵幼苗，使森林数目的总数

保持不变.我们希望找到一个方案,在收获保持稳定的前提下,获得最大的经济价值.

(2) 假设

① 把森林中树木按高度分为 n 级,第 k 级的高度在 $[h_{k-1}, h_k)$ 之间 $h_0 = 0$.第 1 级是幼苗,第 k 级树木的单位价值为 p_k,$p_1 = 0$,$p_k < p_{k+1}$.

② 开始时,第 k 级树木的数量是 x_k 棵,每年砍伐一次,第 k 级砍伐 y_k 棵,$y_1 = 0$.为使每年维持稳定的收获,故每年砍伐后留下的树木与补种的幼苗的状态与起始时相同(即各等级树木的数量相同)

③ 森林中树木总数是 S,假设每一棵树木都可从幼苗长到收获,且砍伐一棵补种一棵幼苗,故总量保持不变,即 $\sum x_k = S$.

④ 树木每年至多生长一个高度级,第 k 级树木进入第 $k+1$ 级的比例为 g_k,留在原级的比例为 $1 - g_k$.

(3) 建模

$g_k x_k - g_{k+1} x_{k+1}$ $(k = 1,2,\cdots,n-1)$ 表示本年第 $k+1$ 级新增的树木数 $g_n = 0$(最顶级不会再长),由假设 ②

$$y_{k+1} = g_k x_k - g_{k+1} x_{k+1} \geqslant 0 \ (k = 1,2,\cdots,n-1) \ (*)$$

x_k 是决策变量,可控制使其满足此不等式.

$$y_2 + \cdots + y_n = g_1 x_1 \ (**) \text{(幼苗长为 2 级的数量)}$$

$$\text{(砍伐总量 = 补种量 = 幼苗长为 2 级的数量)}$$

总收益

$$\begin{aligned} p &= p_1 y_1 + p_2 y_2 + \cdots + y_n p_n \\ &= p_2(g_1 x_1 - g_2 x_2) + p_3(g_2 x_2 - g_3 x_3) + p_4(g_3 x_3 - g_4 x_4) \\ &\quad + \cdots + p_n g_{n-1} x_{n-1} \\ &= (p_2 - p_1) g_1 x_1 + (p_3 - p_2) g_2 x_2 + (p_4 - p_3) g_3 x_3 \\ &\quad + \cdots + (p_n - p_{n-1}) g_{n-1} x_{n-1} \end{aligned}$$

于是得优化模型

$$\max p = \sum_{k=1}^{n-1} (p_{k+1} - p_k) g_k x_k$$

$$s.t. \sum_{k=1}^{n} x_k = s \left(\text{等价于} \sum_{k=1}^{n-1} x_k \leqslant s\text{,即视 } x_n \text{ 为松弛变量}\right)$$

$$g_k x_k \geqslant g_{k+1} x_{k+1} \ (k = 1,2,\cdots,n-1)$$

$$x_k \geqslant 0 \quad \text{整数} (k = 1,2,\cdots,n-1)$$

另一方面,我们可把变量 x_k 转化为 y_k,从 $(**)$ 式得

$$x_1 = \frac{1}{g_1}(y_2 + y_3 + \cdots + y_n)$$

代入

$$y_2 = g_1 x_1 - g_2 x_2$$

又得

$$y_2 = y_2 + y_3 + \cdots + y_n - g_2 x_2$$

同理得

$$x_k = \frac{1}{g_k}(y_{k+1} + y_{k+2} + \cdots + y_n)(k = 1,2,3,\cdots,n-1)$$

此时

$$\begin{aligned} & x_1 + x_2 + x_3 + \cdots + x_{n-1} \\ = & \frac{1}{g_1}(y_2 + y_3 + \cdots + y_n) + \frac{1}{g_2}(y_3 + y_4 + \cdots + y_n) \\ & + \frac{1}{g_3}(y_4 + y_5 + \cdots + y_n) + \cdots + \frac{1}{g_{n-1}} y_n \\ = & \frac{1}{g_1} y_2 + \left(\frac{1}{g_1} + \frac{1}{g_2}\right) y_3 + \left(\frac{1}{g_1} + \frac{1}{g_2} + \frac{1}{g_3}\right) y_4 \\ & + \cdots + \left(\frac{1}{g_1} + \frac{1}{g_2} + \cdots + \frac{1}{g_{n-1}}\right) y_n \end{aligned}$$

这样，上述优化模型等价于

$$\max p = \sum_{k=2}^{n} p_k y_k$$

$$s.t. \sum_{k=2}^{n} \left(\sum_{j=1}^{k-1} \frac{1}{g_j} \right) y_k \leqslant s$$

$$y_k \geqslant 0 \quad 整数(k = 2,3,\cdots,n)(注\ y_1 = 0) \tag{3-3}$$

例 3-7　设某森林有 6 年生长期，$S = 10000, g_1 = 0.28, g_2 = 0.3l$, $g_3 = 0.25, g_4 = 0.23, g_5 = 0.37, g_6 = 0; p_1 = 0, p_2 = 50, p_3 = 100, p_4 = 150, p_5 = 200, p_6 = 250$. 问如何砍伐才能使持续经济效益最大？

解：把数代入模型(3-3)得

$$\max f = 50y_2 + 100y_3 + 150y_4 + 200y_5 + 250y_6$$

$$s.t. \begin{cases} 3.57y_2 + 6.79y_3 + 10.79y_4 + 15.14y_5 + 17.84y_6 \leqslant 10000 \\ y_k \geqslant 0 (k = 2,3,\cdots,6) \end{cases}$$

现忽略整数约束，得

$$\max\left\{\frac{500}{3.57}, \frac{100}{6.79}, \frac{150}{10.79}, \frac{200}{15.14}, \frac{250}{17.84}\right\}$$

$$= \max\{14, 14.72, 13.9, 13.2, 14\} = 14.72$$

所以最优解 $y_3^0 = \frac{10000}{6.79} = 1472$，其余 $y_j^0 = 0$. 即 $x_1^0 = \frac{1}{0.28}, y_3^0 = 5257$;

$x_2^0 = \frac{1}{0.31}, y_3^0 = 4748$,其余 $x_j^0 = 0$.

即把长到第 3 年的树全部砍伐光,可使持续效益最大.

3. 两杆平面桁架的设计模型

设两杆平面桁架如图 3-8 所示,元件是在 A 点铰支的钢管. 设钢管壁厚度为 h,跨度为 $2b$. 试选择钢管的平均直径 D 和桁架高度 H,使杆件在 A 点受到垂直负荷载 $2P$ 时既不屈服又不失平稳,而且桁架的总质量最轻.

选择适当的钢管,既要桁架的总质量最轻又要不屈服和保持平衡. 因此,模型的决策变量应为钢管的平均直径 D 与桁架高度 H.

设桁架的总质量为 W,则目标函数

$$W = 2\pi\rho Dh(b^2 + H^2)^{\frac{1}{2}}$$

其中,ρ 为钢的容重.

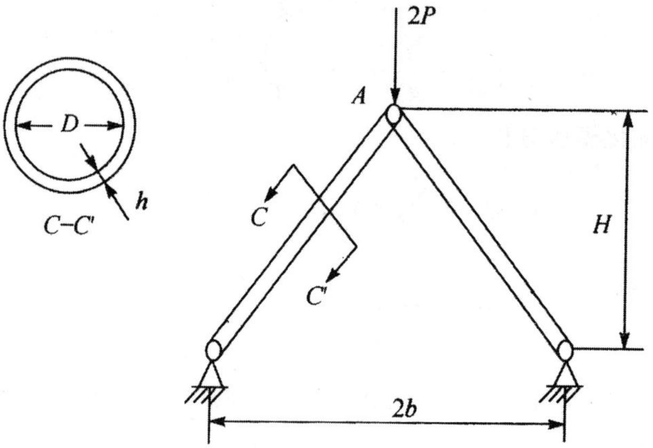

图 3-8　两杆平面桁架结构图

由于制造上的原因,D 与 H 应有最大值及最小值的限制,即

$$D_{\min} \leqslant D \leqslant D_{\max}, H_{\min} \leqslant H \leqslant H_{\max}$$

还应有一些物理上的限制.

约束条件:1) 圆管杆件中的压应力不超过压杆稳定的临界应力,即

$$\frac{P(b^2 + H^2)^{\frac{1}{2}}}{\pi DhH} \leqslant \frac{\pi^2 E(D^2 + H^2)}{8(b^2 + H^2)}$$

其中,E 为材料的弹性模量.

2) 圆管杆件中的压应力不超过材料的屈服应力 σ_y,即

$$\frac{P(b^2 + H^2)^{\frac{1}{2}}}{\pi DhH} \leqslant \sigma_y$$

因此，两杆平面桁架优化设计问题的非线性规划模型为

$$\min W = 2\pi\rho Dh(b^2+H^2)^{\frac{1}{2}}$$

$$s.t.\begin{cases}\dfrac{P(b^2+H^2)^{\frac{1}{2}}}{\pi DhH}\leqslant\dfrac{\pi^2E(D^2+H^2)}{8(b^2+H^2)}\\[2ex]\dfrac{P(b^2+H^2)^{\frac{1}{2}}}{\pi DhH}\leqslant\sigma_y\\[2ex]D_{\min}\leqslant D\leqslant D_{\max},H_{\min}\leqslant H\leqslant H_{\max}\end{cases}$$

4. 钢管的订购和运输模型

要铺设一条 $A_1\to A_2\to\cdots A_{15}$ 的输送天然气的主管道，如图 3-9 所示. 经筛选后可以生产这种主管道钢管的钢厂有 $S_1,S_2,\cdots,S_7$. 图中粗线表示铁路，单细线表示公路，双细线表示要铺设的管道(假设沿管道或者原来有公路，或者建有施工公路)，圆圈表示火车站，每段铁路、公路和管道旁的阿拉伯数字表示里程(单位:km). 为方便计，1 km 主管道钢管称为 1 单位钢管. 一个钢厂如果承担制造这种钢管，至少需要生产 500 个单位. 钢厂 S_i 在指定期限内能生产该钢管的最大数量为 s_i 个单位，钢管出厂销价为 1 单位钢管 p_i 万元，如表 3-7 所示.

表 3-7　钢管销售价格与数量的关系

I	1	2	3	4	5	6	7
s_i	800	800	1000	2000	2000	2000	3000
p_i	160	155	155	160	155	150	160

钢管的铁路运价如表 3-8 所示，1000 km 以上每增加 1 ～ 100 km 运价增加 5 万元.

表 3-8　1 单位钢管的铁路运价

里程 /km	⩽ 300	301 ～ 350	351 ～ 400	401 ～ 450	451 ～ 500
运价 / 万元	20	23	26	29	32
里程 /km	501 ～ 600	601 ～ 700	701 ～ 800	801 ～ 900	901 ～ 1000
运价 / 万元	37	44	50	55	60

公路运输费用为 1 单位钢管每公里 0.1 万元(不足整公里部分按整公里计算). 钢管可由铁路、公路运往铺设地点(不只是运到点 $A_1,A_2,\cdots,A_{15}$，

而是管道全线).

1) 请制订一个主管道钢管订购和运输计划,使总费用最小.

2) 请对 1) 的模型分析:哪个钢厂钢管的销价的变化对购运计划和总费用影响最大,哪个钢厂钢管的产量上限的变化对购运计划和总费用的影响最大,并给出相应的数值结果.

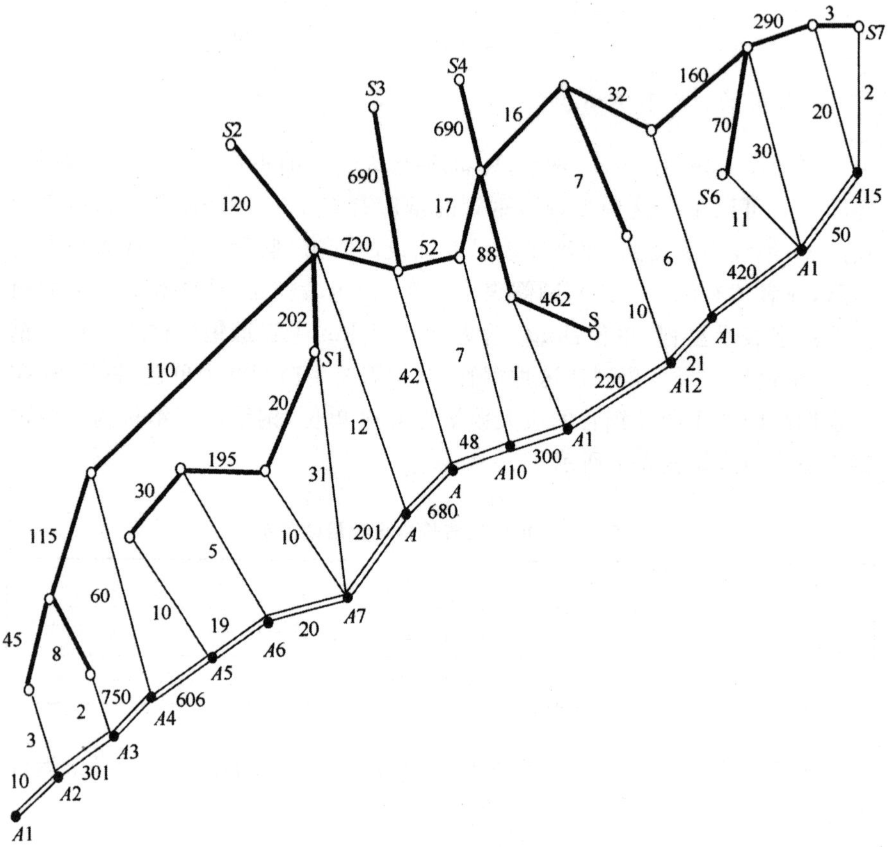

图 3-9　天然气主管道示意图

(1) 模型假设

1) 设钢厂 i 通过 A_j 向管线提供的钢管为 x_{ij} km, $i=1,2,\cdots,7$, $j=2,3,\cdots,15$,因为 A_1 显然必须通过 A_2 提供;

2) 运到 A_j 的钢管有 y_j 向左铺设、z_j 向右铺设.

(2) 模型建立

1) 计算由钢厂 S_i 生产并运送 1 单位钢管至 A_j 的最小费用. 由于公路与铁路运费不同,使得最短路不一定是最小费用路,如 S_7 到 A_{10} 的最短路是先用铁路运 1130 km、再用公路运 70 km，路程总长度 1200 km，费用为 $60+2\times5+70\times0.1=77$ 万元/km，但 S_7 到 A_{10} 的最小费用路却是先用公路运 40 km 代替铁路运 30 km、再由铁路运 1090 km 公路运 70 km，费用为 $40\times0.1+60+1\times5+70\times0.1=76$ 万元/km. 所以，首先将公路铁路网合并成一张网，为此应对铁路网上任意两点计算出最短路，查表后计算出铁路最小费用，并折算成公路里程，将铁路换成虚拟公路，再计算运送费用. 计算结果如表 3-9 所示.

表 3-9　S_i 生产并运送 1 单位钢管至 A_j 的最小费用 q_{ij} 表

	S_1	S_2	S_3	S_4	S_5	S_6	S_7
A_1	330.7	370.7	385.7	420.7	410.7	410.7	435.7
A_2	320.3	360.3	375.3	410.3	400.3	405.3	425.3
A_3	300.2	345.2	355.2	395.2	380.2	385.2	405.2
A_4	258.6	326.6	336.6	376.6	361.6	366.6	386.6
A_5	198	266	276	316	301	306	326
A_6	180.5	250.5	260.5	300.5	285.5	290.5	310.5
A_7	163.1	241	251	291	276	281	301
A_8	181.2	226.2	241.2	276.2	266.2	271.2	291.2
A_9	224.2	269.2	203.2	244.2	234.2	234.2	259.2
A_{10}	252	297	237	222	212	212	236
A_{11}	256	301	241	211	188	201	226
A_{12}	266	311	251	221	206	195	216
A_{13}	281.2	326.2	266.2	236.2	226.2	176.2	198.2
A_{14}	288	333	273	243	228	161	186
A_{15}	302	347	287	257	242	178	162

2）计算将 A_j 处的钢管运到管线上（并铺上）的费用. 由 A_j 向左或向右运送的费用与运送多少有关，总费用近似为首项为 0.1、公差也是 0.1 的具有 y_j（向左）或 z_j（向右）项等差数列求和，即为

$$0.1\left[\frac{y_j(y_j+1)}{2}+\frac{z_j(z_j+1)}{2}\right]$$

如果 y_j 和 z_j 不是整数，上式只是近似表示，精确的表示为

$$0.1\left[\frac{[y_j]([y_j]+1)}{2}+(y_j)([y_j]+1)+\frac{[z_j]([z_j]+1)}{2}+(z_j)([z_j]+1)\right]$$

3) 约束条件界定.

产量约束：

$$\sum_{j=2}^{15} x_{ij} \in \{0\} \cup [500, s_i], i = 1,2,\cdots,7 \tag{3-4}$$

铺设条件约束：

$$\sum_{i=1}^{7} x_{ij} = y_j + z_j, j = 2,3,\cdots,15 \tag{3-5}$$

$$z_j + y_{j+1} = |A_{j+1} - A_j|, j = 2,3,\cdots,14 \tag{3-6}$$

$$y_2 = |A_2 - A_1|, z_{15} = 0 \tag{3-7}$$

非负性约束：

$$x_{ij} \geqslant 0, y_j \geqslant 0, z_j \geqslant 0, i = 1,2,\cdots,7, j = 2,3,\cdots,15$$

综上,该问题的非线性规划模型为

$$\min \sum_{i=1}^{7} \sum_{\substack{j=2 \\ j\neq 4}}^{14} x_{ij} q_{ij} + 0.1 \sum_{\substack{j=2 \\ j\neq 4}}^{15} \left[\frac{[y_j]([y_j]+1)}{2} + (y_j)([y_j]+1) + \frac{[z_j]([z_j]+1)}{2} + (z_j)([z_j]+1)\right]$$

$s.t.$ 式(3-4) 式(3-7)

(3) 模型转换

约束条件(3-4) 可表示为

$$\sum_{j=2}^{15} x_{ij} = 0 \text{ 或 } 500 \leqslant \sum_{j=2}^{15} x_{ij} \leqslant s_i, i = 1,2,\cdots,7 \tag{3-8}$$

约束(3-8) 实际上共可分解为 2^7 个约束,因此,原模型可分解为 $2^7 = 128$ 个子模型,每个模型均为二次规划问题(目标函数为二次函数,约束为线性约束),求出每个子规划的最优解后再比较,进而找出原问题的最优解.虽然在实际中,求解还可以继续简化,比如可将那些在实际中明显不成立的子规划和肯定无解的子规划(如七个工厂的产量都是零),以及不能生产出比已知解更好的解的子规划等剔除后再求解,可以节省很多计算工作量.如果能肯定某厂不生产或某厂一定生产,则要求解的规划都可以减少一半,但求解工作量仍然相当大.因此,如果将问题减弱为若干个二次规划,则还是可以求解的,也有一些优化软件可以用来寻优,只是不一定能找到最优解,甚至找不到很好的解.

结果如下：

订购方案:S_1 供应 800 km,S_2 供应 800 km,S_3 供应 1000 km,S_5 供应 1366 km,S_6 供应 1205 km.

运输方案：

$S_1 \to A_5(334) \to A_6(200) \to A_7(266)$

$S_2 \to A_2(179) \to A_3(321) \to A_8(300)$

$S_3 \to A_3(187) \to A_5(149) \to A_9(664)$

$S_5 \to A_5(600) \to A_{10}(351) \to A_{11}(415)$

$S_6 \to A_{12}(86) \to A_{13}(333) \to A_{14}(621) \to A_{15}(165)$

铺设方案：$S_2 \to A_2(179)$向左 104、向右 75；$S_2 \to A_3(321)$与 $S_3 \to A_3(187)$共 508，向左 $405-179=226$、向右 $508-226=282$；$S_1 \to A_5(334)$、$S_3 \to A_5(149)$与 $S_5 \to A_5(600)$共 1083，向左 $1761-687=1074$、向右 9；类似地，A_6 向左 185、向右 15；A_7 向左 190、向右 76；A_8 向左 125、向右 175；A_9 向左 505、向右 159；A_{10} 向左 321、向右 30；A_{11} 向左 270、向右 145；A_{12} 向左 75、向右 11；A_{13} 向左 199、向右 134；A_{14} 向左 286、向右 335；A_{15} 向左 165.

总费用：$S_i \to A_j$ 部分 116.90783 亿元，$A_j \to x$ 部分 10.95533 亿元，合计 127.86136 亿元.

3.4　多目标规划模型

3.4.1　多目标规划模型的基本知识

本章介绍的线性规划模型、整数规划模型、非线性规划模型中的目标函数都只有一个. 对多目标规划问题建立其具有多个目标函数的数学规划模型称为多目标规划模型.

具有 q 个目标的多目标规划模型的一般形式为

$$
\begin{aligned}
&\max(\min) f_1(X) \\
&\max(\min) f_2(X) \\
&\cdots\cdots \\
&\max(\min) f_q(X) \\
&s.t.\begin{cases} h_i(X)=0 \quad (i=1,2,\cdots,p) \\ g_j(X) \leqslant (\geqslant) 0 (j=p+1,p+2,\cdots,m) \end{cases}
\end{aligned}
$$

由于等式约束总可以转化为不等式约束，大于等于约束总可以转化为小于等于约束，同时目标函数的最大化总可以转化为目标函数的最小化，于是多目标规划模型的一般形式又可简化为

$$\min f_1(X)$$
$$\min f_2(X)$$
$$\cdots\cdots$$
$$\min f_q(X)$$
$$s.t.\ g_i(X) \leqslant 0 (i = 1,2,\cdots,m)$$

称 $D = \{X \mid g_i(X) \leqslant 0 (i = 1,2,\cdots,m)\}$ 为多目标规划模型的可行域. 多目标规划模型的一般形式又可表达为

$$V\text{-}\min \quad F(X) = (f_1(X), f_2(X), \cdots, f_q(X)) \quad X \in D$$

其中 V-min 表示对 q 个目标 $f_1(X), f_2(X), \cdots, f_q(X)$ 以追求最小为目的.

设有两向量 $F^1 = (f_1^1, f_2^1, \cdots, f_q^1)^{\mathrm{T}}$, $F^2 = (f_1^2, f_2^2, \cdots, f_q^2)^{\mathrm{T}}$. 规定以下几个有关向量比较的符号：

1) 符号"$\leqslant$"：若 $F^1 \leqslant F^2$，则意味着 F^1 的每个分量都要小于或等于 F^2 的对应的分量；

2) 符号"$<$"：若 $F^1 < F^2$，则意味着 F^1 的每个分量都要严格小于 F^2 的对应的分量；

3) 符号"$\leqslant$"：若 $F^1 \leqslant F^2$，则意味着 F^1 的每个分量都要小于或等于 F^2 的对应的分量，并且存在 F^1 的某一个分量严格的小于 F^2 的对应的分量.

定义 3.1 设 $X^* \in D$，若对于任意 $X \in D$，均有 $F(X^*) \leqslant F(X)$，即对于 $j = 1,2,\cdots,q$，均有 $f_j(X^*) \leqslant f_j(X)$，则称 X^* 为多目标规划模型的绝对最优解.

定义 3.2 设 $X^* \in D$，若不存在 $X \in D$，使得 $F(X) \leqslant F(X^*)$，则称 X^* 为多目标规划模型的有效解.

定义 3.3 设 $X^* \in D$，若不存在 $X \in D$，使得 $F(X) < F(X^*)$，则称 X^* 为多目标规划模型的弱有效解.

在多目标规划模型的 q 个目标中，有的相互联系，有的相互制约，有的相互冲突. 多目标规划模型除了目标函数不止一个这一明显的特点外，最显著的还有以下两点：目标间的不可公度性和目标间的矛盾性. 目标间的不可公度性指各个目标没有统一的度量标准，因而难以直接进行比较. 例如，房屋设计问题中造价目标的单位是元 /m^2，建造时间目标的单位是年，而结构、造型等目标则为定性指标. 目标间的矛盾性指如果选择一种方案以改进某一目标的值，可能会使另一目标的值变坏，如房屋设计中造型、抗震性能目标的提高可能会使房屋建造成本目标提高. 正是由于目标间的矛盾性，解决实际问题所建立的多目标规划模型常常没有绝对最优解，只能寻找其有效解或弱有效解.

3.4.2 求解多目标规划模型的方法

1. 主要目标法

在多目标规划模型中，若能从 q 个目标中，确定一个目标为主要目标. 例如，$f_1(X)$，而把其余目标作为次要目标，并根据实际情况确定适当的界限值，这样就可以把次要目标作为约束来处理. 而将多目标规划模型转化为求解如下的单目标线性或非线性规划模型：

$$\min f_1(X)$$
$$s.t.\begin{cases} f_j(X) \leqslant a_j (j = 2,3,\cdots q) \\ X \in D \end{cases}$$

其中界限值取为 $a_j(\geqslant \min\limits_{X\in D} f_j(X))(j = 2,3,\cdots q)$，则此单目标规划模型的最优解必为原多目标规划模型的弱有效解. 因此，用主要目标法求得的解必是多目标规划模型的弱有效解或有效解.

2. 分层序列法

把多目标规划模型中的 q 个目标按其重要程度排一个次序，假设 $f_1(X)$ 最重要，$f_2(X)$ 次之，$f_3(X)$ 再次之，……，最后一个目标为 $f_q(X)$. 先求出以第一个目标 $f_1(X)$ 为目标函数，而原模型中的约束条件不变的问题 P_1：

$$\min f_1(X)$$
$$s.t. X \in D$$

其最优解为 X^1，最优值为 f_1^*. 再求解问题 P_2：

$$\min f_2(X)$$
$$s.t.\begin{cases} f_1(X) \leqslant f_1^* \\ X \in D \end{cases}$$

其最优解为 X^2，最优值为 f_2^*. 再求解问题 P_3：

$$\min f_3(X)$$
$$s.t.\begin{cases} f_1(X) \leqslant f_1^* \\ f_2(X) \leqslant f_2^* \\ X \in D \end{cases}$$

其最优解为 X^3，最优值为 f_3^*，……，如此继续下去，直到求解第 q 个问题 P_q：

$$\min f_q(X)$$

$$s.t.\begin{cases} f_1(X) \leqslant f_1^* \\ f_2(X) \leqslant f_2^* \\ \cdots\cdots \\ f_{q-1}(X) \leqslant f_{q-1}^* \\ X \in D \end{cases}$$

其最优解为 X^q，最优值为 f_q^*. 则 $X^* = X^q$ 就是原多目标规划模型在分层序列意义下的最优解，$F^* = (f_1(X^*), f_2(X^*), \cdots, f_q(X^*))$ 为其最优值.

常将分层序列法修改如下：选取一组适当小的正数 $\varepsilon_1, \varepsilon_2, \cdots, \varepsilon_{q-1}$ 成为宽容值，把上述的问题 P_j 修改如下

$$\min f_j(X)$$

$$s.t.\begin{cases} f_1(X) \leqslant f_1^* + \varepsilon_1 \\ f_2(X) \leqslant f_2^* + \varepsilon_2 \\ \cdots\cdots \\ f_{j-1}(X) \leqslant f_{j-1}^* + \varepsilon_{j-1} \\ X \in D \end{cases}$$

再按上述方法依次求解各问题 $P_1, P_2, \cdots, P_q$.

3. 线性加权求和法

对多目标规划模型中的 q 个目标按其重要程度给以适当的非负权系数 $\omega_1, \omega_2, \cdots, \omega_q$，且 $\sum_{j=1}^{q} \omega_j = 1$，然后用 $h(X) = \sum_{j=1}^{q} \omega_j f_j(X)$ 作为新的目标函数，成为评价(目标) 函数，再求解单目标规划问题：

$$\min h(X) = \sum_{j=1}^{q} \omega_j f_j(X)$$

$$s.t.\ g_i(X) \leqslant 0 (i = 1, 2, \cdots, m)$$

其最优解为 X^0，取 $X^* = X^0$ 作为多目标规划模型的解.

3.4.3 投资的风险与收益问题

市场上有 n 种资产 $S_i (i = 1, 2, \cdots, n)$ 可以选择作为投资项目，现用数额为 M 相当大的资金作一个时期的投资. 这 n 种资产在这一时期内购买 S_i 的平均收益率为 r_i，风险损失率为 q_i. 购买 S_i 时要付交易费(费率为 p_i)，当购买额不超过给定值 u_i 时，交易费按购买 u_i 计算，另外，假定同期银行存款利率是 $r_0 (r_0 = 5\%)$，既无交易费又无风险. 已知 $n = 4$ 时相关数据见

表 3-10.

表 3-10　不同投资项目的收益

S_i	r_i/%	q_i/%	p_i/%	u_i/元
S_1	28	2.5	1	103
S_2	21	1.5	2	198
S_3	23	5.5	4.5	52
S_4	25	2.6	6.5	40

试给该公司设计一种投资组合方案,即用给定的资金,有选择地购买若干种资产或存银行生息,使净收益尽可能大,且总体风险尽可能小.

1. 问题分析和模型的假设

要使净收益尽可能大,总体风险尽可能小,这是一个多目标规划模型.

建立模型前先做必要的简化假设.

设投资数额 M 相当大,为了方便计算,假设 $M=1$。假设各种资产之间相互独立,投资期内 r_i,q_i,p_i,r_0 为定值,不受外界因素影响.净收益和总体风险只受 r_i,q_i,p_i 影响,不受其他因素干扰.交易费是一个分段函数,但是题目所给的定值 u_i 相对总投资额很小,所以可以忽略不计,这样购买某种项目的净收益为 $(r_i-p_i)x_i$.

按照实际情况,投资越分散,总的风险越小.总体风险的度量有多种处理方法,这里用投资项目中风险最大的一个风险作为总体风险.

2. 模型的建立

基于以上假设,建立如下的优化模型:

$$\max\sum_{i=0}^{4}(r_i-p_i)x_i$$

$$\min\{\max\{q_ix_i\}\}$$

$$s.t.\begin{cases}\sum_{i=0}^{4}(1+p_i)x_i=1\\ x_i\geqslant 0,i=0,1,\cdots,4\end{cases}$$

3. 模型的求解

常用的解法包括主要目标法和线性加权求和法.本题主要利用这种方

法,把双目标规划简化成一个目标的线性规划.

主要目标法:确定一个主要目标,把次要目标作为约束条件并设定适当的界限值.对于本题,若投资者承受的风险有限,则可以在给定风险界限 a 下,找到盈利最大的投资方案,从而以建立模型 1.投资者希望总盈利至少达到水平 k 以上,在风险最小的情况下寻找相应的组合,从而可以建立下面的模型 2.

模型 1:固定风险水平,优化收益

$$\max\sum_{i=0}^{4}(r_i-p_i)x_i$$

$$s.t.\begin{cases}q_ix_i\leqslant a\\ \sum\limits_{i=0}^{4}(1+p_i)x_i=1\\ x_i\geqslant 0,i=0,1,\cdots,4\end{cases}$$

即:

目标函数:$\max 0.05x_0+0.27x_1+0.19x_2+0.185x_3+0.185x_4$

约束条件:$x_0+1.01x_1+1.02x_2+1.045x_3+1.065x_4=1$

$0.025x_1\leqslant a$

$0.015x_2\leqslant a$

$0.055x_3\leqslant a$

$0.026x_4\leqslant a$

$x_i\geqslant 0,i=0,1,\cdots,4$

模型 2:固定盈利水平极小化风险

$$\min\{\max\{q_ix_i\}\}$$

$$s.t.\begin{cases}\sum\limits_{i=0}^{4}(r_i-p_i)x_i\geqslant k\\ \sum\limits_{i=0}^{4}(1+p_i)x_i=1\\ x_i\geqslant 0,i=0,1,\cdots,4\end{cases}$$

线性加权求和法:对每个目标按其重要程度赋适当权重,把带权重的目标函数和作为新的目标函数.在本例中,投资者在权衡资产风险和预期收益两方面时,希望选择一个令自己满意的投资组合.对风险、收益赋予权重 $\omega_i\geqslant 0$,且 $\sum\omega_i=1$,如模型 3.

模型 3:

$$\min(\omega_1\{\max\{q_ix_i\}\}-(1-\omega_2))\sum_{i=0}^{4}(r_i-p_i)x_i$$

$$s.t.\begin{cases}\sum_{i=0}^{4}(1+p_i)x_i=1\\x_i\geqslant 0, i=0,1,\cdots,4\end{cases}$$

3.5　动态规划模型

动态规划是解决多阶段决策过程最优化问题的一种数学方法.动态规划在工程技术、管理、经济、工业生产、军事及现代控制工程等方面广泛的应用.

3.5.1　求解动态规划的方法

动态规划的求解方法包括逆序解法和顺序解法两种.

如果已知过程的初始状态 s_1,则用逆序解法;如果已知过程的终止状态 s_{n+1},则用顺序解法.

1.逆序解法

利用终端条件从 $k=n$ 开始由后向前逆推基本方程,求得各阶段的最优策略和最优值函数,最后算出 $f_1(s_1)$ 时就得到了最优决策序列 $\{d_{k^*}(s_k)|s_k\in S_k,k=1,2,\cdots,n\}$.基本方程为:

由动态规划最优化原理可以得到体现这一原理基本思想的函数基本方程:

$$\begin{cases}f_k(s_k)=\underset{d_k\in D_k(s_k)}{opt}\{v_k(s_k,d_k(s_k))+f_{k+1}(s_{k+1})\},(k=n,n=1,\cdots,n)\\f_{n+1}(s_{n+1})=\varphi(s_{n+1})(\varphi\text{ 为已知函数})\\s_{k+1}=T_k(s_k,d_k),s_k\in S_k\end{cases}$$

其中,opt 表示“最优”,即代表“最大化”或“最小化”.

假设已知初始状态为 s_1,用 $f_k(s_k)$ 表示从第 k 阶段初始状态 s_k 到第 n 阶段的最优值.其中,第 n 阶段的指标函数的最优值记为,$f_n(s_n)=\underset{x_n\in D_n(s_n)}{opt}v_n(s_n,x_n)$ 此为一维极值问题,因此可以设有最优解 $x_n=x_n(s_n)$,于是可有最优值 $f_n(s_n)$.

类似地,第 $n-1$ 阶段有:

$$f_{n-1}(s_{n-1})=\underset{x_{n-1}\in D_{n-1}(s_{n-1})}{opt}\{v_{n-1}(s_{n-1},x_{n-1})*f_n(s_n)\}$$

其中 $s_n=T_{n-1}(s_{n-1},x_{n-1})$,可解得最优解 $x_{n-1}=x_{n-1}(s_{n-1})$,于是最优

值为 $f_{n-1}(s_{n-1})$.

不妨设第 $k+1$ 阶段的最优解为 $x_{k+1}=x_{k+1}(s_{k+1})$ 和最优值 $f_{k+1}(s_{k+1})$，则对于第 k 阶段有

$$f_k(s_k)=\underset{x_n \in D_n(s_n)}{opt}\{v_k(s_k,x_k)*f_{k+1}(s_{k+1})\}$$

其中 $*$ 表示"+"或"×"，$s_{k+1}=T_k(s_k,x_k)$，可解得最优解 $x_k=x_k(s_k)$ 和最优值 $f_k(s_k)$.

按照上述方法依此类推，直到第 1 阶段，有 $f_1(s_1)=\underset{x_1 \in D_1(s_1)}{opt}\{v_1(s_1,x_1)*f_2(s_2)\}$，其中 $s_2=T_1(s_1,x_1)$，可解得最优解 $x_1=x_1(s_1)$ 和最优值为 $f_1(s_1)$.

由于已知 s_1，则可知 x_1 与 $f_1(s_1)$. 从而可知 $s_2,x_2,f_2(s_2)$，按上面的过程反推回去，即可得到每一阶段和全过程的最优决策.

2. 顺序解法

求解动态规划的另一种重要方法是顺序解法. 所谓顺序解法就是从始点出发逐段向前递归计算，直至终点，以求得全过程的最优解. 其基本方程如下：

$$\begin{cases} f_k(s_k)=\underset{d_k \in D_k(s_k)}{opt}\{v_k(s_k,d_k(s_k))+f_{k-1}(s_{k-1})\},(k=n,n=1,\cdots,n) \\ f_0(s_0)=\varphi(s_0)(\varphi \text{为已知函数}) \\ s_{k+1}=T_k(s_k,d_k),s_k \in S_k \end{cases}$$

假设已知终止状态为 s_{n+1}，用 $f_k(s_{k+1})$ 表示从第 1 阶段初始状态 s_1 到第 k 阶段末的结束状态 s_{n+1} 的最优值.

第一阶段：指标函数的最优值记为 $f_1(s_2)=\underset{x_1 \in D_1(s_1)}{opt}v_1(s_1,x_1)$，$s_1=T(s_2,x_1)$，可解得最优解 $x_1=x_1(s_2)$ 和最优值 $f_1(s_2)$.

第二阶段：类似地有

$$f_2(s_3)=\underset{x_2 \in D_2(s_2)}{opt}\{v_2(s_2,x_2)*f_1(s_2)\}$$

其中 $s_2=T_2(s_3,x_2)$，可解得最优解 $x_2=x_2(s_3)$，于是最优值为 $f_2(s_3)$.

不妨设第 k 阶段有

$$f_k(s_{k+1})=\underset{x_k \in D_k(s_k)}{opt}\{v_k(s_k,x_k)*f_{k-1}(s_k)\}$$

其中 $s_k=T_k(s_{k+1},x_m)$ 解得最优解为 $x_k=x_k(s_{k+1})$ 和最优值 $f_k(s_{k+1})$.

依此类推，直到第 n 阶段有

$$f_n(s_{n+1})=\underset{x_n \in D_n(s_n)}{opt}\{v_n(s_n,x_n)*f_{n-1}(s_n)\}$$

其中 $s_n=T_n(s_{n+1},x_m)$，可解得最优解 $x_n=x_n(s_{n+1})$ 和最优值

为 $f_n(s_{n+1})$.

由于已知 s_{n+1}，则可知 x_n 与 $f_n(s_{n+1})$. 从而可知 $s_n, x_{n-1}, f_{n-1}(s_n)$，按上面的过程反推回去直到 $s_1, x_1, f_1(s_2)$，即得到整个过程和各阶段的最优决策.

从上述基本方程所构建的递归关系来看，逆序解法与顺序解法两种不同的解题方法所得的结果应该相同. 在求解动态规划问题时，顺序解法有时较为困难，而逆序解法往往更为有效. 甚至有些动态规划问题只能用逆序解法求解，而无法用顺序解法. 同样，有些问题只能用顺序解法求解. 因此，计算方向应根据问题的特点和所构成的函数基本方程来确定.

3.5.2　动态规划问题及其数学模型

1. 最短路问题

从 A 到 D 要铺设一条煤气管道，中间要经过二级中转站，第一级中转站分别为 B_1、B_2，第二级中转站分别为 C_1、C_2、C_3，如图 3-10 所示，有连线的是可以铺设管道的路线，连线上的数字表示两地之间的距离，问如何铺设管道可以使总造价最小？

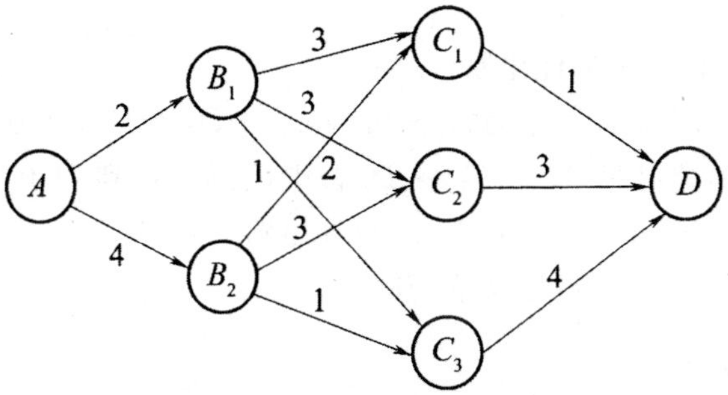

图 3-10　铺设煤气管道的路线图

方法 1：穷举法

对本问题用穷举法，共有 6 条路线，对本题也不难，但对阶段多时则不可行，穷举法的计算是非多项式算法.

分析：若 B_1、B_2 到 D 均求出了最短路，不妨设 B_1 到 D 的最短路的距离小，则 A 只要沿 B_1 到 D 即为 A 到 D 的最短路. 由此思路即得方法 2.

方法 2：

1) 某点到 D 的阶段数用整数 n 表示.

2）状态 s 表示当前所处位置.

3）决策变量 $x_n(s)$- 集合：还有 n 个阶段到 D，下一步可选取地点，$x_2(B_2) \in \{C_1, C_2, C_3\}$.

4）$f_n(s)$ 表示状态 s，还有 n 个阶段到 D，采取最优策略时的最短管道长度. 显然本问题即求 $f_3(s)$.

5）$d(s, x_n(s))$ 表示由 s 到下一个地点 $x_n(s)$ 的管道长度.

方法 2 的计算依据是最优化原理.

最优化原理：每阶段决策的一个策略（路径）是最优化策略对该策略（路径）中的任一点，从该点到终点的最优策略（路径）必含在该策略（路径）内.

方法 2 的计算过程是从后向前依次计算 $f_n(s)$.

1）计算 $f_1(C_1), f_1(C_2), f_1(C_3)$：$f_1(C_1)=1, f_1(C_2)=3, f_1(C_3)=4$.

2）计算 $f_2(B_1), f_2(B_2)$.

① 对 B_1：$d(B_1,C_1)+f_1(C_1)=3+1=4, d(B_1,C_2)+f_1(C_2)=3+3=6, d(B_1,C_3)+f_1(C_3)=1+4=5, f_2(B_1)=\min\{4,6,5\}=4$.

② 对 B_2：$d(B_2,C_1)+f_1(C_1)=2+1=3, d(B_2,C_2)+f_1(C_2)=3+3=6, d(B_2,C_3)+f_1(C_3)=1+4=5, f_2(B_2)=\min\{3,6,5\}=3$.

3）计算 $f_3(A)$：$d(A,B_1)+f_2(B_1)=2+4=6, d(A,B_2)+f_2(B_2)=4+3=7, f_3(A)=\min\{6,7\}=6$.

上述计算依据了最优化原理.

例如，本例中最优策略为 $A \to B_1 \to C_1 \to D$，B_1 属于上述路径，从而 B_1 到 D 的最优策略必是 $B_1 \to C_1 \to D$. 否则，若从 B_1 到 D 有另外更优策略 $B_1 \to C_{i_0} \to D$，则 $A \to B_1 \to C_{i_0} \to D$ 比策略 $A \to B_1 \to C_1 \to D$ 更优.

由此可见，该原理虽然简单，但意义重大.

2. 背包问题

一徒步旅行者，有 n 种物品可供其选择装入背包中，已知每种物品的重量及使用价值（指该物品对旅行者本人带来的好处的数量指标）如表 3-11 所示.

表 3-11　已知每种物品的重量及使用价值

物品号	1	2	…	j	…	n
重量 /(kg/ 件)	a_1	a_2	…	a_j	…	a_n
每件使用价值	c_1	c_2	…	c_j	…	c_n

问各件物品取多少件对旅行者使用价值最大？

设第 j 种带 x_i 件对旅行者使用价值最大，则问题转化为求下述线性规划问题

$$\max\sum_{i=1}^{n} c_i x_i$$

$$s.t.\ \sum a_i x_i \leqslant a, x_i \text{ 为整数}$$

化为动态规划问题：设前 k 种物品只装 y 千克时的最大使用价值为 $f_k(y)$，则问题转化为求 $f_n(a)$.

显然，$f_1(y)=\left[\dfrac{y}{a_1}\right]c_1$，设$(k-1)$件的最大使用价值已知 $f_{k-1}(x)$，则将 y 千克物品对前 k 件物品进行分配，使之使用价值最大，即求 $f_k(y)$.

设先装第 k 件物品 x_k(件)$(0\leqslant a_k x_k\leqslant y)$，则余下重量 $y-a_k x_k$ 即 $f_k(y)=\max\limits_{0\leqslant x_k\leqslant \frac{y}{a_k}}\{c_k x_k+f_{k-1}(y-c_k x_k)\}$为整数.

例 3-8　求下面“背包”问题的解.

设各种物品的重量及使用价值如表 3-12 所示，且取 $a=5$，则问题即求下列线性规划问题最优解：

$$\max\{8x_1+5x_2+12x_3\}$$

$$s.t.\ 3x_1+2x_2+5x_3\leqslant 5, x_1, x_2, x_3\geqslant 0, x_i \text{ 为整数}$$

表 3-12　假设各种物品的重量及使用价值

物品	1	2	3
重量 /(kg/ 件)	3	2	5
每件使用价值	8	5	12

按上述动态规划问题解法. 我们的目标是求 $f_3(5)$.

① 求 $f_1(x)$：

$$f_1(0)=\left[\frac{0}{3}\right]\times 8=0, f_1(1)=0, f_1(2)=0,$$

$$f_1(3)=f_1(4)=f_1(5)=8$$

② 求 $f_2(x)$：

$$f_2(0)=0$$

$$f_2(1)=0$$

$$f_2(2)=5$$

$$f_2(3)=8$$

$$f_2(4)=10$$
$$f_2(5)=13$$

③ 求 $f_3(5)$：

$$f_3(5)=\max\{12+0,0+f_2(5)\}=13$$

最优方案：$x_1=1,x_2=1,x_3=0$.

3. 多阶段生产问题

某种材料可用于两种方式生产，用后除产生效益外，还有一部分回收，表3-13表示的是生产方式、效益及回收之间的关系.表中，$a_1\in(0,1),a_2\in(0,1)$.

表 3-13　生产方式、效益与回收表

生产方式	Ⅰ	Ⅱ
效益函数	$g_1(x)$	$g_2(x)$
回收函数	a_1x	a_2x

问题是：若有材料 $\bar{x}$ 个单位，计划进行 n 个阶段的生产，如何投入材料，才使总效益达到最大？

考虑动态规划模型求解.模型的三个要素如下：

① 阶段.用年度 k 表示阶段 k，$k=1,2,\cdots,n$.

② 阶段 k 的允许决策集合.假设第 k 年度有材料 x_k 个单位，如果生产方式 Ⅰ 投入 $u_k(0\leqslant u_k\leqslant x_k)$ 个单位，则生产方式 Ⅱ 投入 x_k-u_k 个单位.

③ 每个阶段的状态为 x_k.设 $f_k(x_k)$ 表示投入 x_k 个单位的材料第 k 年产生的最大效益.则相应的递推关系为

$$f_k(x_k)=\max_{0\leqslant u_k\leqslant x_k}\{g_1(u_k)+g_2(x_k-u_k)+f_{k+1}(x_{k+1})\}$$

其状态转移方程为

$$x_{k+1}=a_1u_k+a_2(x_k-u_k)$$

由此得到递推公式

$$f_k(x_k)=\max_{0\leqslant u_k\leqslant x_k}\{g_1(u_k)+g_2(x_k-u_k)+f_{k+1}(a_1u_k+a_2(x_k-u_k))\} \tag{3-9}$$

其中边界条件为

$$f_{n+1}(x_{n+1})=0 \tag{3-10}$$

这样问题就简化为求 $f_1(\bar{x})$.

例 3-9　假设现有材料 $\bar{x}=100$ 个单位，计划进行三个阶段($n=3$)的生产，其效益函数分别为 $g_1(x)=0.6x$，$g_2(x)=0.5x$，回收率分别为 $a_1=0.1$，$a_2=0.4$，问应如何安排生产方式？

解：由式(3-9)和边界条件(3-10)得到

$$\begin{aligned} f_3(x_3) &= \max_{0\leqslant u_3\leqslant x_3}\{g_1(u_3)+g_2(x_3-u_3)\} \\ &= \max_{0\leqslant u_3\leqslant x_3}\{0.6u_3+0.5(x_3-u_3)\} \\ &= \max_{0\leqslant u_3\leqslant x_3}\{0.5x_3+0.1u_3\} \\ &= 0.6x_3, u_3^*=x_3 \end{aligned}$$

$$\begin{aligned} f_2(x_2) &= \max_{0\leqslant u_2\leqslant x_2}\{g_1(u_2)+g_2(x_2-u_2)+f_3(a_1u_2+a_2(x_2-u_2))\} \\ &= \max_{0\leqslant u_2\leqslant x_2}\{0.6u_2+0.5(x_2-u_2)+0.6(0.1u_2+0.4(x_2-u_2))\} \\ &= \max_{0\leqslant u_2\leqslant x_2}\{0.74x_2+0.08u_2\}=0.74x_2, u_2^*=0 \end{aligned}$$

$$\begin{aligned} f_1(x_1) &= \max_{0\leqslant u_1\leqslant x_1}\{g_1(u_1)+g_2(x_1-u_1)+f_2(a_1u_1+a_2(x_1-u_1))\} \\ &= \max_{0\leqslant u_1\leqslant x_1}\{0.6u_1+0.5(x_1-u_1)+0.74(0.1u_1+0.4(x_1-u_1))\} \\ &= \max_{0\leqslant u_1\leqslant x_1}\{0.796x_1+0.122u_1\}=0.796x_1, u_1^*=0 \end{aligned}$$

当 $x_1=\bar{x}=100$ 时有 $f_1(100)=79.6$.

下面来看一下生产方式.

第一年　全部用方式 Ⅱ$(u_1^*=0)$

第二年　全部用方式 Ⅱ 生产$(u_2^*=0)$

第三年　全部用方式 Ⅰ 生产$(u_3^*=x_3)$

4. 设备更新问题

一台机器用得越久，维修成本也就越高，而且生产能力也就越低. 当一台机器到了某个年头后，对其及时更新可能会更加经济. 因此，这就成了一个确定最经济的机器更新年限的问题.

假设研究一个 n 年期间的设备更新问题，在每年年初决定一台设备是再使用一年，还是要用一台新设备来更新它. 令 $r(t)$，$c(t)$ 和 $s(t)$ 表示某台 t 龄设备的年收入、运行费用和折旧现值，购买一台新设备的费用每年都是 I.

考虑动态规划模型求解. 模型的三个要素如下：

① 用年度 k 代表阶段 k，$k=1,2,\cdots,n$.

② 阶段(年度)k 的允许决策集合. 在年度 k 年初继续使用这台旧设备或者进行更新.

③ 每个阶段的状态. 状态 x_k 为该台设备在第 k 年年初已经使用的年

数，定义 $f_k(x_k)$ 表示第 k 年年初已使用 x_k 年的设备使用到 n 年末的最大净收入，则相应的状态转移方程为

$$x_{k+1}=\begin{cases}x_k+1, u_k=K\\1, \quad u_k=R\end{cases} \tag{3-11}$$

递推关系为

$$f_k(x_k)=\max_{u_k=K\text{或}R}\{v_k(x_k,u_k)+f_{k+1}(x_{k+1})\} \tag{3-12}$$

其中

$$v_k(x_k,u_k)=\begin{cases}r(x_k)-c(x_k), u_k=K\\s(x_k)-I+r(0)-c(0), u_k=R\end{cases} \tag{3-13}$$

即如果第 k 年年初继续使用旧设备，则产生的净收入是该设备的运行收入减去运行成本；如果第 k 年年初更新，则产生的净收入是旧设备的折旧费减去新设备的购置费，加上新设备的运行收入，再减去新设备的运行成本.

边界条件根据情况来确定. 如果在第 $n+1$ 年，该台设备报废，则 $f_{n+1}(\cdot)=0$；否则，根据设备的残留价值来计算 $f_{n+1}(\cdot)$.

例 3-10 某公司需要对一台已经使用了三年的机器确定今后 4 年 ($n=4$) 的最优更新策略. 公司要求用了 6 年的机器必须更新，购买一台新机器的价格是 100 万元. 表 3-14 给出了该问题的数据.

表 3-14 每年设备运行收入、运行成本以及折旧现值

单位：万元

使用年数 t	收入 $r(t)$	运行成本 $c(t)$	折旧现值 $s(t)$
0	20.0	0.2	—
1	19.0	0.6	80.0
2	18.5	1.2	60.0
3	17.2	1.5	50.0
4	15.5	1.7	30.0
5	14.0	1.8	10.0
6	12.2	2.2	5.0

解：在第 1 年年初，有一台使用了三年的机器，即状态 $x_1=3$，既可以更新它(R)，也可以继续使用一年(K). 在第 2 年年初，如果那台机器更新了，则这台新机器就已经使用一年了，即状态 $x_2=1$；否则，旧机器就使用 4 年了，即 $x_2=4$. 对第 3 年到第 4 年应用同样的逻辑，假如 1 年龄的机器在第 2 ~ 4 年进行更新，则在下一年年初，这台更新了的机器就成了 1 年龄的旧

机器. 另外,在第 4 年年初,一台使用了 6 年的机器必须更新,在第 4 年年末(整个计划期末)时:将所有这些机器折旧. 这样各阶段的状态为 $x_1 = 3, x_2 = 1$ 或 $4, x_3 = 1$ 或 2 或 $5, x_4 = 1$ 或 2 或 3 或 6.

先计算 $f_4(x_4)$. 由于第 4 年年末时,将机器折旧,因此,边界条件为

$$f_5(x_5) = \begin{cases} s(x_4 + 1), u_4 = K \\ s(1), u_4 = R \end{cases} \tag{3-14}$$

由式(3-12),式(3-13)和边界条件(3-14)得到

$$f_4(x_4) = \max\{r(x_4) - c(x_4) + s(x_4 + 1), s(x_4) - I + r(0) - c(0) + s(1)\}$$

下面分别计算 $x_4 = 1,2,3,6$ 的情况

$$\begin{aligned} f_4(1) &= \max\{r(1) - c(1) + s(2), s(1) - I + r(0) - c(0) + s(1)\} \\ &= \max\{19.0 - 0.6 + 60.0, 80.0 - 100.0 + 20.0 - 0.2 + 80.0\} \\ &= 79.8, u_4^* = R \end{aligned}$$

$$\begin{aligned} f_4(2) &= \max\{r(2) - c(2) + s(3), s(2) - I + r(0) - c(0) + s(1)\} \\ &= \max\{18.5 - 1.2 + 50.0, 60.0 - 100.0 + 20.0 - 0.2 + 80.0\} \\ &= 67.3, u_4^* = K \end{aligned}$$

$$\begin{aligned} f_4(3) &= \max\{r(3) - c(3) + s(4), s(3) - I + r(0) - c(0) + s(1)\} \\ &= \max\{17.2 - 1.5 + 30.0, 50.0 - 100.0 + 20.0 - 0.2 + 80.0\} \\ &= 49.8, u_4^* = R \end{aligned}$$

$$\begin{aligned} f_4(6) &= s(6) - I + r(0) - c(0) + s(1)(\text{必须更新}) \\ &= 5.0 - 100 + 20.0 - 0.2 + 80.0 \\ &= 4.8, u_4^* = R \end{aligned}$$

再计算 $f_3(x_3)$. 由式(3-11) ~ 式(3-13)得到

$$f_3(x_3) = \max\{r(x_3) - c(x_3) + f_4(x_3 + 1), s(x_k) - I + r(0) - c(0) + f(1)\}$$

下面分别计算 $x_3 = 1,2,5$ 的情况,

$$\begin{aligned} f_3(1) &= \max\{r(1) - c(1) + f_4(2), s(1) - I + r(0) - c(0) + f_4(1)\} \\ &= \max\{19.0 - 0.6 + 67.3, 80.0 - 100.0 + 20.0 - 0.2 + 79.8\} \\ &= 85.7, u_3^* = K \end{aligned}$$

$$\begin{aligned} f_3(2) &= \max\{r(2) - c(2) + f_4(3), s(2) - I + r(0) - c(0) + f_4(1)\} \\ &= \max\{18.5 - 1.2 + 49.8, 60.0 - 100.0 + 20.0 - 0.2 + 79.8\} \\ &= 67.1, u_3^* = K \end{aligned}$$

$$\begin{aligned} f_3(5) &= \max\{r(5) - c(5) + f_4(6), s(5) - I + r(0) - c(0) + f_4(1)\} \\ &= \max\{14.0 - 1.8 + 4.8, 10.0 - 100.0 + 20.0 - 0.2 + 79.8\} \\ &= 17.0, u_3^* = K \end{aligned}$$

接下来计算 $f_2(x_2)$. 由式(3-12)、式(3-13)得到

$$f_2(x_2) = \max\{r(x_2) - c(x_2) + f_3(x_2 + 1), s(x_2) - I + r(0) - c(0) + f_3(1)\}$$

下面分别计算 $x_2=1,4$ 的情况，

$$f_2(1)=\max\{r(1)-c(1)+f_3(2),s(1)-I+r(0)-c(0)+f_3(1)\}$$
$$=\max\{19.0-0.6+67.1,80.0-100.0+20.0-0.2+85.7\}$$
$$=85.5,u_2^*=K \text{ 或 } R$$
$$f_2(4)=\max\{r(4)-c(4)+f_3(5),s(4)-I+r(0)-c(0)+f_3(1)\}$$
$$=\max\{15.5-1.7+17.0,30.0-100.0+20.0-0.2+85.7\}$$
$$=35.5,u_2^*=R$$

最后计算 $f_1(x_1)$. 由式(3-11) ～ 式(3-13) 得到

$$f_1(x_1)=\max\{r(x_1)-c(x_1)+f_2(x_1+1),s(x_1)-I+r(0)-c(0)+f_2(1)\}$$

下面计算 $x_1=3$ 的情况，

$$f_1(3)=\max\{r(3)-c(3)+f_2(4),s(3)-I+r(0)-c(0)+f_2(1)\}$$
$$=\max\{17.2-1.5+35.5,50.0-100.0+20.0-0.2+85.7\}$$
$$=55.3,u_1^*=R$$

因此，从第 1 年开始的可能方案的最优策略为(R,K,K,R) 和(R,R,K,K)，总费用为 55.3 万元.

第 4 章　问题解决的微分方程方法建模

在自然科学、工程、经济、医学、体育以及社会等学科中有时很难找到某个系统有关变量之间的直接关系 —— 函数式，但却容易找到这些变量和它们的微小增量或变化率之间的关系式，若再利用微分关系式来描述该系统.在所研究的现象或过程中取局部或瞬间，便可从中找出有关变量和未知变量的微分（或差分）之间的关系式 —— 系统的数学模型.

建模时要根据函数及其变化率之间的关系确定函数，首先要根据建模目的和对问题分析作出简化假设，然后按照内在规律或用类比法建立微分方程，求出方程的解并将结果翻译回实际对象，就可以进行描述、分析、预测和控制了.

4.1　概述

4.1.1　微分方程的基础知识

1. 微分方程的一般形式

一阶微分方程：

$$\begin{cases}\dfrac{\mathrm{d}x}{\mathrm{d}t}=f(t,x)\\ x(t_0)=x_0\end{cases}\tag{4-1}$$

式中，$f(t,x)$ 是 t 和 x 的已知函数，$x(t_0)=x_0$ 是初始条件，也称为定解条件.

一阶微分方程组：

$$\begin{cases}\dfrac{\mathrm{d}x_i}{\mathrm{d}t}=f_i(t,x_1,x_2,\cdots,x_n)(i=1,2,\cdots,n)\\ x_i(t_0)=x_0(0)(i=1,2,\cdots,n)\end{cases}\tag{4-2}$$

上述方程组也称为一阶正规方程组，若再引入向量

$$x=(x_1,x_2,\cdots,x_n)^{\mathrm{T}},x_0=(x_1^{(0)},x_2^{(0)},\cdots,x_n^{(0)})^{\mathrm{T}}$$

$$f=(f_1,f_2,\cdots,f_n)^{\mathrm{T}},\frac{\mathrm{d}x}{\mathrm{d}t}=\left(\frac{\mathrm{d}x_1}{\mathrm{d}t},\frac{\mathrm{d}x_2}{\mathrm{d}t},\frac{\mathrm{d}x_n}{\mathrm{d}t}\right)^{\mathrm{T}}$$

则方程组(4-2)就可以简单的写成下面这种形式：

$$\begin{cases}\dfrac{\mathrm{d}x}{\mathrm{d}t}=f(t,x)\\ x(t_0)=x_0\end{cases}\tag{4-3}$$

上面方程组的形式与方程组(4-1)相同，当 $n=1$ 时，方程组(4-3)就变成了方程组(4-1). 对于任一高阶微分方程

$$\frac{\mathrm{d}^n x}{\mathrm{d}t^n}=f\left(t,x,\frac{\mathrm{d}x}{\mathrm{d}t},\cdots,\frac{\mathrm{d}^{n-1}x}{\mathrm{d}t^{n-1}}\right)$$

若记 $\frac{\mathrm{d}^i x}{\mathrm{d}t^i}=yi\,(i=0,1,2,\cdots,n)$，则方程为 $\frac{\mathrm{d}y_{n-1}}{\mathrm{d}t}=f(t,y_0,y_1,y_{n-1})$ 变成了一阶方程组的形式.

2. 微分方程的建立与求解

在实际应用问题中，所需要的函数关系通常不能直接找出，需要根据问题所提供的线索，列出含有待定函数及其导数的关系式，称这样的关系式为微分方程模型. 在给出微分方程模型之后，就要对 t 进行研究，找出未知函数，而这样的过程就可称为解微分方程.

下面就针对几个都与时间 t 有关的问题加以说明. 对于一个依赖于时间 t 的量 y 的情况，建立一个关于 y'、y 与 t 的关系式，在任何时刻均成立. 对这个方程积分，便得到一个只含有 y 与 t 而不含 y' 的新方程. 新方程中含有积分常数，并且对于任何特定的 t 仍然成立. 然后，利用问题中的一些特定信息，确定这些积分常数，于是，得到函数 $y(t)$. 对于任何确定的 t_0，都可以算出 $y(t_0)$.

例 4-1 现有一半球形容器，其高为 1 m，底部有一横截面积为 1 cm^2 的小孔，水会从小孔流出，如图 4-1 所示. 开始时容器内盛满了水，求水面高度变化规律及水流完所需时间.

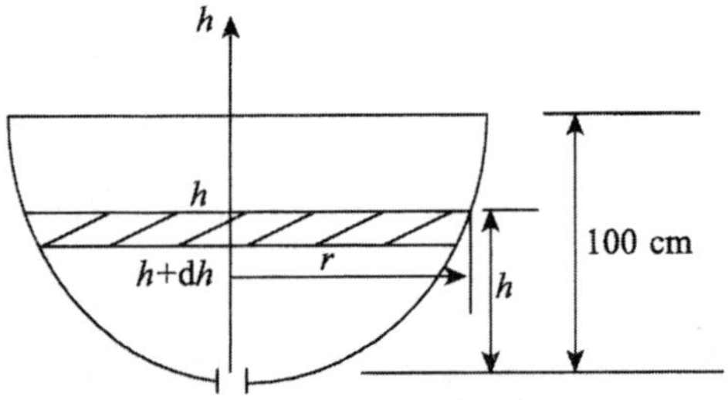

图 4-1 半球容器

解：首先由力学知识知，若水从孔口流出的流量为 Q，则 $Q=\dfrac{dV}{dt}=0.62S\sqrt{2gh}$，其中 V 为通过小孔水的体积，S 为小孔的面积.

由于 $S=1\ \text{cm}^2$，所以

$$dV=0.62S\sqrt{2gh}\,dt \tag{4-4}$$

设在时间间隔 $[t,t+dt]$ 内，水面高度从 h 降至 $h+dh(dh<0)$，于是有

$$dV=-\pi r^2 dh$$

上式中若 r 为时刻 t 的水面半径. 则因

$$r=\sqrt{100^2-(100-h)^2}=\sqrt{200h-h^2}$$

故

$$dV=-\pi(200h-h^2)dh \tag{4-5}$$

比较式(4-4) 与(4-5)，得

$$0.62S\sqrt{2gh}\,dt=-\pi(200h-h^2)dh \tag{4-6}$$

此为未知函数 $h(t)$ 应满足的微分方程. 又由于开始时容器内水是满的，故得初始条件

$$h\big|_{t=0}=100 \tag{4-7}$$

式(4-6) 是个变量可以分离的方程，所以可以变形为

$$dt=-\frac{\pi}{0.62\sqrt{2g}}(200h^{\frac{1}{2}}-h^{\frac{3}{2}})dh$$

两边积分，有

$$t=-\frac{\pi}{0.62\sqrt{2g}}\left(\frac{400}{3}h^{\frac{3}{2}}-\frac{2}{5}h^{\frac{5}{2}}\right)+C$$

将上式代入初始条件(4-7) 中，便可计算出 $C=\dfrac{\pi}{0.62\sqrt{2g}}\times\dfrac{14}{15}\times10^5$，则小孔在流水的过程中，水面高度与时间的关系为

$$t=\frac{\pi}{0.62\sqrt{2g}}(7\times10^5-10^3h^{\frac{3}{2}}+3h^{\frac{5}{2}})$$

将 $h=0,g=980$ 代入上式中，便可得 $t=10677.2$ s，其含义是经过 10677.2 s 之后水就流完了.

下面简单介绍一下用 Matlab 法解微分方程的功能.

(1) 微分方程(组) 的解析解

在 Matlab 中，用函数 dsolve() 求解微分方程(组) 的解析解，其使用格式如下：

```
r = dsolve('eq1,eq2,…','cond1,cond2,…','v')
```

```
r = dsolve('eq1','eq2',…,'cond1','cond2',…,'v')
```

其中,eq1,eq2 为微分方程的表达式,cond1,cond2 为微分方程的初始条件或边界,v 为微分方程表达式中的自变量.

在表达式中,用字母 D 表示求微分,即$\frac{d}{dx}$;D2,D3 等表示求高阶微分,即$\frac{d^2}{dx^2}$,$\frac{d^3}{dx^3}$;任何 D 后所跟字母为因变量,即 Dy 表示$\frac{dy}{dx}$.

在初始 / 边界条件 cond 中,由方程 $y(a) = b$ 或 D$y(a) = b$ 表示方程初始 / 边界值,其中 y 为因变量,a 和 b 为常数. 当初始条件的个数少于因变量的个数时,在其计算结果中包含常数 c1,c2 等项.

如果自变量 v 缺省,则表示方程的自变量为 t.

例 4-2 求$\frac{du}{dt} = 1 + u - t$ 的通解.

解:命令 dsolve('Du = 1 + u - t','t'),结果为

```
ans =
t + exp(t) * C1
```

即

$$u = t + Ce^t$$

例 4-3 求下列微分方程:

$$\begin{cases} \frac{d^2 y}{dx^2} + 4\frac{dy}{dx} + 12y = 0 \\ y(0) = 0, y'(0) = 5 \end{cases}$$

解:命令

```
y = dsolve('D2y + 4 * Dy + 12 * y = 0','y(0) = 0,Dy(0) = 5','x')
```

结果为

```
y =
5/4 * 2^(1/2) * exp(+ 2 * x) * sin(2 * 2^(1/2) * x)
```

即

$$y = \frac{5\sqrt{2}}{4}\sin(2\sqrt{2}x)e^{-2x}$$

(2) 微分方程(组) 的数值解

对于某些稍复杂的常微分方程(组). 使用 dsolve 命令是无法得到它的解析解的,因此,需要求出它的数值解.

本小节介绍的 Matlab 函数是针对微分方程(组) 初值问题而言的. 所谓初值问题就是方程具有如下形式:

$$\begin{cases}\dfrac{\mathrm{d}x}{\mathrm{d}t}=f(t,x)\\ x(t_0)=x_0\end{cases}\tag{4-8}$$

其中变量 x 既可以是纯量,也可以是向量. 如果是向量,则表示微分方程组.

求微分方程初值问题(4-8) 的命令格式如下:

[t,x] = solver(odefun,tspan,x0)

[t,x] = solver(odefun,tspan,x0,options)

其中 solve 为下列函数:

Ode45,ode23,ode113,ode15s,ode23s,ode23t,ode23bt

之一.

例 4-4　求微分方程初值问题

$$\frac{\mathrm{d}x}{\mathrm{d}t}=x-2\frac{t}{x},x(0)=1,0<t<4$$

的数值解.

解:对于微分方程,可以选择函数 ode45() 求其数值解,输入

Odefun = inline('x − 2 * t. /x','t','x')

[t,x] = ode45(odefun,[0,4],1);[t';x']

得到

ans = Columns 1 through 10

0	0.0502	0.1005	0.1507	……
1.0000	1.0490	1.0959	1.1408	……

Columns 41 through 45

3.8010	3.8507	3.9005	3.9502	4.0000
2.9333	2.9503	2.9672	2.9839	3.0006

该微分方程初值问题的准确解为 $x=\sqrt{1+2t}$,$x(4)=3$, 其误差为 0.0006.

4.1.2　微分方程稳定性理论

通常对于实际问题,建立数学模型的目的不是要寻求动态过程的每个时刻的性态,通常主要研究经过充分长的时间后动态过程的变化趋势或规律. 而微分方程描述的就是物质系统的运动理律. 用微分方程研究某个过程时,人们只能考虑影响该过程的主要因素,而不得不忽略一些认为次要的因素,这种次要的因素通常称为干扰因素. 且这些干扰因素在实际中可以瞬时地起作用,也可持续地起作用. 当过程变化趋于一个确定的值或点时便可认

为其是稳定的，否则是不稳定. 分析这种稳定性时，可以不用解微分方程与差分方程（也很难求解），而是依据微分方程与差分方程的稳定性理论直接进行研究.

1. 一阶微分方程的平衡点和稳定性

设有微分方程

$$x'(t)=f(x) \tag{4-9}$$

方程右端不显含自变量 t，称为自治方程. 代数方程

$$f(x)=0 \tag{4-10}$$

的实根 $x=x_0$ 称为式(4-9) 的平衡点（或奇点）. 也是式(4-9) 的解（奇解）.

如果存在 x_0 某个邻域，使式(4-9) 的解 $x(t)$ 从这个邻域内的某个 $x(0)$ 出发，满足

$$\lim_{t\to\infty}x(t)=x_0 \tag{4-11}$$

则称平衡点 x_0 是稳定的（或渐近稳定）；否则称 x_0 是不稳定的（或不渐近稳定）.

判断平衡点 x_0 是否稳定通常有两种方法，利用式(4-11) 为间接法. 不求式(4-9) 的解 $x(t)$，因而不利用式(4-11) 的方法称为直接法.

将 $f(x)$ 在 x_0 点做 Taylor 展开，只取一次项，式(4-11) 近似为

$$x'(t)=f'(x_0)(x-x_0) \tag{4-12}$$

式(4-12) 称为式(4-13) 的近似线性方程，x_0 也是式(4-12) 的平衡点. 关于 x_0 点稳定性有如下结论：

若 $f'(x_0)<0$，则 x_0 对于式(4-12) 和式(4-9) 都是稳定的.

若 $f'(x_0)>0$，则 x_0 对于式(4-12) 和式(4-9) 都是不稳定的.

x_0 对于式(4-12) 的稳定性很容易由式(4-11) 证明，因为若记 $f'(x_0)=a$，则式(4-12) 的一般解是

$$x(t)=ce^{at}+x_0 \tag{4-13}$$

其中，c 是由初始条件决定的常数，显然，当 $a<0$ 时式(4-11) 成立.

2. 二阶微分方程的平衡点和稳定性

二阶方程可用两个一阶方程来表示

$$\begin{cases}x_1'(t)=f(x_1,x_2)\\x_2'(t)=g(x_1,x_2)\end{cases} \tag{4-14}$$

等号右端不显含 t，是自治方程.

$$\begin{cases}f(x_1,x_2)=0\\g(x_1,x_2)=0\end{cases} \tag{4-15}$$

代数方程组的实根 $x_1 = x_1^0, x_2 = x_2^0$ 称为式(4-14) 的平衡点，记作 $p_0(x_1^0, x_2^0)$.

如果存在 $p_0(x_1^0, x_2^0)$ 某个邻域，使式(4-14) 的解 $x_1(t), x_2(t)$ 从这个邻域内的某个 $(x_1(0), x_2(0))$ 出发，满足

$$\lim_{t\to\infty} x_1(t) = x_1^0, \lim_{t\to\infty} x_2(t) = x_2^0 \tag{4-16}$$

则称平衡点 P_0 是稳定的(或渐近稳定)；否则称 P_0 是不稳定的或不渐近稳定.

下面用直接法来讨论式(4-14) 的平衡点以及稳定性.

其线性常系数方程为

$$\begin{cases} x_1{}'(t) = a_1 x_1 + a_2 x_2 \\ x_2{}'(t) = b_1 x_1 + b_2 x_2 \end{cases} \tag{4-17}$$

上式对应的矩阵可记为

$$A = \begin{bmatrix} a_1 & a_2 \\ b_1 & b_2 \end{bmatrix} \tag{4-18}$$

为研究式(4-17) 的唯一平衡点 $P_0(0,0)$ 的稳定性，假定 A 的行列式

$$\det A \neq 0$$

$P_0(0,0)$ 的稳定性由式(4-17) 的特征方程

$$\det(\lambda I - A) = 0 \tag{4-19}$$

的根 λ(特征根) 决定. 式(4-19) 可以简化为如下形式：

$$\begin{cases} \lambda^2 + p\lambda + q = 0 \\ p = -(a_1 + b_2) \\ q = \det A \end{cases} \tag{4-20}$$

将特征根记作 λ_1, λ_2，则

$$\lambda_1, \lambda_2 = \frac{1}{2}(-p \pm \sqrt{p^2 - 4q}) \tag{4-21}$$

根据特征根 λ_1, λ_2 和系数 p, q 的取值情况可以确定平衡点 $p_0(x_1^0, x_2^0)$ 的稳定性.

微分方程稳定性理论将平衡点分为结点、焦点、中心、鞍点等类型，完全由特征根 λ_1, λ_2 或相应的 p, q 值所决定，具体参见下表 4-1 所示.

表 4-1　由特征方程决定的平衡点的类型和稳定性

λ_1, λ_2	p, q	平衡点类型	稳定性
$\lambda_1 < \lambda_2 < 0$	$p > 0, q > 0, p^2 > 4q$	稳定结点	稳定
$\lambda_1 > \lambda_2 > 0$	$p < 0, q > 0, p^2 > 4q$	不稳定结点	不稳定

续表

λ_1,λ_2	p,q	平衡点类型	稳定性
$\lambda_1 < 0 < \lambda_2$	$q < 0$	鞍点	不稳定
$\lambda_1 = \lambda_2 < 0$	$p > 0, q > 0, p^2 = 4q$	稳定退化结点	稳定
$\lambda_1 = \lambda_2 > 0$	$p < 0, q > 0, p^2 = 4q$	不稳定退化结点	不稳定
$\lambda_1,\lambda_2 = \alpha \pm \beta i, \alpha < 0$	$p > 0, q > 0, p^2 = 4q$	稳定焦点	稳定
$\lambda_1,\lambda_2 = \alpha \pm \beta i, \alpha < 0$	$p < 0, q > 0, p^2 < 4q$	不稳定结点	不稳定
$\lambda_1,\lambda_2 = \alpha \pm \beta i, \alpha < 0$	$p = 0, q > 0$	中心	不稳定

从上表中可以看出，根据特征方程的系数 p,q 的正负很容易就能判断平衡点的稳定性：

若

$$p > 0, q > 0 \tag{4-22}$$

则平衡点稳定；

若

$$p < 0 \text{ 或 } q < 0 \tag{4-23}$$

则平衡点不稳定.

讨论完线性方程式，再来看看一般的非线性方程式如式(4-14)，对于此类方程可以采用近似线性方法来判断平衡点 $P_0(x_1^0, x_2^0)$ 的稳定性.

在 P_0 点将 $f(x_1,x_2)$ 和 $g(x_1,x_2)$ 作 Taylor 展开，只取一次项，得式(4-14)的近似线性方程

$$\begin{cases} x_1'(t) = f_{x_1}(x_1^0,x_2^0)(x_1 - x_1^0) + f_{x_2}(x_1^0,x_2^0)(x_2 - x_2^0) \\ x_2'(t) = g_{x_1}(x_1^0,x_2^0)(x_1 - x_1^0) + g_{x_2}(x_1^0,x_2^0)(x_2 - x_2^0) \end{cases} \tag{4-24}$$

系数矩阵：

$$A = \begin{bmatrix} f_{x_1} & f_{x_2} \\ g_{x_1} & g_{x_2} \end{bmatrix} \Bigg|_{P_0(x_1^0,x_2^0)}$$

特征系数方程为

$$p = -(f_{x_1} + g_{x_2})\big|_{P_0}, q = \det A \tag{4-25}$$

综合以上分析可判断：若方程(4-24)的特征根不为零或实部不为零，则 P_0 点对于方程(4-14)的稳定性与对于近似方程(4-24)的稳定性相同.

注意，平衡点及其稳定性的概念只是针对自治方程式才有意义；非线性方程式(4-9)，(4-14)的平衡点的稳定性，与相应的近似线性方程式(4-12)，(4-24)的平衡点的稳定性一致，是在非临界情况下(即 $a \neq 0$ 或 p，

$q \neq 0$) 得到的，在临界情况下（即 $a = 0$ 或 $p, q = 0$) 二者可以不一致；讨论平衡点稳定性时要求初始点存在一个邻域，即局部稳定的定义，若有要求对任意的初始点，(4-11)、(4-16) 式都成立，则称为全局稳定，两种稳定在线性方程中是等价的，而在非线性方程中是不等价的；对于临界情况，和非线性方程的全局稳定性，可以用相轨线分析方法加以讨论.

4.2　饮酒驾车模型

4.2.1　问题提出

设警方对司机饮酒后驾车时血液中酒精含量的规定为不超过 80%(mg/mL). 现有一起交通事故，在事故发生 3 h 后，测得司机血液中酒精含量是 56%(mg/mL)，又过 2 h 后，测得其酒精含量降为 40%(mg/mL)，试判断：事故发生时，司机是否违反了酒精含量的规定？

4.2.2　模型建立

设 $x(t)$ 为 t 时刻血液中酒精的浓度，则依平衡原理时间间隔 $[t, t + \Delta t]$ 内，酒精浓度的改变量 Δx 与 $x(t) \cdot \Delta t$ 成正比，即

$$x(t + \Delta t) - x(t) = -kx(t)\Delta t$$

式中，$k > 0$ 为比例常数，式前负号表示浓度随时间的推移是递减的，两边同除以 Δt，并令 $\Delta t \to 0$，得

$$\frac{\mathrm{d}x}{\mathrm{d}t} = -kx$$

且满足 $x(3) = 56, x(5) = 40, x(0) = x_0$.

4.2.3　模型求解

容易求得通解为 $x(t) = c\mathrm{e}^{-kt}$，代入 $x(0) = x_0$，得

$$x(t) = x_0\mathrm{e}^{-kt}$$

又由 $x(3) = 56, x(5) = 40$，代入 $x(0) = x_0$，得

$$\begin{cases} x_0\mathrm{e}^{-3k} = 56 \\ x_0\mathrm{e}^{-5k} = 40 \end{cases} \Rightarrow \mathrm{e}^{2t} = \frac{56}{40} \Rightarrow k = 0.17$$

将 $k=0.17$ 代入,得

$$x_0 e^{-3\times0.17}=56\Rightarrow x_0=56\cdot e^{3\times0.17}\approx 93.25>80$$

故事故发生时,司机血液中的酒精浓度已超出规定.

4.3 减肥模型

4.3.1 问题分析

引起肥胖的原因是很复杂的,除了遗传因素和特殊疾病外,一般来说与人的饮食习惯、运动量及新陈代谢有关.

4.3.2 合理假设

1) 不妨以人体脂肪的重量作为体重的标志.

2) 每千克脂肪可以转换为 4.2×10^7 J 的能量. 记 $D=4.2\times10^7$ J/kg,称为脂肪的能量转换系数.

3) 人体的体重仅仅看成是时间 t 的函数,而与其他因素无关,这意味着在研究减肥的过程中,忽略了个体间的差异(年龄、性别、健康状况等)对减肥的影响. 设时刻 t 人体的体重为 $\omega(t)$,显然 $\omega(t)$ 可以假设为 t 的连续函数.

4) 初始时刻 $t=0$ 时人体体重为 d 千克.

5) 单位时间内人体用于基础代谢和食物特殊动力作用所消耗的能量与人体的体重成正比,即 $B\cdot\omega(t)$ 卡.

6) 不同的活动对能量的消耗是不同的,但考虑到减肥的人会为自己制订一个合理且相对稳定的活动计划,可以假设在单位时间内人体活动所消耗的能量与其体重成正比,即 $C\cdot\omega(t)$ 卡.

7) 人体每天摄入的能量是一定的,记为 A.

4.3.3 模型建立

建模过程中,以 1 天($=24$ h)为时间的计量单位,于是以天为单位的基础代谢的能量消耗应为 $B=24b$(J/日·kg). 由于人的活动一般不会全天进行,假设每天人体活动 h 小时,则一天内由于活动所消耗的能量应为 $R=rh$(J/日·kg).

在时间$[t,t+\Delta t]$内考虑能量的改变：

$$\text{体重改变的能量变化} = [\omega(t+\Delta t)-\omega(t)]D$$

$$\text{摄入与消耗的能量之差} = A\Delta t-(B+R)\omega(t)\Delta t$$

根据能量平衡原理，有

$$[\omega(t+\Delta t)-\omega(t)]D = [A-(B+R)\omega(t)]\Delta t$$

以 Δt 除两端并令 $\Delta t \to 0$ 取极限，得

$$\frac{\mathrm{d}\omega}{\mathrm{d}t} = a - \mathrm{d}\omega \tag{4-26}$$

其中，$a = A/D$，$d = (B+R)/D$. 如果把 R 理解为以减肥为目的的能量消耗，式(4-26) 就给出一个减肥的数学模型.

4.3.4 模型求解

设 $t=0$ 时人的体重为 $\omega(0)=\omega_0$，则式(4-26) 的解为

$$\omega(t) = \omega_0 \mathrm{e}^{-\mathrm{d}t} + \frac{a}{d}(1-\mathrm{e}^{-\mathrm{d}t}) \tag{4-27}$$

或

$$\omega(t) = \frac{a}{d} + \left(\omega_0 - \frac{a}{d}\right)\mathrm{e}^{-\mathrm{d}t}$$

说明：在式(4-27) 中，假设 $a=0$，即假设停止进食，从而无任何能量摄入，这时体重的变化(减少) 完全是由于体内脂肪的消耗而产生的. 于是有 $[\omega_0-\omega(t)]/\omega_0 = 1-\mathrm{e}^{-\mathrm{d}t}$，这表明在$(0,t)$内体重减少的百分率由$(1-\mathrm{e}^{-\mathrm{d}t})$给出，称为$(0,t)$内体重消耗率. 特别当 $t=1$ 时，$1-\mathrm{e}^{-d}$ 给出了单位时间的体重消耗率. 自然 $\mathrm{e}^{-\mathrm{d}t}$ 应理解为$(0,t)$内体重的保存率，它表明在时间 t 保存的体重占初始体重的百分数.

4.3.5 模型分析

1) 设 $\omega_* = a/d$，容易证明：当且仅当 $\omega_* < \omega_0$ 时有$\frac{\mathrm{d}\omega}{\mathrm{d}t}<0$，这表明只有当 $\omega_* < \omega_0$ 时才能产生减肥的效果. 另外，当 $t \to \infty$ 时，$\omega(t)$ 将单调减少，并且有 $\omega(t) \to \omega_*$，也就是说式(4-26) 的解渐进稳定于 $\omega_* = a/d$，这给出了减肥过程的最终结果.

2) 当每天的进食量固定，活动量也固定(即 A，R 是常数) 时，随着时间的推移，人体的体重趋于稳定状态，体重 $\omega(t) \to \omega_*$.

4.4 传染病模型

4.4.1 模型 Ⅰ(指数模型)

1. 模型假设

每个病人每天有效接触(足以使人致病的接触)的平均人数是常数 λ.

2. 建模与求解

设在 t 时刻病人数为 $x(t)$,在 $t+\Delta t$ 时刻病人数记为 $x(t+\Delta t)$,因此,$[t,(t+\Delta t)]$时段内病人的增加人数为

$$x(t+\Delta t)-x(t)=\lambda x(t)\Delta t$$

上式两端同除以 Δt,并令 $\Delta t\to 0$. 同时,假设在 $t=0$ 时刻得病的人数为 x_0,由此得到微分方程初值问题

$$\begin{cases}\dfrac{\mathrm{d}x}{\mathrm{d}t}=\lambda x\\ x(0)=x_0\end{cases}$$

其解为

$$x(t)=x_0\mathrm{e}^{\lambda t}$$

3. 模型分析

上述模型属于最简单的指数增长模型,这种类型的模型在人口模型中也会遇到,即著名的 Malthus(马尔萨斯)模型. 由于指数模型较为粗糙,因此,在传染病发生的早期,模型的计算结果与实际情况较为接近,而在中、晚期,模型的估计值与实际出入较大. 特别地,当 $t\to\infty$ 时,$x(t)\to\infty$,这更是不可能的. 一个重要的原因在于未考虑健康人数的不断减少.

4.4.2 模型 Ⅱ(SI 模型)

1. 模型假设

1) 在疾病传播期内所考察地区的总人数 N 不变,既不考虑生死,也不

考虑迁移.

2) 人群分为易感染者(Susceptible) 和已感染者(Infective) 两类,以下简称健康者和病人. 并记时刻 t 这两类人在总人数中所占的比例分别为 $s(t)$ 和 $i(t)$.

3) 每个病人每天有效接触的平均人数是常数 λ,λ 称为日接触率. 当病人与健康者有效接触时,使健康者受感染变为病人.

2. 建模与求解

根据上述假设,每个病人每天可使 $\lambda s(t)$ 个健康者变为病人. 因为病人人数为 $Ni(t)$,所以每天共有 $\lambda Ns(t)i(t)$ 个健康者被感染. 于是 $\lambda Ns(t)i(t)$ 就是病人人数 $Ni(t)$ 的增加率,即有

$$N\frac{\mathrm{d}i}{\mathrm{d}t} = \lambda Ns(t)i(t)$$

又因为 $s(t)+i(t)=1$,再记初始时刻($t=0$) 病人的比例为 i_0,则

$$\frac{\mathrm{d}i}{\mathrm{d}t} = \lambda i(t)[1-i(t)],i(0)=i_0 \tag{4-28}$$

方程是 Logistic 模型,它的解为

$$i(t)=\frac{1}{1+\left(\frac{1}{i_0}-1\right)\mathrm{e}^{-\lambda t}} \tag{4-29}$$

3. 模型分析

Logistic 模型,也称为阻滞模型,可用来预报传染病高峰的来临时刻‱(dx 取最大值的时刻),曲线 $i(t)$ 形如英文字母 S,故常称为 S 曲线,如图 4-2 所示. $\frac{\mathrm{d}i}{\mathrm{d}t}$-$t$ 曲线表示了病人增长率与时间的关系,如图 4-3 所示.

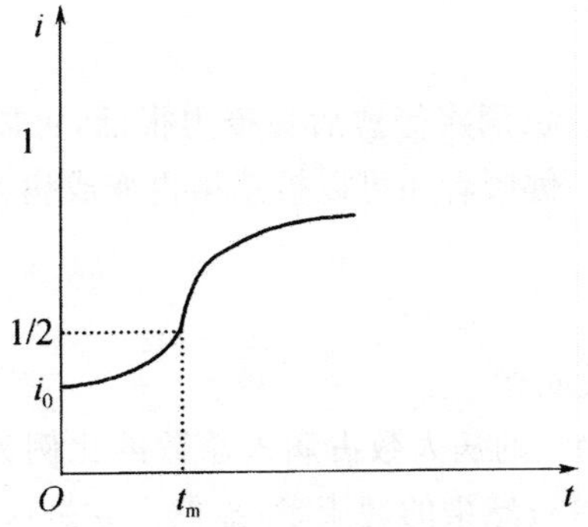

图 4-2　SI 模型的 i-t 曲线

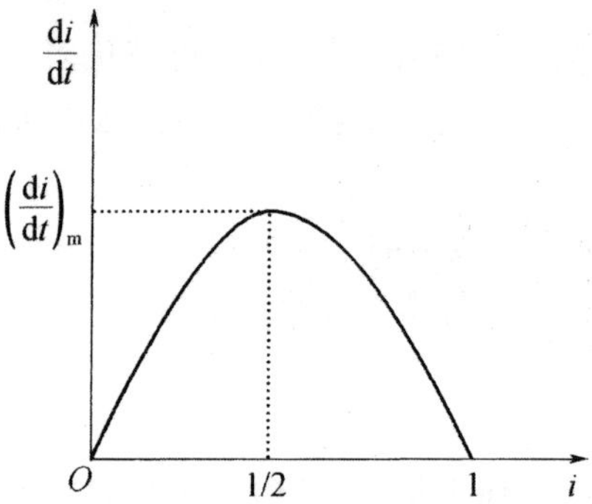

图 4-3 SI 模型的$\frac{di}{dt}$-t 曲线

由式(4-28)、(4-29) 及图 4-2、图 4-3 知,当 $i=\frac{1}{2}$ 时,$\frac{di}{dt}$ 达到最大值 $\left(\frac{di}{dt}\right)_m$,这个时刻为

$$t_m=\lambda^{-1}\ln\left(\frac{1}{i_0}-1\right)$$

这时病人增加得最快,可以认为是医院门诊量最大的一天,预示着传染病高潮的到来,是医疗卫生部门关注的时刻. t_m 与 λ 成反比,因为日接触率 λ 表示该地区的卫生水平,λ 越小卫生水平越高. 所以改善保健设施,提高卫生水平可以推迟传染病高潮的到来. 当 $t\to\infty$ 时,$i\to 1$. 即所有人终将被传染,全变为病人,这显然不符合实际情况. 其原因是模型中没有考虑到病人可以治愈,人群中的健康者只能变成病人,病人不会再变成健康者.

为了修正上述结果必须重新考虑模型的假设,在下面的两个模型中将讨论病人可以治愈的情况.

4.4.3 SIS 模型

有些传染病如伤风、痢疾等愈后免疫力很低,可以假定无免疫性. 于是病人被治愈后健康者,健康者还可以被感染再变成病人.

1. 模型假设

1)SI 模型的假设成立.

2) 假设每天被治愈的病人数占病人总数的比例为常数 μ,称为日治愈率. 病人治愈后成为可被感染的健康者,显然 $1/\mu$ 是这种传染病的平均传染期.

2. 建模与求解

在 SIS 模型的假设下，SI 模型修正为

$$N\frac{\mathrm{d}i}{\mathrm{d}t}=\lambda Ns(t)i(t)-\mu Ni(t) \tag{4-30}$$

由于 $s(t)+i(t)=1$，所以式(4-30) 化为

$$\frac{\mathrm{d}i}{\mathrm{d}t}=\lambda i(t)[1-i(t)]-\mu i(t), i(0)=i_0 \tag{4-31}$$

式(4-31) 的解为

$$i(t)=\begin{cases}\left[\dfrac{\lambda}{\lambda-\mu}+\left(\dfrac{1}{i_0}-\dfrac{\lambda}{\lambda-\mu}\right)\mathrm{e}^{-(\lambda-\mu)t}\right]^{-1}, \lambda\neq\mu\\ \left(\lambda t+\dfrac{1}{i_0}\right)^{-1}, \lambda=\mu\end{cases} \tag{4-32}$$

定义

$$\sigma=\frac{\lambda}{\mu} \tag{4-33}$$

注意到 λ 和 $1/\mu$ 的含义，可知 σ 是整个传染期内每个病人有效接触的平均人数，称为接触数.

利用 σ，式(4-31) 可改写为

$$\frac{\mathrm{d}i}{\mathrm{d}t}=-\lambda i(t)\left[i(t)-\left(1-\frac{1}{\sigma}\right)\right] \tag{4-34}$$

由式(4-34) 可画出图 4-4 和图 4-5.

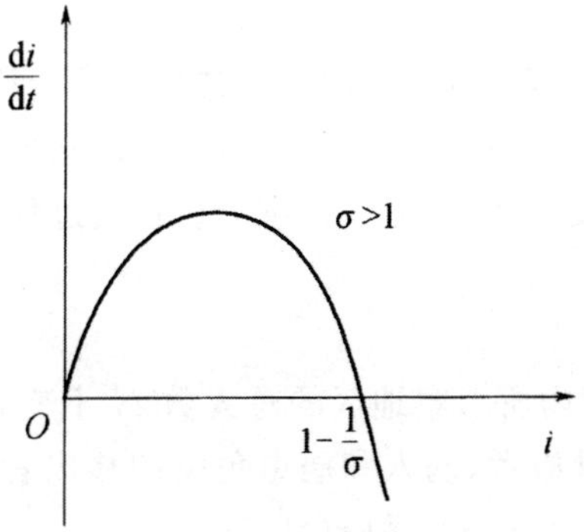

图 4-4　SIS 模型的 $\frac{\mathrm{d}i}{\mathrm{d}t}$-$t$ 曲线

由图 4-4 和图 4-5 不难看出，接触数 $\sigma=1$ 是一个阈值. 当 $\sigma>1$ 时，$i(t)$ 的增减性取决于 i_0 的大小，但其极限值 $i(\infty)=1-\dfrac{1}{\sigma}$ 随着 σ 的增加而增加；当 $\sigma\leqslant 1$ 时病人比例 $i(t)$ 越来越小，最终趋于零，这是由于传染期内健康

者变成病人的人数不超过原来病人数的缘故.

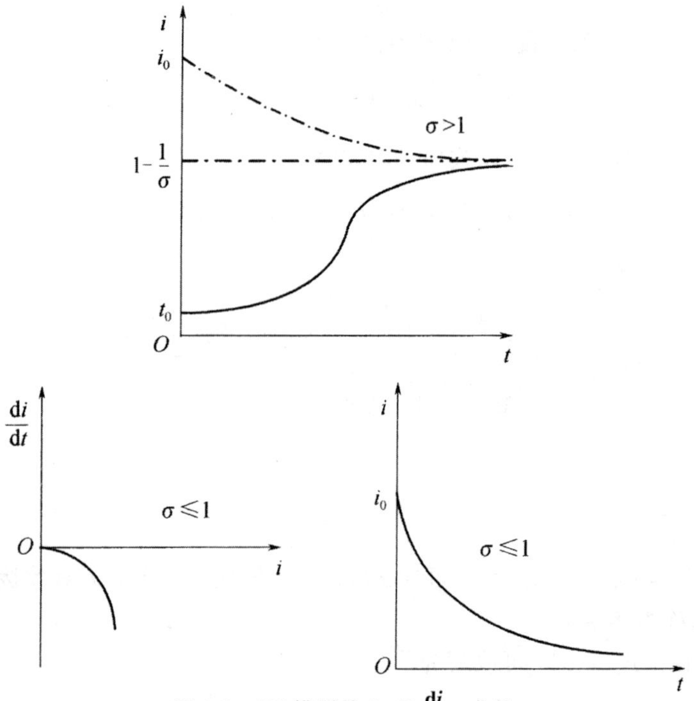

图 4-5　SIS 模型的 i-t 及 $\frac{di}{dt}$-t 曲线

4.4.4　SIR 模型

大多数传染病如天花、流感、肝炎、麻疹等治愈后均有很强的免疫力，所以病愈的人既非健康者(易感染者)，也非病人(已感染者)，他们已经退出传染系统. 这种情况比较复杂，下面将详细分析建模过程.

1. 模型假设

1) 在疾病传播期内所考察地区的总人数 N 不变，既不考虑生死，也不考虑迁移. 人群分为健康者、病人和病愈免疫的移出者，三类人在总人数 N 中占的比例分别记为 $s(t)$，$i(t)$ 和 $r(t)$.

2) 病人的日接触率为常数 λ，日治愈率为常数 μ，传染期接触数为 $\sigma = \lambda/\mu$.

2. 建模与求解

由假设 1) 知

$$s(t)+i(t)+r(t)=1 \tag{4-35}$$

由假设 2) 知式(4-30) 仍成立. 对于病愈免疫的移出者而言应有

$$N\frac{\mathrm{d}r}{\mathrm{d}t}=\mu Ni(t) \tag{4-36}$$

再记初始时刻的健康者和病人的比例分别是 $s_0(s_0>0)$ 和 $i_0(i_0>0)$，且不妨假设移出者的初始值 $r_0=0$，则得

$$\begin{cases}\dfrac{\mathrm{d}i}{\mathrm{d}t}=\lambda s(t)i(t)-\mu i(t),i(0)=t_0\\ \dfrac{\mathrm{d}s}{\mathrm{d}t}=-\lambda s(t)i(t),s(0)=s_0\end{cases} \tag{4-37}$$

式(4-37) 即为我们所要建立的数学模型. 由于式(4-37) 无法求出 $s(t)$ 和 $i(t)$ 的解析解，因此只能采用数值计算，具体应用时，可使用数学软件来完成.

上面提到的 $\sigma=\lambda/\mu$ 是一个重要参数，由于式(4-37) 无解析解，因此 λ、μ 很难估计. 而当一次传染病结束后，可以获得 s_0 和 s_∞，这时可采用下式对 σ 进行估计

$$\sigma=\frac{\ln s_0-\ln s_\infty}{s_0-s_\infty}$$

当同样地传染病到来时，如果估计 λ、μ 没有多大变化，那么就可以用上面得到的 σ 分析这次传染病的蔓延过程.

4.5　人口增长模型

随着经济、社会的发展，人们越来越意识到地球资源的有限性. 人口与资源之间的矛盾日渐突出，人口问题是当今世界最令人关注的问题之一，控制人口数量，提高人口素质是我国的一项基本国策. 为了有效地控制人口增长过快，必须制定正确的人口政策，因此，建立并求解有关人口增长的数学模型，描述人口增长的变化规律，为一个国家制定长远的发展规划有着非常重要的现实意义.

众所周知，影响人口增长的因素有很多. 例如，现有人口数量、男女比例、年龄结构、经济状况、资源、环境变化等，由于它们之间的关系比较复杂，很难建立精确的数学模型，为了问题的研究，我们先从简单情况出发，下面介绍两个经典的人口模型. 并利用表 4-2 给出的近两个世纪的美国人口统计数据，对模型作检验.

表 4-2　美国人口统计数据 1(百万)

年	1790	1800	1810	1820	1830	1840	1850	1860	1870	1880	1890
人口	3.9	5.3	7.2	9.6	12.9	17.1	23.2	31.4	38.6	50.2	62.9
年	1900	1910	1920	1930	1940	1950	1960	1970	1980	1990	2000
人口	76.0	92.0	106.5	123.2	131.7	150.7	179.3	204.0	226.5	251.4	281.4

4.5.1 马尔萨斯(Malthus)人口模型

1. 模型假设

英国神父马尔萨斯通过对某教堂 100 多年的人口出生数据的统计整理,发现人口出生率近似地是一个常数,同时假设人口的死亡率也为常数,则人口的相对增长率(出生率减去死亡率)为一常数 r,且 $r > 0$. 假设人口的变化是一个连续函数,并据此建立了著名的人口指数增长模型.

$$x_k = x_0(1+r)^k, k = 1,2,\cdots \tag{4-38}$$

2. 建模与求解

令时刻 t 的人口为 $x(t)$,当考察一个国家或一个较大地区的人口时,$x(t)$ 是一个很大的整数,为了利用微积分这一数学工具,将 $x(t)$ 视为连续、可微函数. 记初始时刻($t = 0$) 的人口为 x_0,假设人口增长率为常数 r,即单位时间内 $x(t)$ 的增量等于 r 乘以 $x(t)$. 考虑 t 到 $t + \Delta t$ 时间内人口的增量,显然有

$$x(t+\Delta t) - x(t) = rx(t)\Delta t$$

令 $\Delta t \to 0$ 取极限,得到 $x(t)$ 满足的微分方程

$$\frac{\mathrm{d}x}{\mathrm{d}t} = rx, x(0) = x_0 \tag{4-39}$$

由式(4-39) 很容易解出

$$x(t) = x_0 \mathrm{e}^{rt} \tag{4-40}$$

$r > 0$ 时式(4-40) 表示人口将按指数规律随时间无限增长. 因此,式(4-40) 称为人口指数增长模型,也称为马尔萨斯人口模型.

由微分学的理论知,当 $|r| \leqslant 1$ 时,$\mathrm{e}^r \approx 1 + r$.

这样将 t 以年为单位离散化,由上述公式就得到了式(4-38),即

$$x(t) = x_0(1+r)^t, t = 1,2,\cdots$$

由此可见式(4-38)只是人口指数增长模型式(4-40)的离散近似形式.

3. 模型检验

下面应用人口指数增长模型式(4-40)对美国人口的增长进行预测.

首先将模型式(4-40)线性化为

$$\ln x(t) = \ln x_0 + rt$$

记

$$y = \ln x(t), a = \ln x_0 \tag{4-41}$$

则式(4-40)线性化为

$$y = a + rt \tag{4-42}$$

根据表 4-2 中数据及式(4-41)和式(4-42),应用线性回归分析的理论,建立对美国人口的增长进行预测的数学模型为

$$x = 6.0450e^{0.2022t} \tag{4-43}$$

式中,x 的单位为百万人;t 的单位为 10 年.

应用预测模型式(4-43)对美国近两个世纪人口的增长进行模拟计算,并与实际人口相比较,结果见表 4-3.

表 4-3　美国人口统计数据 2(百万)

年	1790	1800	1810	1820	1830	1840	1850	1860	1870	1880	1890
实际人口	3.9	5.3	7.2	9.6	12.9	17.1	23.2	31.4	38.6	50.2	62.9
计算人口	6.0	7.4	9.1	11.1	13.6	16.60	20.30	24.90	30.5	37.3	45.7
年	1900	1910	1920	1930	1940	1950	1960	1970	1980	1990	2000
实际人口	76.0	92.0	106.5	123.2	131.7	150.7	179.3	204.0	226.5	251.4	281.4
计算人口	55.9	68.4	83.7	102.5	125.5	153.6	188.0	230.1	281.7	344.8	422.1

由表 4-3 可见,预测模型式(4-43)基本上能够描述 19 世纪以前美国人口的增长. 但是进入 20 世纪后,美国人口的增长明显变慢了,运用预测模型式(4-43)进行预报不合适了.

历史上,人口指数增长模型与 19 世纪以前欧洲一些地区的人口统计数据可以很好地吻合,迁往加拿大的欧洲移民后代人口也大致符合这个模型.

另外，用它作短期人口预测可以得到较好的结果. 显然，这是因为在这些情况下，模型的基本假设 —— 人口增长率是常数 —— 大致成立.

但是长期来看，任何地区的人口都不可能无限增长，即指数模型不能描述、也不能预测长时期的人口演变过程，这是因为人口增长率事实上是不断地变化着. 排除灾难、战争等特殊时期，一般来说，当人口较少时，其增长较快，即增长率较大；人口增加到一定数量后，增长就会慢下来，即增长率变小. 看来，为了使人口预测特别是长期预测能更好地符合实际情况，必须一改人口指数增长模型中关于人口增长率是常数这个基本假设.

4.5.2 人口阻滞增长模型(Logistic 模型)

人口数量永远按指数规律无限增长($r>0$)，这是不可能的. 由于自然资源、环境条件等因素对人口的增长起着阻滞作用. 人口数量较少、时间间隔较短时，纯增长率还可以看作常数. 但当人口数量达到一定程度后，增长率就会随人口数量的增加而减少. 由此可见，必须对人口的纯增长率为常数这一假设做适当的修改.

1. 模型构成

阻滞作用体现在对人口增长率 r 的影响上，使得 r 随着人口数量 x 的增加而下降. 若将 r 表示为 x 的函数 $r(x)$，则它应是减函数，于是式(4-39) 改写为

$$\frac{\mathrm{d}x}{\mathrm{d}t}=r(x)x,x(0)=x_0 \tag{4-44}$$

对 $r(x)$ 的一个最简单的假设是，设 $r(x)$ 为 x 的线性减函数，即

$$r(x)=r-sx\,(r>0,s>0) \tag{4-45}$$

这里 r 称为固有增长率，表示人口很少时(理论上是 $x=0$) 的增长率. 为了确定系数 s 的意义，引入自然资源和环境条件所能容纳的最大人口数量 x_m，称为人口容量. 当 $x=x_m$ 时人口不再增长，即增长率 $r(x_m)=0$，代入式(4-45) 得 $s=r/x_0$. 于是式(4-45) 化为

$$r(x)=r\left(1-\frac{x}{x_m}\right) \tag{4-46}$$

式(4-46) 的另一种解释是：增长率 $r(x)$ 与人口尚未实现部分的比例$(x_m-x)/x_m$ 成正比，比例系数为固有增长率 r.

将式(4-46) 代入式(4-44)，得

$$\frac{\mathrm{d}x}{\mathrm{d}t}=rx\left(1-\frac{x}{x_m}\right),x(0)=x_0 \tag{4-47}$$

式(4-47) 右端因子 rx 体现人口自身的增长趋势,因子$\left(1-\frac{x}{x_m}\right)$则体现了资源和环境对人口增长的阻滞作用.显然 x 越大,前一因子越大,后一因子越小,人口增长是两个因子共同作用的结果.式(4-41) 称为人口阻滞增长模型,也称为 Logistic 模型.

用分离变量法解式(4-47),得

$$x(t)=\frac{x_m}{1+\left(\frac{x_m}{x_0}-1\right)e^{-rt}} \tag{4-48}$$

式(4-47) 和式(4-48) 的图形见图 4-6 和图 4-7.图 4-7 是一条 S 形曲线,x 的增加是先快后慢.当 $t\to\infty$ 时,$x\to x_m$,拐点在 $x=\frac{x_m}{2}$ 处.

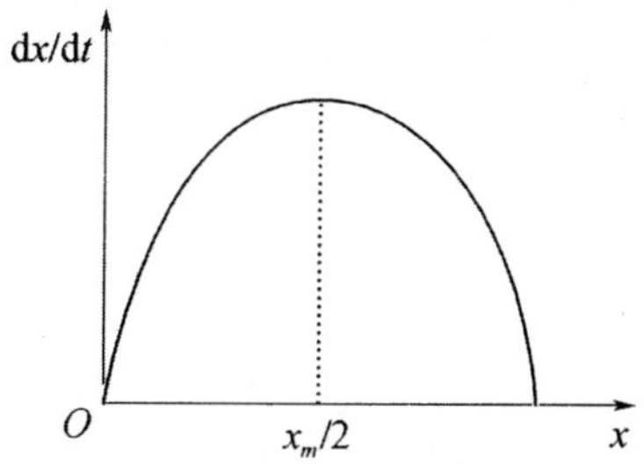

图 4-6　Logistic 模型的$\frac{dx}{dt}$-x 曲线

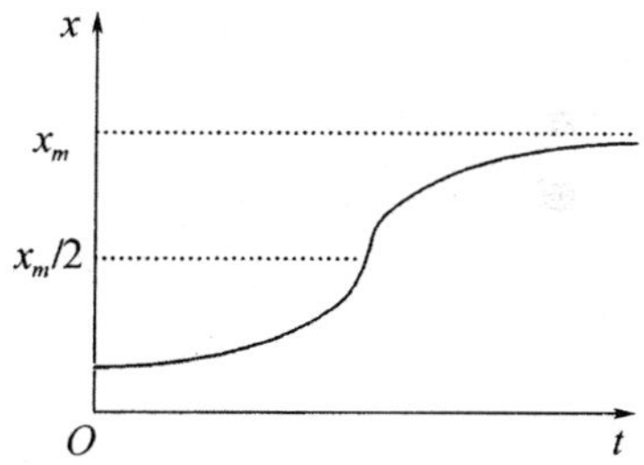

图 4-7　Logistic 模型的 x-t 曲线

2. 模型检验

下面我们应用人口阻滞增长模型式(4-48) 对美国人口的增长进行预测.

由于模型式(4-48) 不能线性化,因此不能运用线性回归分析理论进行参数估计,所以这里不用式(4-48),将式(4-47) 表示为

$$y=\frac{dx}{x\,dt}=r-sx,\quad s=\frac{r}{x_m} \tag{4-49}$$

令 $y=\frac{dx}{x\,dt}$,则式(4-49) 线性化为

$$y=r-sx \tag{4-50}$$

由表 4-3 可以直接得到 x 的数据,而 y 的数据可根据表 4-4 中数据运用数值微分的方法算出.在此基础上,应用线性回归分析的理论即可估计出模型式(4-50) 中参数 r 和 x_0,而式(4-50) 中参数 r 和 x_0 的估计值,也是模型式(4-48) 中参数 r 和 x_0 的估计值.

运用上述方法,并且仅利用表 4-2 中 1860—1990 年的数据,建立对美

国人口的增长进行预测的数学模型为

$$x=\frac{392.0886}{1+101.5355e^{-0.2557t}} \tag{4-51}$$

式中，x 的单位为百万人；t 的单位为 10 年.

应用预测模型式(4-51) 对美国近两个世纪人口的增长进行模拟计算，并与实际人口相较，结果见表 4-4.

表 4-4　美国人口统计数据 3(百万)

年	1790	1800	1810	1820	1830	1840	1850	1860	1870	1880	1890
实际人口	3.9	5.3	7.2	9.6	12.9	17.1	23.2	31.4	38.6	50.2	62.9
计算人口	3.9	5.0	6.5	8.3	10.7	13.7	17.5	22.3	28.3	35.8	45.0
年	1900	1910	1920	1930	1940	1950	1960	1970	1980	1990	2000
实际人口	76.0	92.0	106.5	123.2	131.7	150.7	179.3	204.0	226.5	251.4	281.4
计算人口	56.2	69.7	85.5	103.9	124.5	147.2	171.3	196.2	221.2	245.3	266.2

由表 4-4 可见，用预测模型式(4-51) 对美国近两个世纪人口的增长进行模拟计算，19 世纪中叶到 20 世纪中叶的拟合效果不是很好外，其余部分拟合得都不错.

4.6　经济增长模型

数学模型在科学和技术中的巨大成功，使得社会、经济领域的专家也尝试用模型化方法来解释和预测社会、经济领域中的问题. 由于社会、经济领域中的一些现象的规律性如同生物、医学领域一样，还不很清楚，即使有所了解也是极其复杂的，因此也常常用模拟近似法建立问题的微分方程模型，提出一些对规律的分析与假想. 经济模型是利用数学方法描述经济现象演变的过程，或者说是经济现象和经济过程中客观存在的各种变量之间的相互依存关系的数学描述. 其作用是用于分析、研究人们的经济行为，制定合理的经济行为. 它以合理的假设为前提，用数学语言对客观经济的本质联系进行抽象、简化描述.由于客观经济世界情况的复杂性,用数学模型对它进行描述时要涉及多个主要变量和次要变量.下面通过两个例子做出一些假设,排除次要因素,建立起数学模型.

4.6.1　问题提出

经过分析发现,促进经济的发展有两个主要的因素:一是增加投资,二是雇用更多的工人.如何把数量确定的资金合理地投入到以上两个方面,在某种意义上是一个矛盾.恰当地调节投资增长和劳动力增长的关系,使增加的产量不致被劳动力的增长所抵消,劳动生产率才会增长.

4.6.2　模型假设

1) 产值 Q 只取决于两个重要因素:资金 K 和劳动力 L,即 $Q=f(K,L)$.资金包括厂房、设备、技术革新等费用,劳动力与员工数量及员工技能等有着重要的关系.这些因素都随着时间 t 的变化而变化的,因此它们都可以看成为时间 t 的函数.

2) 劳动力 $L(t)$ 服从指数增长规律,相对增长率为常数 ρ,而资金 $K(t)$ 的增长率正比于产值 $Q(t)$,即 $Q(t)$ 将按照某一固定比率 $\sigma>0$ 用于扩大再生产投资.

3) 劳动生产率 Z 用产值 Q 与劳动力 L 之比来表示.劳动生产率 Z 表示每个劳动力的产值,Y 表示每个劳动力的投资,Z 随着 Y 的增加而增长,但增长速度递减.

4.6.3　模型建立

1.道格拉斯(Douglas)生产函数

用 $Q(t)$,$K(t)$,$L(t)$ 分别表示某一地区或部门在时刻 t 的产值、资金和劳动力,根据模型假设,可得如下关系式:

$$Q(t)=F(K(t),L(t))$$

简记为

$$Q=F(K,L) \tag{4-52}$$

为寻求 F 的函数形式,记

$$Z = \frac{Q}{L}, Y = \frac{K}{L} \tag{4-53}$$

根据模型假设,为简单起见,设

$$Z = cg(Y), g(Y) = Y^{1-\alpha}, 0 < \alpha < 1 \tag{4-54}$$

易知 $g(Y)$ 满足模型假设,其中常数 $c > 0$. 由式(4-52)、式(4-53)、式(4-54)可得 F 的表达式为

$$Q = cL^{\alpha}K^{1-\alpha}, 0 < \alpha < 1 \tag{4-55}$$

对式(4-55)求偏导数,得

$$\frac{\partial Q}{\partial K} > 0, \frac{\partial Q}{\partial L} > 0, \frac{\partial^2 Q}{\partial K^2} < 0, \frac{\partial^2 Q}{\partial L^2} < 0$$

引入记号 $Q_K = \frac{\partial Q}{\partial K}, Q_L = \frac{\partial Q}{\partial L}$,其中 Q_K 表示单位资金创造的产值,Q_L 表示单位劳动力创造的产值,通过简单计算,得

$$\frac{KQ_K}{Q} = 1 - \alpha, \frac{LQ_L}{Q} = \alpha, KQ_K + LQ_L = Q \tag{4-56}$$

通过式(4-56)得知,α 的大小直接反映了资金、劳动力二者对于创造产值的轻重关系.

式(4-55)是经济学中著名的Cobb-Douglas生产函数,其更一般的生产函数的表达式为

$$Q = cK^{\alpha}L^{\beta}, 0 < \alpha, \beta < 1 \tag{4-57}$$

2. 劳动生产率增长的条件

在企业或国民生产中,衡量经济增长的常用指标,一是总产值 $Q(t)$,二是每个劳动力的产值 $Z(t) = \frac{Q(t)}{L(t)}$.

问题是:当 $K(t), L(t)$ 满足什么条件时,才能保持 $Q(t), Z(t)$ 增长.

根据模型假设,劳动生产率 $Z(t) = \frac{Q(t)}{L(t)}$,其持续增长的条件应为 $Z(t) > 0$ 恒成立. 在经济模型中,往往结合其实际意义,这几个主要经济变量都恒取正值,用 $\frac{Z'(t)}{Z(t)}$ 表示劳动生产率的相对增长率.

将式(4-55)$Q(t) = cL^{\alpha}(t)K^{1-\alpha}(t)$ 代入 $Z(t) = \frac{Q(t)}{L(t)}$,得

$$Z(t) = cL^{\alpha-1}(t)K^{1-\alpha}(t)$$

两边取对数,再求导,可得

$$\frac{Z'(t)}{Z(t)} = (1-\alpha)\left(\frac{K'(t)}{K(t)} - \frac{L'(t)}{L(t)}\right) \tag{4-58}$$

令 $\frac{Z'(t)}{Z(t)} > 0$，得

$$\frac{K'(t)}{K(t)} > \frac{L'(t)}{L(t)}$$

即资金的相对增长率恒大于劳动力的相对增长率.

根据模型假设，易知 $K(t), L(t)$ 满足以下初值问题：

$$\begin{cases} L'(t) = \rho L(t) \\ K'(t) = \sigma Q(t) \\ Q(t) = cL^{\alpha}(t)K^{1-\alpha}(t) \\ K(0) = K_0, L(0) = L_0 \end{cases}$$

求解得

$$L(t) = L_0 e^{\rho t}, K^{\alpha}(t) = K_0^{\alpha} + \frac{\sigma c}{\rho} L_0^{\alpha}(e^{\rho\alpha t} - 1) \tag{4-59}$$

利用式(4-59)，通过计算可得

$$\frac{K'(t)}{K(t)} - \frac{L'(t)}{L(t)} = \left(\frac{K'(0)}{K(0)} - \frac{L'(0)}{L(0)}\right)\left(\frac{K_0}{K}\right)^{\alpha} \tag{4-60}$$

要式(4-60)左边取正值的充要条件是

$$\frac{K'(0)}{K(0)} - \frac{L'(0)}{L(0)} > 0$$

其经济意义为：只要在初始时资金的相对增长率大于劳动力的相对增长率，就能保证劳动生产率的不断增长；反之，劳动生产率会不断降低.

由式(4-58)、式(4-60)得

$$\frac{Z'(t)}{Z(t)} = (1-\alpha)\left(\frac{K'(0)}{K(0)} - \frac{L'(0)}{L(0)}\right)\left(\frac{K_0}{K}\right)^{\alpha} \tag{4-61}$$

结合式(4-59)知，当 $t \to \infty$ 时，式(4-61)右端趋于零，这说明劳动生产率最终趋于一常数值.

4.6.4　分析

Cobb-Douglas 生产函数的最终形式有如下特点：

$$Q = cL^{\alpha}K^{\beta}$$

其中，$\alpha, \beta \in (0,1)$，且 $\alpha + \beta = 1$. 事实上，对经济增长条件的讨论，后来学者的研究工作已经不只局限于对资金和劳动力两个量的考虑，而是将科技进步、对教育的投入等比较重要的量作为独立的生产要素加以讨论，所用模型一般都是对 Cobb-Douglas 生产函数的进一步扩展.

从列出的几个常见微分方程模型来看，在实际问题中，一些变量间的依

赖关系难以把握，为了使问题简单化，往往要先寻找其中变量之间的规律性，如某些变量之间的变化率、相对变化率等. 为了解决此类问题，通常首先写出一些有用变量的微分方程(组)，然后通过解析的或数值的方法给出具体的解，最后对结论进行分析和验证.

4.7 战争模型

4.7.1 问题与背景

早在第一次世界大战期间，F. W. Lanchester 就提出了几个预测战争结局的数学模型，其中有描述传统的正规战争的，也有考虑稍微复杂的游击战争的，以及双方分别使用正规部队和游击部队的所谓混合战争的. 后来人们对这些模型作了改进和进一步的解释，用以分析历史上一些著名的战争，如第二次世界大战中的美日硫磺岛之战和 1975 年的越南战争.

影响战争胜负的因素有很多，如士兵人数、单个士兵的作战素质，以及部队的军事装备，而具体到一次战争的胜负，部队采取的作战方式同样至关重要，此时作战空间也成为讨论一个作战部队整体战斗力的不可忽略的因素. 本节介绍几个模型，并导出评估一个部队综合战斗力的一些方法，用以预测一场战争的大致结果.

4.7.2 模型假设

设 $x(t)$，$y(t)$ 分别表示甲、乙两支部队(交战双方)在 t 时刻的兵力，t 是以天为单位计算的时间；在整个战争期间，双方的兵力在不断发生变化，而影响兵力变化的因素很多. 这些因素转化为数量非常困难，为了简化问题，特做如下假设.

① 设 $x(t)$，$y(t)$ 为双方的士兵人数，设 $x(t)$，$y(t)$ 是光滑连续变化的. $x(0)=x_0>0$，$y(0)=y_0>0$ 为甲、乙双方在开战时的初始兵力.

② 每一方的战斗减员率取决于双方的兵力和战斗力，甲、乙双方的战斗减员率分别表示为 $f(x,y)$，$g(x,y)$.

③ 每一方的非战斗减员率(由疾病、逃跑等因素引起的)，只与本方的兵力成正比，双方比例系数分别为 α，$\beta(\alpha,\beta>0)$.

④ 甲、乙双方的增援率是给定的函数，分别以 $u(t)$，$v(t)$ 表示.

4.7.3　模型建立

由模型假设，得关于 $x(t)$，$y(t)$ 一般的战争模型为

$$\begin{cases}\dfrac{\mathrm{d}x}{\mathrm{d}t}=-f(x,y)-\alpha x+u(t)\\ \dfrac{\mathrm{d}y}{\mathrm{d}t}=-g(x,y)-\beta x+v(t)\end{cases}\tag{4-62}$$

根据战争类型来研究战斗减员率 $f(x,y)$，$g(x,y)$ 的具体表示形式，并分析影响战争结局的因素. 为了模型简单化，以下几种模型都不考虑增援，并忽略非战斗减员.

1. 模型 Ⅰ—— 正规作战模型

(1) 模型假设

双方以正规部队作战，士兵进行公开活动，任何一方都处于对方士兵的监视与杀伤范围之内，如一方的某士兵被杀伤，对方的火力立即转移到其他士兵身上. 因此，一方战斗减员率仅与对方的兵力有关，假设成正比例关系，以 b，a 分别表示甲、乙双方单个士兵在单位时间的杀伤力，称为战斗有效系数；战斗有效系数 b，a 可以分解为 $a=r_yp_y$，$b=r_xp_x$，其中 r_x，r_y 分别表示甲、乙双方单个士兵的射击率，p_x，p_y 分别表示甲、乙双方士兵每一次射击的命中率.

(2) 模型建立

根据模型假设，得甲、乙双方的战斗减员率分别为

$$f(x,y)=ay,\ g(x,y)=bx$$

于是由式(4-62) 可得正规作战的数学模型为

$$\begin{cases}\dfrac{\mathrm{d}x}{\mathrm{d}t}=-ay\\ \dfrac{\mathrm{d}y}{\mathrm{d}t}=-bx\end{cases}\tag{4-63}$$

(3) 模型求解

式(4-63) 是微分方程组，可以通过化简来解方程，得到

$$\frac{\mathrm{d}x}{\mathrm{d}y}=\frac{-ay}{-bx}\tag{4-64}$$

其解为

$$ay^2-bx^2=K\tag{4-65}$$

其中，$K=ay_0^2-bx_0^2$.

(4) 战争结局分析

由(4-65)式确定的轨线是双曲线族,如图 4-8 所示. 箭头表示随着时间 t 的增加,$x(t)$,$y(t)$ 的变化趋势. 判断双方胜负,不妨认为兵力先减之为零的一方为败. 因此,如果 $K<0$,则甲的兵力减少到 $\sqrt{-\dfrac{K}{b}}$ 时,乙方兵力为 0,从而甲方获胜;同理可得,$K>0$ 时,乙方获胜;而当 $K=0$ 时,双方战平. 因此,乙方获胜的充要条件为

$$ay_0^2-bx_0^2>0$$

即

$$bx_0^2<ay_0^2$$

代入 a,b 的表达式,进一步可得乙方获胜的充要条件为

$$\left(\frac{y_0}{x_0}\right)^2>\frac{r_xp_x}{r_yp_y} \tag{4-66}$$

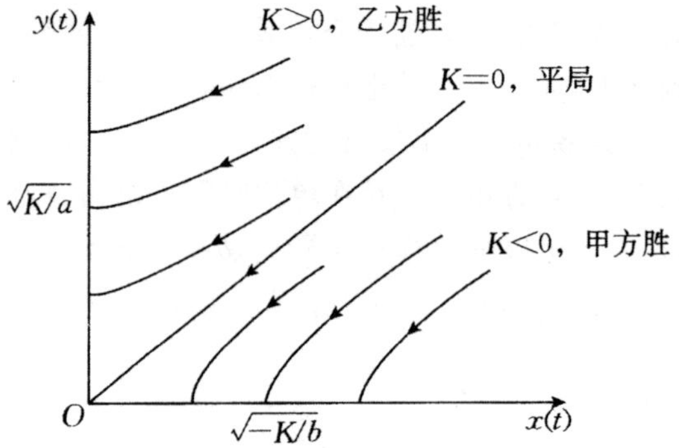

图 4-8 正规作战模型分析图

若交战双方都训练有素,且都处于良好的作战状态. 则 r_x 与 r_y,p_x 与 p_y 相差不大,式(4-66) 右边近似为 1. 式(4-66) 左边表明,初始兵力比例被平方地放大了. 即双方初始兵力之比 $\dfrac{y_0}{x_0}$,以平方的关系影响着战争的结局. 例如,若乙方兵力增加到原来的 2 倍,甲方兵力不变,则影响战争结局的能力增加到 4 倍. 此时,甲方要想与乙方抗衡,须把其士兵的射击率 r_x 增加到原来的 4 倍(p_x,r_y,p_y 均不变).

以上是研究双方之间兵力的变化关系. 下面将讨论每一方的兵力随时间的变化关系.

对式(4-63) 两边对 t 求导,得

$$\frac{\mathrm{d}^2x}{\mathrm{d}t^2}=-a\frac{\mathrm{d}y}{\mathrm{d}t}=abx$$

即

$$\frac{d^2x}{dt^2} - abx = 0 \tag{4-67}$$

初始条件为

$$x(0) = x_0, \left.\frac{dx}{dt}\right|_{t=0} = -ay_0$$

解之，得

$$x(t) = x_0 \operatorname{ch}(\sqrt{ab}\,t) - \sqrt{\frac{a}{b}} y_0 \operatorname{sh}(\sqrt{ab}\,t)$$

同理可求得 $y(t)$ 的表达式为

$$y(t) = y_0 \operatorname{ch}(\sqrt{ab}\,t) - \sqrt{\frac{b}{a}} x_0 \operatorname{sh}(\sqrt{ab}\,t)$$

2. 模型 Ⅱ—— 游击作战模型

(1) 模型假设

① 双方均以游击部队作战，双方士兵的活动均具有隐蔽性，对方的射击范围仅局限在某个区域内. 因此，甲方战斗减员率与乙方的兵力有关，随着甲方兵力的增加而增加，主要是由于其活动空间的限制所引起的，士兵数越多，被杀伤的就越多，因此简单假设为 $f = cxy$. 类似地，设 $g = dxy$，c，d 分别表示甲乙双方的战斗有效系数.

② 设甲方的战斗有效系数为 $d = \frac{r_x s_x}{S_y}$，乙方的战斗有效系数为 $c = \frac{r_y s_y}{S_x}$，其中，S_x，s_x，r_x 分别表示甲方的有效活动区域的面积、甲方一枚炮弹的有效杀伤力范围的面积、甲方单个士兵的射击率. S_y，s_y，r_y 分别表示乙方的有效活动区域的面积、乙方一枚炮弹的有效杀伤力范围的面积、乙方单个士兵的射击率.

(2) 模型建立

由模型假设，可得游击作战模型的形式为

$$\begin{cases} \dfrac{dx}{dt} = -cxy \\ \dfrac{dy}{dt} = -dxy \end{cases} \tag{4-68}$$

(3) 模型求解

类似于正规作战模型求解方法，方程(4-68) 的解为

$$dx - cy = L \tag{4-69}$$

其中 $L = dx_0 - cy_0$.

(4) 战争结局分析

由(4-69)式知模型解所确定的图形是直线，如图 4-9 所示. 与正规作战模型分析一样，可知当 $L < 0$ 时，乙方获胜；当 $L > 0$ 时，甲方获胜；当 $L = 0$ 时，双方战平.

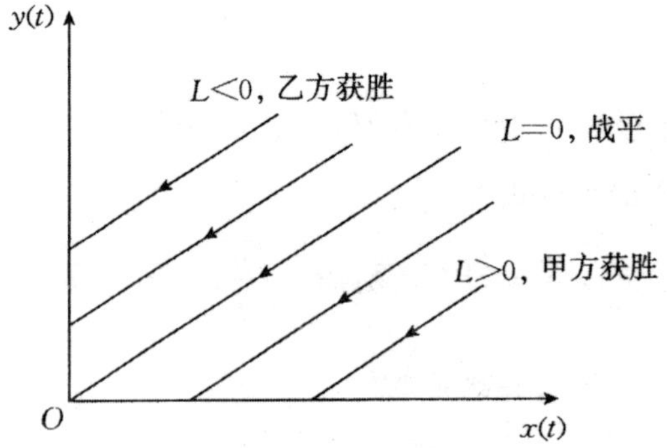

图 4-9 游击作战模型分析图

不难发现，乙方获胜的充要条件为 $L = dx_0 - cy_0 < 0$.

将 $d = \frac{r_x s_x}{S_y}$ 和 $c = \frac{r_y s_y}{S_x}$ 代入，有

$$r_x s_x S_x x_0 - r_y s_y S_y y_0 < 0$$

即

$$\frac{y_0}{x_0} > \frac{r_x s_x S_x}{r_y s_y S_y} = \frac{d}{c}$$

从上式的表达形式得到一种用于游击作战模型的评价函数. 即初始兵力之比以线性关系影响战争结局. 以乙方为例，其综合战斗力的评价函数可取为 $r_y s_y S_y y$，它与士兵的射击率、炮弹的有效杀伤力范围的面积、部队的有效活动区域的面积、士兵人数四者均成正比例关系. 这样在 4 个要素中，当只有条件使其中的一个因素提升到原有水平的两倍这样的选择时，这些因素均可以带来部队综合战斗力成比例的提升. 因此，游击作战模型又称为线性律模型.

3. 模型 Ⅲ—— 混合作战模型

(1) 模型假设

① 甲方以游击作战方式，乙方以正规作战方式.

② 以 b, c 分别表示甲、乙双方的战斗有效系数，S_x, p_x, r_x 分别表示甲方的有效活动区域的面积、甲方士兵一次射击的命中率、甲方单个士兵的射击

率；s_y, p_y, r_y 分别表示乙方一枚炮弹的有效杀伤力范围的面积、乙方士兵一次射击的命中率、乙方单个士兵的射击率，则有

$$b = r_x p_x, c = \frac{r_y s_y}{S_x}$$

(2) 模型建立

根据对正规作战和游击作战的分析，混合作战的数学模型可写为

$$\begin{cases} \dfrac{dx}{dt} = -cxy \\ \dfrac{dy}{dt} = -bx \end{cases}$$

(3) 模型求解

该模型的解为

$$2bx - cy^2 = M$$

其中，$M = 2bx_0 - cy_0^2$.

(4) 战争结局分析

模型的解所确定的图形是一条抛物线，如图 4-10 所示. 由图可知，当 $M < 0$ 时，乙方获胜；当 $M > 0$ 时，甲方获胜；当 $M = 0$ 时，双方战平. 而且乙方获胜的充要条件为

$$\left(\frac{y_0}{x_0}\right)^2 > \frac{2b}{cx_0}$$

将 $b = r_x p_x, c = \dfrac{r_y s_y}{S_x}$ 代入得

$$\left(\frac{y_0}{x_0}\right)^2 > \frac{2r_x p_x S_x}{r_y s_y x_0}$$

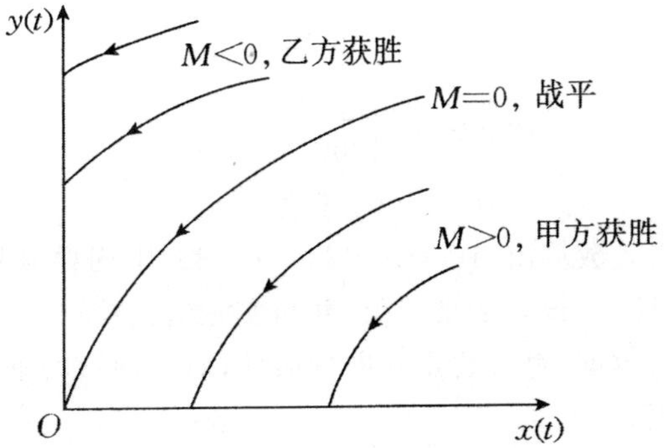

图 4-10　混合作战模型分析图

假定以正规作战的乙方火力较强、以游击作战的甲方火力较弱、活动范围较大，利用上式估计乙方为了获胜需投入多大的初始兵力. 不妨设 $x_0 =$

$1000, p_x = 0.1, r_x = \frac{r_y}{20}$,活动区域 $S_x = 0.1 \times 10^8\ \mathrm{m}^2$,乙方每次射击的有效面积 $s_y = 1\ \mathrm{m}^2$,则可得乙方获胜的条件为

$$\left(\frac{y_0}{x_0}\right)^2 > \frac{2 \times 0.1 \times 0.1 \times 10^8}{20 \times 1 \times 1000} = 100$$

解得 $\frac{y_0}{x_0} > 10$,即乙方必须 10 倍于甲方的兵力才能获胜.

4.7.4 模型应用与检验

J. H. Engel 用第二次世界大战末期美日硫磺岛战役中的美军战地记录,对正规战争模型进行了验证,发现模型结果与实际数据吻合得很好.

硫磺岛位于东京以南 660 英里的海面上,是日军的重要空军基地.美军在 1945 年 2 月开始进攻,激烈的战斗持续了一个月,双方伤亡惨重,日方守军 21500 人全部阵亡或被俘,美方投入兵力 73000 人,伤亡 20265 人,战争进行到 28 天时美军宣布占领该岛,实际战斗到 36 天才停止.美军的战地记录有按天统计的战斗减员和增援情况.日军没有后援,战地记录则全部遗失.

用 $A(t)$ 和 $J(t)$ 表示美军和日军第 t 天的人数,忽略双方的非战斗减员,则

$$\begin{cases} \frac{\mathrm{d}A}{\mathrm{d}t} = -aJ + u(t) \\ \frac{\mathrm{d}J}{\mathrm{d}t} = -bA \\ A(0) = 0, J(0) = 21500 \end{cases} \tag{4-70}$$

美军战地记录给出增援率 $u(t)$ 为

$$u(t) = \begin{cases} 54000, 0 \leqslant t < 1 \\ 6000, 2 \leqslant t < 3 \\ 13000, 5 \leqslant t < 6 \\ 0, 其他 \end{cases}$$

并可由每天伤亡人数算出 $A(t), t = 1,2,\cdots,36$.下面要利用这些实际数据代入式(4-70),算出 $A(t)$ 的理论值,并与实际值比较.

利用给出的数据,对参数 a,b 进行估计,对式(4-70)两边积分,并用求和来近似代替积分,有

$$A(t) - A(0) = -a\sum_{\tau=1}^{t} J(\tau) + \sum_{\tau=1}^{t} u(\tau) \tag{4-71}$$

$$J(t) - J(0) = -b\sum_{\tau=1}^{t} A(\tau) \tag{4-72}$$

为估计 b 在式(4-72) 中取 $t=36$,因为 $J(36)=0$,且由 $A(t)$ 的实际数据可得

$$\sum_{t=1}^{36} A(t) = 2037000$$

于是从式(4-72) 估计出 $b=0.0106$. 再把这个值代入式(4-71) 即可算出 $J(t), t=1,2,\cdots,36$. 然后从式(4-69) 估计 a. 令 $t=36$,得

$$a = \frac{\sum_{\tau=1}^{36} u(\tau) - A(36)}{\sum_{\tau=1}^{36} J(\tau)} \tag{4-73}$$

其中分子是美军的总伤亡人数,为 20265 人,分母可由已经算出的 $J(t)$ 得到,为 372500 人,于是从式(4-73) 有 $a=0.0544$. 把这个值代入式(4-71) 得

$$A(t) = -0.0544\sum_{\tau=1}^{t} J(\tau) + \sum_{\tau=1}^{t} u(\tau) \tag{4-74}$$

由式(4-74) 就能够算出美军人数 $A(t)$ 的理论值,与实际数据吻合得很好.

4.8　药物在体内的分布与排除模型

药物动力学是研究药物在机体内的吸收、分布、代谢和排出过程的药理学分支. 用药剂量、给药方式与药理反应间的定量关系,对于新药研制及应用具有科学指导作用.

4.8.1　药物剂量处方模型

在药理学中,开多少剂量的药以及确定用多少次药是一个十分重要的问题. 对于大多数药物,浓度低于一定程度是无效的,而浓度高于一定的程度则会发生危险.

1. 用药问题

这里需要讨论的问题是:药物剂量和用药间隔应该如何调节,才能保证药物在血液中维持安全有效的浓度.

单次用药在血液中产生的浓度通常随着时间降低,最后药物从体内消失. 现在关心的是,在固定的时间间隔用药,血液中的药物浓度会怎样. 若用 H 表示药物的最高安全量级,L 表示最低有效量级,则所开药物的剂量 C_0 及用药间隔的时间 T 应当希望使血液中的药物浓度在每个间隔中一直保持

在 L 和 H 之间.

2. 用药方式

现在讨论几种可能的用药方式. 一种用药方式是两次用药间隔的时间使得药物无法在体内产生有效积累. 也就是说,上一次用药的剩余浓度趋于零,如图 4-11(a) 所示. 另一种用药方式是用药的时间间隔相对于用量及浓度而言较短,使得每次用药时以前的残余浓度还存在,如图 4-11(b) 所示. 更进一步,药物的剩余量似乎趋于一个极限. 这里所关心的问题是,这种情况是否真的能够存在,如果存在,极限是多少. 这里讨论的最终目的是,开处方时要确定用药剂量和间隔时间,使得药物浓度尽快达到最低的有效级 L,并在以后维持在最低有效级 L 和最高安全级 H 之间,如图 4-11(b) 所示.

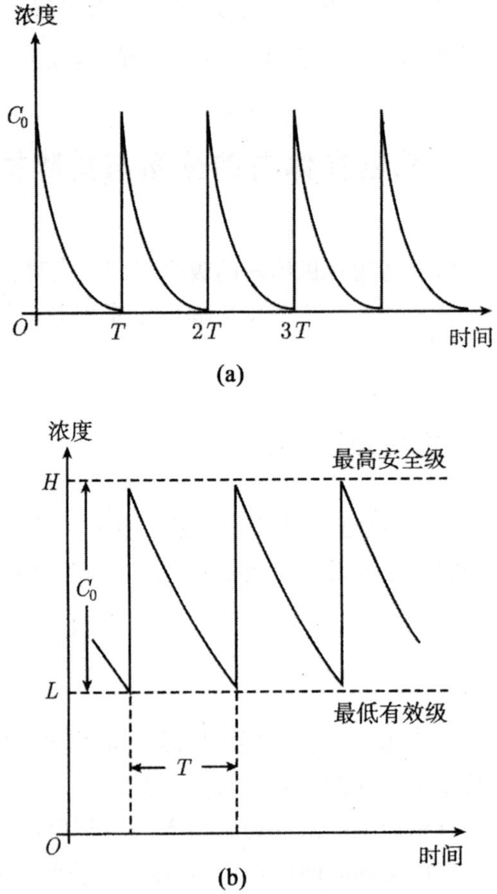

图 4-11　剩余量的积累依赖于用药的时间间隔,其中 T 为时间间隔

(a) 无积累的情况;(b) 有积累的情况

3. 模型假设

为了解决上面的问题,考虑在任一时刻 t 决定药物在血液中浓度 $C(t)$ 的因素. 首先有

$$C(t) = f(\text{排出率,吸收率,剂量,用药间隔,}\cdots)$$

以及其他因素,包括体重和血量. 为了便于分析问题起见,这里假设体重和血量为常数(如某个年龄段的平均值),而浓度量级是决定药物效果的关键因素.

4. 排出率子模型

考虑药物从血液中排出,这也许是一种离散现象,但这里用一个连续函数来逼近. 临床实验显示,血液中药物浓度的减少与浓度成比例,即假定血液中药物在时刻 t 的浓度满足微分方程

$$C'(t) = -kC(t) \tag{4-75}$$

其中,k 为正常数,称为药物的排出率. 时刻 t 以小时(h) 为单位,$C(t)$ 以每毫升血液中多少毫克($\mathrm{mg \cdot mL^{-1}}$) 为单位,$C'(t)$ 的单位为 $\mathrm{mg \cdot mL^{-1} \cdot h^{-1}}$,$k$ 的单位为 $\mathrm{h^{-1}}$.

假设对于一个给定的人群,如一个年龄段的人,浓度 H 和 L 能够通过实验确定,于是单次用药的药物浓度位于量级

$$C_0 = H - L \tag{4-76}$$

假定在时刻 $t = 0$ 时,血液中的浓度为 C_0,因此,模型(4-75) 和(4-76) 就是 Malthus 模型,容易得到方程的解为

$$C(t) = C_0 \mathrm{e}^{-kt} \tag{4-77}$$

5. 吸收率子模型

在作出药物浓度如何随时间减少的假设后,再来考虑用药后,血液中的药物浓度是如何增长的. 这里假设一旦用药后,药物就在血液中迅速扩散,使得吸收期的浓度曲线从实用的角度来讲是竖直上升的. 也就是说,用药后浓度就瞬时上升. 这个假设对于直接注射到血管中的药物而言,应该是合理的,但对于口服药物可能不太合理.

现在考虑多次用药时,药物在血液内是如何积累的.

6. 多次用药的药物积累

考虑在每次用药后能使血液中浓度上升 C_0,在长度为 T 的固定时间间隔内,药物浓度 $C(t)$ 会发生什么变化.

设 $t=0$ 时用第一剂药物，根据模型(4-77)，在 T h之后，血液中药物浓度的剩余量为

$$R_1 = C_0 e^{-kT}$$

然后第二次用药.由之前的假设与讨论，第二次用药后，药物的浓度瞬时跳跃至

$$C_1 = C_0 + C_0 e^{-kT} = C_0(1+e^{-kT})$$

再过 T h，血液中药物浓度的剩余量为

$$R_2 = C_1 e^{-kT} = C_0 e^{-kT} + C_0 e^{-2kT} = C_0 e^{-kT}(1+e^{-kT})$$

然后第三次用药.经过类似的推导得到

$$C_{n-1} = C_0(1+e^{-kT}+\cdots+e^{-(n-1)kT}) = \frac{C_0(1-e^{-nkT})}{1-e^{-kT}} \tag{4-78}$$

$$R_n = C_0 e^{-kT}(1+e^{-kT}+\cdots+e^{-(n-1)kT}) = \frac{C_0 e^{-kT}(1-e^{-nkT})}{1-e^{-kT}} \tag{4-79}$$

图 4-12 给出了药物浓度曲线 $C=C(t)$.

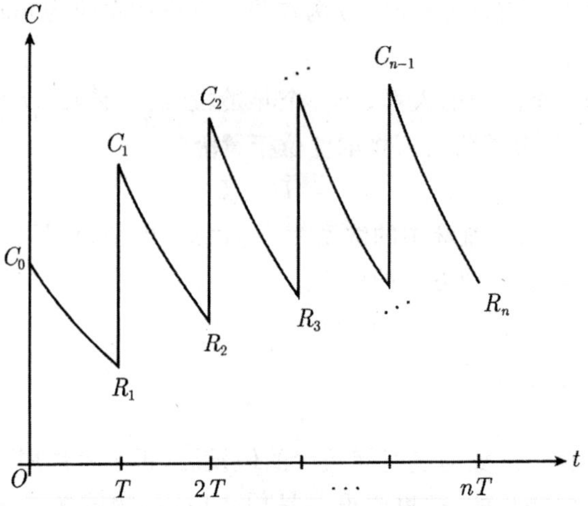

图 4-12　每次用等量的药剂可能的效果

7. 确定用药的时间表

注意到当 n 很大时，e^{-nkT} 接近于0.于是序列 C_{n-1} 和 R_n 有极限，分别记为 C 和 R，即

$$C = \lim_{n\to\infty} C_{n-1} = \frac{C_0}{1-e^{-kT}} = \frac{C_0 e^{kT}}{e^{kT}-1} \tag{4-80}$$

$$R = \lim_{n\to\infty} R_n = \frac{C_0 e^{-kT}}{1-e^{-kT}} = \frac{C_0}{e^{kT}-1} \tag{4-81}$$

由式(4-80) 和式(4-81) 得到

$$C = C_0 + R \tag{4-82}$$

设 H 为最高安全浓度,L 为最低有效浓度,因此,希望 C 和 R 满足

$$C = H, R = L \tag{4-83}$$

由式(4-83),将式(4-80) 与式(4-81) 相除得到

$$e^{kT} = \frac{H}{L} \tag{4-84}$$

即

$$T = \frac{1}{k}\ln\frac{H}{L} \tag{4-85}$$

8. 模型的检验

前面介绍的模型提供了一种安全有效的药物浓度配方,这与开药方的通常医疗实践一致:初次的用药量比以后每次的药量多几倍. 此外,模型依据的假设是药剂在血液中浓度的减少与该浓度成正比,这已得到临床验证. 另外,排出常数 k 作为此关系中比例的正常数,是一个容易测量到的参数. 式(4-81) 可以在各种药剂比率的情况下预测浓度量级,所以药物是可以测试的,可以通过实验来确定最低有效级 L 和最高安全级 H,它们具有适当的安全因素,以容许建模过程中的不精确性. 因此,用式(4-76) 和式(4-85) 可以开出一个安全有效的用药处方. 由此可见,此模型是有用的.

模型的一个缺陷是假设用药后血液中的药物浓度就瞬时上升,而有的药(如阿司匹林) 口服后需要一段有限时间才能扩散到血液中,所以该模型对此类药物并不实用.

4.8.2　药物分布的房室模型

建立房室模型是药物动力学研究上述动态过程的基本步骤之一. 所谓房室是指机体的一部分,近似认为药物在同一个房室内呈均匀分布,即药物在同一个房室内的浓度是相同的,且在不同房室间按照一定的规律进行转移. 一个机体到底分成几个房室,要看不同药物的吸收、分布、排出过程的具体情况以及研究对象所要求的精度.

下面介绍一个常用的药物分布房室模型:二室模型. 二室模型将人的机体分成两个房室:血液丰富的中心室(包括心脏、肺、肾等器官) 和血液相对贫乏的周边室(主要指肌肉组织). 药物的动态过程在每个房室内是一致的,转移只在两个房室间或某个房室与体外之间进行.

为了使问题简化，有必要对问题作一些假设，据此构造在数学上可以处理的数学模型. 可以想到，对于二室模型，需要建立描述两个房室内的血药变化规律的模型，建模的最终目的是希望知道两个房室的血药浓度分布. 因为通常比较容易描述的是血药在两个房室间及某个房室与体外的转移规律，反映的是单位时间血药浓度的变化.

1. 模型假设

① 机体分为中心室和周边室，两个室的容积(血液体积和体液体积)在整个过程中保持不变.

② 药物从一室向另一室转移速率(单位时间的变化)及向体外的排出速率，与该室的血药浓度呈正比.

③ 只有中心室与体外有药物转移，即药物从体外进入中心室，最后又从中心室排到体外. 相比较而言，药物的吸收可以忽略.

根据以上假设，可以给出二室模型的药物转移流程图(图 4-13).

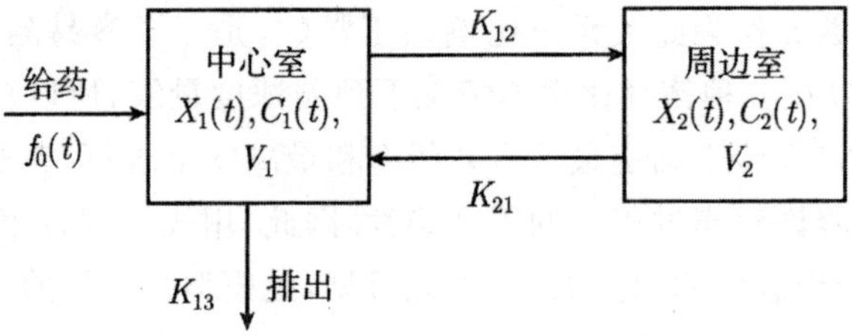

图 4-13　二室模型的药物转移流程图

其中，V_i，$X_i(t)$，$C_i(t)$，K_{ij} 分别表示第 i 室的容量、药量、血液浓度及第 i 室向第 j 室的药物转移速率系数，$f_0(t)$ 为给药速率，由给药方式和剂量确定，K_{13} 为药物从 1 室向体外排出的转移速率系数，如图 4-13 所示.

2. 模型建立

根据以上假设，可以写出两个房室的药量变化关系

$$\begin{cases} X_1'(t) = -K_{12}X_1 - K_{13}X_1 + K_{21}X_2 + f_0(t) \\ X_2'(t) = K_{12}X_1 - K_{21}X_2 \end{cases} \tag{4-86}$$

$X_i(t)$ 与血药浓度 $C_i(t)$ 及房室体积 V_i 之间满足如下关系

$$C_i(t) = \frac{X_i(t)}{V_i}, i = 1,2$$

因此

$$\begin{cases} C_1'(t) = -(K_{12}+K_{13})C_1 + \dfrac{V_2}{V_1}K_{21}X_2 + \dfrac{f_0(t)}{V_1} \\ C_2'(t) = \dfrac{V_1}{V_2}K_{12}C_1 - K_{21}C_2 \end{cases}$$

记

$$\boldsymbol{A} = \begin{bmatrix} -K_{12}-K_{13} & K_{21}\dfrac{V_2}{V_1} \\ K_{12}\dfrac{V_1}{V_2} & -K_{21} \end{bmatrix}$$

则式(4-86)等价于

$$\boldsymbol{C}'(t) = \begin{bmatrix} C_1'(t) \\ C_2'(t) \end{bmatrix} = \boldsymbol{AC}(t) + \begin{bmatrix} \dfrac{f_0(t)}{V_1} \\ 0 \end{bmatrix} \tag{4-87}$$

这是线性常系数非齐次微分方程组，下面简要地介绍其解法.

先求其对应的齐次微分方程组的解.

由 $f_A(\lambda) = |\lambda\boldsymbol{I} - \boldsymbol{A}| = \lambda^2 + (K_{12}+K_{21}+K_{13})\lambda + K_{21}K_{13} = 0$，得到矩阵 $\boldsymbol{A}$ 有两个相异的负实根. 记为 $-\alpha$，$-\beta$. 矩阵 $\boldsymbol{A}$ 可以相似对角化，即存在可逆矩阵 $\boldsymbol{P}$，使

$$\boldsymbol{P}^{-1}\boldsymbol{AP} = \boldsymbol{\Lambda} = \begin{bmatrix} -\alpha & 0 \\ 0 & -\beta \end{bmatrix}$$

作变量替换

$$\boldsymbol{C}(t) = \boldsymbol{PX}(t) = \boldsymbol{P}\begin{bmatrix} X_1(t) \\ X_2(t) \end{bmatrix}$$

则有

$$\boldsymbol{X}'(t) = \boldsymbol{\Lambda X}(t)$$

即

$$\begin{cases} X_1'(t) = -\alpha X_1(t) \\ X_2'(t) = -\beta X_2(t) \end{cases}$$

它对应的通解为

$$X_1(t) = a\mathrm{e}^{-\alpha t}, X_2(t) = b\mathrm{e}^{-\beta t}$$

因此，式(4-87)对应的齐次方程的通解为

$$\begin{cases} C_1(t) = A_1\mathrm{e}^{-\alpha t} + B_1\mathrm{e}^{-\beta t} \\ C_2(t) = A_2\mathrm{e}^{-\alpha t} + B_2\mathrm{e}^{-\beta t} \end{cases}$$

其中，$\alpha,\beta,A_1,A_2,B_1,B_2$ 由参数 K_{ij},V_1,V_2 等确定，且

$$\alpha+\beta = K_{12}+K_{21}+K_{13}, \alpha\beta = K_{21}K_{13} \tag{4-88}$$

为了求解式(4-87)，需要知道给药速率 $f_0(t)$ 和初始条件.

3. 模型求解

考查几种常见的给药方式下的方程求解.

(1) 快速静脉注射

这种注射可简化为在 $t=0$ 时,瞬时将剂量 d 的药物直接送入中心室,于是

$$f_0(t)=0, C_1(0)=\frac{d}{V_1}, C_2(0)=0 \tag{4-89}$$

在此条件下,得到问题的解为

$$C_1(t)=A_1\mathrm{e}^{-\alpha t}+B_1\mathrm{e}^{-\beta t}, C_2(t)=A_2(\mathrm{e}^{-\alpha t}-\mathrm{e}^{-\beta t}) \tag{4-90}$$

其中,$A_1=\frac{d(K_{21}-\alpha)}{(\beta-\alpha)V_1}$,$B_1=\frac{d(\beta-K_{21})}{(\beta-\alpha)V_1}$,$A_2=\frac{dK_{12}}{V_2(\beta-\alpha)}$,由式(4-88)确定. 还可以看出,当 $t\to\infty$ 时,$C_1(t)\to 0$,$C_2(t)\to 0$.

(2) 恒速静脉注射

在此条件下,药物是均匀地被注射到中心室,因此

$$f_0(t)=K, C_1(0)=C_2(0)=0 \tag{4-91}$$

方程的解为

$$\begin{cases} C_1(t)=A_1\mathrm{e}^{-\alpha t}+B_1\mathrm{e}^{-\beta t}+\dfrac{K}{K_{13}V_1} \\ C_2(t)=A_2\mathrm{e}^{-\alpha t}+B_2\mathrm{e}^{-\beta t}+\dfrac{K_{12}K}{K_{21}K_{13}V_2} \\ A_2=\dfrac{V_1(K_{12}+K_{13}-\alpha)}{K_{12}V_2}A_1, B_2=\dfrac{V_1(K_{12}+K_{13}-\beta)}{K_{12}V_2}B_1 \end{cases} \tag{4-92}$$

其中,常数 A_1,B_1 由初始条件求出.

当 t 充分大时,$C_1(t)$,$C_2(t)$ 将趋于式(4-92)右边的最后一项. 实际上,若在 $t=T$ 时停止给药,那么,$C_1(t)$,$C_2(t)$ 在 $t>T$ 以后,将按指数规律衰减并趋于零.

(3) 肌肉注射

这种给药方式相当于药物在进入中心室之前先有一个将药物吸收进入血液的过程,在原二室模型中增加一个吸收室,可以用图 4-14 表示.

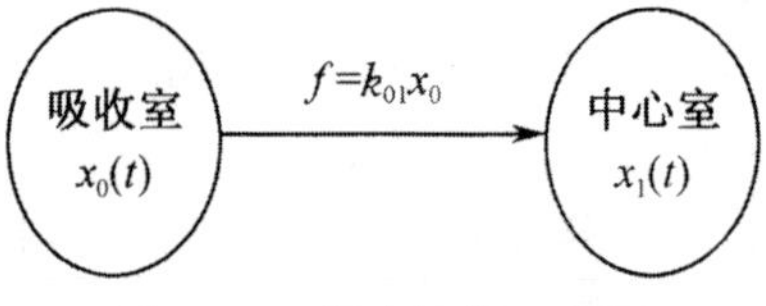

图 4-14 肌肉注射示意图

相应的数学模型为

$$\begin{cases} X_0' = -K_{01}X_0(t) \\ X_0(0) = d \end{cases} \tag{4-93}$$

解得

$$X_0(t) = de^{-K_{01}t}$$

代入式(4-87)，得

$$C_1(t) = Ae^{-\alpha t} + Be^{-\beta t} + Ee^{-K_{01}t} \tag{4-94}$$

其中，系数 A,B,E 由初始条件 $C_1(0) = C_2(0) = 0$ 确定($K_{01} \neq \alpha,\beta$).

从以上的讨论可以看出，中心室和周边室的血药浓度完全取决于转移速率系数、房室容积以及输入参数 d 等因素. 这些参数一般很难精确获得，通常是通过实际数据估计.

下面介绍通过 $C_1(t)$ 或 $C_2(t)$ 的观测数据来确定相关参数的方法.

1) 通过 $C_1(t)$ 的数据近似计算 α,β,A_1,B_1.

不妨设 $\alpha < \beta$，于是当 t 充分大时，式(4-90) 近似为

$$C_1(t) = A_1e^{-\alpha t}$$

或

$$\ln C_1(t) = \ln A_1 - \alpha t \tag{4-95}$$

利用 t 充分大时的数据和最小二乘法，求出 A_1,α.

因为

$$B_1e^{-\beta t} = C_1(t) - A_1e^{-\alpha t} = b(t)$$

$$\ln b(t) = \ln B_1 - \beta t \tag{4-96}$$

再利用较小的 t 时的 $C_1(t)$ 数据，确定 B_1,β.

实际上，可以利用 Matlab 软件直接利用 $C_1(t)$ 的观测数据来估计 α,β, A_1,B_1.

2) 确定 K_{12},K_{13},K_{21}.

因为 $t\to\infty$ 时，$C_1(t),C_2(t)\to 0$，进入中心室的药物全部被排出，所以

$$d = K_{13}V_1\int_0^{\infty} C_1(t)\mathrm{d}t \tag{4-97}$$

将式(4-90) 代入式(4-97) 得

$$d = K_{13}V_1\left(\frac{A_1}{\alpha} + \frac{B_1}{\beta}\right) \tag{4-98}$$

考虑初始条件，得

$$C_1(0) = \frac{d}{V_1} = A_1 + B_1 \tag{4-99}$$

联立式(4-98) 与式(4-99)，

$$K_{13} = \frac{\alpha\beta(A_1 + B_1)}{\alpha B_1 + \beta A_1} \tag{4-100}$$

再利用式(4-88),得

$$K_{21} = \frac{\alpha\beta}{K_{13}} \tag{4-101}$$

$$K_{12} = \alpha + \beta - K_{13} - K_{21} \tag{4-102}$$

这就完成了根据中心室血药浓度的测量数据,估计转移和排除速率系数的过程. 当然,也可以通过周边室数据来确定相关系数. 还可以利用Matlab的非线性拟合来确定相关参数

第5章　问题解决的差分方程方法建模

在实际中，许多问题所研究的变量都是离散的形式，所建立的数学模型也是离散的，这时候可以用差分方程建立动态离散模型．有些实际问题即可以建立连续模型，又可以建立离散模型，而有些实际问题在建立它的微分方程模型时所需要的极限过程无法实现，只有建立它们的差分方程模型．

5.1　概述

5.1.1　常系数线性差分方程

1．常系数线性齐次差分方程

常系数线性齐次差分方程的一般形式为

$$x_n + a_1 x_{n-1} + a_2 x_{n-2} + \cdots + a_k x_{n-k} = 0 \tag{5-1}$$

其中 k 为差分方程的阶数，$a_i\,(i = 1,2,\cdots,k)$ 为差分方程的系数，且 $a_k \neq 0(k \leqslant n)$．对应的代数方程

$$\lambda^k + a_1\lambda^{k-1} + a_2\lambda^{k-2} + \cdots + a_k = 0 \tag{5-2}$$

称为差分方程(5-1)的特征方程，其特征方程的根称为特征根．

常系数线性齐次差分方程的解主要是由相应的特征根的不同情况有不同的形式．下面分别就特征根为单根、重根和复根的情况给出差分方程解的形式．

(1) 特征根为单根

设差分方程(5-1)有 k 个单特征根 $\lambda_1,\lambda_2,\cdots,\lambda_k$，则差分方程(5-1)的通解为

$$x_n = c_1\lambda_1^n + c_2\lambda_2^n + \cdots + c_k\lambda_k^n$$

其中 $c_1,c_2,\cdots,c_k$ 为任意常数，且当给定初始条件

$$x_i = x_i^{(n)}\,(i = 1,2,\cdots,k) \tag{5-3}$$

时，可以唯一确定一个特解．

(2) 特征根为重根

设差分方程(5-1) 有 l 个相异的特征根 $\lambda_1,\lambda_2,\cdots,\lambda_l(1\leqslant l<k)$,重数分别为 $m_1,m_2,\cdots,m_l$,且 $\sum_{i=1}^{l}m_i=k$,则差分方程(5-1) 的通解为

$$x_n=\sum_{i=1}^{m_1}c_{1i}n^{i-1}\lambda_1^n+\sum_{i=1}^{m_2}c_{2i}n^{i-1}\lambda_2^n+\cdots+\sum_{i=1}^{m_l}c_{li}n^{i-1}\lambda_l^n$$

同样的,由给定的初始条件(5-3) 可以唯一确定一个特解.

(3) 特征根为复根

设差分方程(5-1) 的特征根为一对共轭复根 $\lambda_1,\lambda_2=\alpha\pm i\beta$ 和相异的 $k-2$ 个单根 $\lambda_3,\lambda_4,\cdots,\lambda_k$,则差分方程的通解为

$$x_n=c_1\rho^n\cos n\theta+c_2\rho^n\sin n\theta+c_3\lambda_3^n+c_4\lambda_4^n+\cdots+c_k\lambda_k^k$$

其中

$$\rho=\sqrt{\alpha^2+\beta^2},\theta=\arctan\frac{\beta}{\alpha}$$

2.常系数线性非齐次差分方程

常系数线性非齐次差分方程的一般形式为

$$x_n+a_1x_{n-1}+a_2x_{n-2}+\cdots+a_kx_{n-k}=f(n)\tag{5-4}$$

其中,k 为差分方程的阶数;$a_i(i=1,2,\cdots,k)$为差分方程的系数,$a_k\neq 0(k\leqslant n)$;$f(n)$ 为已知函数.

在差分方程(5-4) 中,令 $f(n)=0$,所得方程

$$x_n+a_1x_{n-1}+a_2x_{n-2}+\cdots+a_kx_{n-k}=0$$

称为非齐次差分方程(5-4) 对应的齐次差分方程,即与差分方程(5-1) 的形式相同.

求解非齐次差分方程通解,首先求对应的齐次差分方程(5-5) 的通解 x_n^*,然后求非齐次差分方程(5-4) 的一个特解 $x_n^{(0)}$,则

$$x_n=x_n^*+x_n^{(0)}$$

为非齐次差分方程(5-4) 的通解.

例 5-1 $a_n-4a_{n-1}+4a_{n-2}=2^n$ 就是一个二阶常系数非齐次差分方程.

解:其对应齐次方程为 $a_n-4a_{n-1}+4a_{n-2}=2^n$,该齐次方程的特征方程为

$$x^2-4x+4=0$$

$x=2$ 便是其特征根且重数为 2.

例 5-2(汉诺塔问题) n 个大小不同的圆盘依半径大小依次套在柱 A 上,大的在下,小的在上(图 5-1).现要将这 n 个圆盘移动到空柱 B 或 C 上,

要求一次只能移动一个盘且始终保持大盘在下,小盘在上.移动过程中三根柱子都可利用.问需要移动多少次.

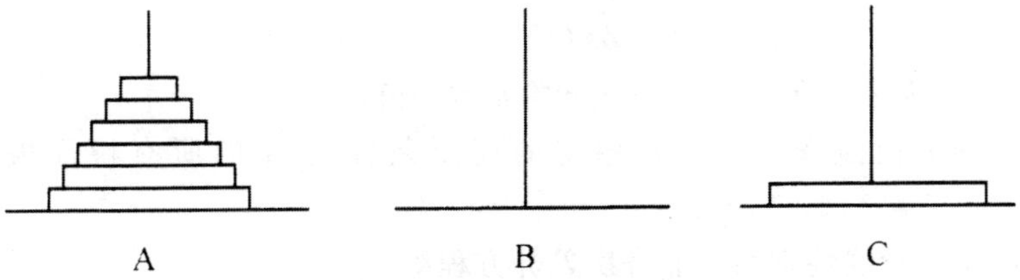

图 5-1　汉诺塔与柱子

解:由题意,可按如下方式操作:先将 A 柱上的,$n-1$ 个圆盘按规则移动到 C 柱上,需要移动 x_{n-1} 次,再把 A 柱上最大的圆盘移到 B 柱上,需移动一次,最后将 C 柱上的 $n-1$ 个圆盘移到 B 上,这由需要 $n-1$ 次.于是得到差分方程:

$$\begin{cases} x_n = 2x_{n-1} + 1 \\ x_1 = 1 \end{cases}$$

其中 $x_1 = 1$ 为初始值.

5.1.2　差分方程的平衡点及其稳定性

一般说来,差分方程的求解是困难的,实际中往往不需要求出差分方程的一般解,而只需要研究它的平衡点及其稳定性即可.

1. 一阶线性常系数差分方程

一阶线性常系数差分方程的一般形式为

$$x_{k+1} + ax_k = b, k = 0,1,2,\cdots$$

其中 a、b 为常数,它的平衡点由代数方程 $x + ax = b$ 求解得到,不妨记为 x^*.

如果 $\lim\limits_{k\to\infty} x_k = x^*$,则称平衡点 x^* 是稳定的,否则是不稳定的.

为了便于研究平衡点 x^* 的稳定性问题,一般将其转化为求方程 $x_{k+1} + ax_k = 0$ 的平衡点 $x^* = 0$ 的稳定性问题.事实上,由

$$x_{k+1} + ax_k = 0$$

可以解得

$$x_k = (-a)^k x_0$$

于是 $x^* = 0$ 是稳定的平衡点的充要条件是:$|a| < 1$.

2. 一阶线性常系数差分方程组

一阶线性常系数齐次差分方程组的一般形式为

$$\boldsymbol{x}(k+1)+\boldsymbol{A}\boldsymbol{x}(k)=0, k=0,1,2,\cdots$$

其中 $\boldsymbol{x}(k)$ 为 n 维向量,$\boldsymbol{A}$ 为 $n \times n$ 阶常数矩阵.

它的平衡点 $\boldsymbol{x}^*=0$ 是稳定的充要条件是 $\boldsymbol{A}$ 的所有特征根都有 $|\lambda_i|<1(i=1,2,\cdots,n)$.

对于一阶线性常系数非齐次差分方程组

$$\boldsymbol{x}(k+1)+\boldsymbol{A}\boldsymbol{x}(k)=\boldsymbol{B}, k=0,1,2,\cdots$$

的情况同样给出.

3. 二阶线性常系数差分方程

二阶线性常系数齐次差分方程的一般形式为

$$x_{k+2}+a_1 x_{k+1}+a_2 x_k=0, k=0,1,2,\cdots$$

其中 a_1、a_2 为常数,其平衡点 $x^*=0$ 是稳定的充要条件是特征方程 $\lambda^2+a_1\lambda+a_2=0$ 的根 λ_1,λ_2 满足 $|\lambda_1|<1$、$|\lambda_2|<1$.

对于一般的 $x_{k+2}+a_1 x_{k+1}+a_2 x_k=b$ 的平衡点的稳定性问题同样给出.类似地,也可直接推广到 n 阶线性差分方程的情况.

4. 一阶非线性差分方程

一阶非线性差分方程的一般形式为

$$x_{k+1}=f(x_k), k=0,1,2,\cdots$$

其中 f 为已知函数,其平衡点定义为方程 $x=f(x)$ 的解 x^*.

事实上,将 $f(x_k)$在 x^* 处作一阶的泰勒展开有

$$x_{k+1} \approx f'(x^*)(x_k-x^*)+f(x^*)$$

则 $f(x_k)$也是一阶线性差分方程 $x_{k+1}=f'(x^*)(x_k-x^*)+f(x^*)$ 的平衡点,因此,平衡点 x^* 稳定的充要条件是 $|f'(x^*)|<1$.

5.1.3 连续模型的差分方法

1. 微分的差分方法

已知 $f(x)$ 在点 x_k 处的函数值 $f(x_k)(k=0,1,\cdots,n+1)$,且 $a=x_0<x_1<\cdots<x_{n+1}=b$,试求函数的导数值.

根据导数的定义,用差商代替微商,则有下面的差分公式.

向前差：

$$f'(x_k)\approx\frac{f(x_{k+1})-f(x_k)}{x_{k+1}-x_k}\ (k=0,1,\cdots,n)$$

向后差：

$$f'(x_k)\approx\frac{f(x_k)-f(x_{k-1})}{x_k-x_{k-1}}\ (k=0,1,\cdots,n)$$

中心差：

$$f'(x_k)\approx\frac{f(x_{k+1})-f(x_{k-1})}{x_{k+1}-x_{k-1}}\ (k=0,1,\cdots,n)$$

2. 定积分的差分方法

已知函数 $f(x)$ 在点 x_k 处的函数值 $f(x_k)\ (k=0,1,\cdots,n)$，且在$[a,b]$上可积，试求函数在$[a,b]$上的积分值$\int_a^b f(x)\mathrm{d}x$.

根据定积分的定义，则有一般的求积公式

$$\int_a^b f(x)\mathrm{d}x\approx\sum_{k=0}^{n}A_k f(x_k)\tag{5-5}$$

其中 A_k 为求积系数，它与 x_k 的选取方法有关. 取不同的求积系数，可以得不同的求积公式.

对于等距节点 $x_k=a+kh\ (k=0,1,\cdots,n)$，其中步长 $h=\frac{b-a}{n}$ 为很小的数，则有如下的求积公式.

(1) 复化矩形公式

$$\int_a^b f(x)\mathrm{d}x\approx h\sum_{k=0}^{n-1}f\left[a+\left(k+\frac{1}{2}\right)h\right]$$

(2) 复化梯形公式

$$\int_a^b f(x)\mathrm{d}x\approx\frac{h}{2}\sum_{k=0}^{n-1}\left[f(x_k)+f(x_{k+1})\right]$$
$$=\frac{h}{2}\left[f(a)+2\sum_{k=0}^{n-1}f(x_k)+f(b)\right]$$

(3) 复化辛普森(Simpson) 公式

$$\int_a^b f(x)\mathrm{d}x\approx\frac{h}{6}\sum_{k=0}^{n-1}\left[f(x_k)+4f(x_{k+\frac{1}{2}})+f(x_{k+1})\right]$$
$$=\frac{h}{6}\left[f(a)+4\sum_{k=0}^{n-1}f(x_{k+\frac{1}{2}})+2\sum_{k=1}^{n-1}f(x_k)+f(b)\right]$$

其中，$x_{k+\frac{1}{2}}=\frac{1}{2}(x_k+x_{k+1})$ 为子区间 $[x_k,x_{k+1}]\ (k=0,1,\cdots,n-1)$ 的

中点.

(4) 复化柯特斯(Cotes) 公式

$$\int_a^b f(x)\mathrm{d}x \approx \frac{h}{90}\Big[7f(a) + 32\sum_{k=0}^{n-1} f(x_{k+\frac{1}{4}}) + 12\sum_{k=0}^{n-1} f(x_{k+\frac{1}{2}}) + 32\sum_{k=0}^{n-1} f(x_{k+\frac{3}{4}}) + 12\sum_{k=1}^{n-1} f(x_k) + 7f(b)\Big]$$

其中,$x_{k+\frac{1}{4}}$、$x_{k+\frac{1}{2}}$、$x_{k+\frac{3}{4}}$、x_k 为子区间 $[x_k, x_{k+1}]$($k = 0,1,\cdots,n-1$)中的四等分点.

3. 常微分方程的差分方法

(1) 一阶常微分方程的差分方法

设一阶常微分方程的定解问题为

$$\begin{cases} y' = f(x,y) \\ y(x_0) = y_0 \end{cases} \tag{5-6}$$

其中函数 $f(x,y)$ 关于 y 满足利普希茨条件,即保证问题(5-6) 解的存在唯一性.

现在的问题是求方程(5-6) 在一系列节点 $x_1 < x_2 < \cdots < x_n < \cdots$ 处的近似数值解 $y_1, y_2, \cdots, y_n, \cdots$. 不妨假设步长为 $h = x_{n+1} - x_n$ 为常数. 在此,我们根据微分的差分方法,利用“步进式”方法,可以给出求解问题(5-6) 的差分方法.

① 单步欧拉(Euler) 公式:

用差商 $\dfrac{y(x_{n+1}) - y(x_n)}{h}$ 近似代替 $y'(x_n) = f(x_n, y(x_n))$ 中的导数,则可得差分公式

$$y_{n+1} = y_n + hf(x_n, y(x_n)), n = 0,1,2,\cdots$$

其精度为 $O(h^2)$阶的.

② 两步欧拉公式:

用差商 $\dfrac{y(x_{n+1}) - y(x_{n-1})}{2h}$ 近似代替 $y'(x_n) = f(x_n, y(x_n))$ 中的导数,则可得差分公式

$$y_{n+1} = y_{n-1} + 2hf(x_n, y_n), n = 1,2,\cdots$$

两步法需要用到前两步的信息,一般不能自行起步,需先用单步法求出 y_1. 其精度是 $O(h^3)$阶的.

③ 梯形公式:

对于方程 $y' = f(x,y)$ 的两边在 $[x_n, x_{n+1}]$上求积分得

$$y(x_{n+1})=y(x_n)+\int_{x_n}^{x_{n+1}}f(x,y(x))\mathrm{d}x$$

利用积分的差分方法中梯形公式求解积分

$$\int_{x_n}^{x_{n+1}}f(x,y(x))\mathrm{d}x\approx\frac{h}{2}[f(x_n,y(x_n))+f(x_{n+1},y(x_{n+1}))]$$

则

$$y_{n+1}\approx y_n+\frac{h}{2}[f(x_n,y(x_n))+f(x_{n+1},y(x_{n+1}))],n=0,1,2,\cdots$$

离散化即可得到微分方程的梯形差分公式

$$y(x_{n+1})=y_n+\frac{h}{2}[f(x_n,y_n)+f(x_{n+1},y_{n+1})],n=0,1,2,\cdots$$

这是一个隐式格式,计算量较大,一般不单独使用.其精度也是$O(h^3)$阶的.

④ 改进的欧拉公式:

由于单步欧拉公式精度低,但计算量小;矩形公式精度高,但计算量大,为此我们综合运用这两种方法就可以得到改进的欧拉公式,其精度为$O(h^3)$阶的.

预报:$\overline{y}_{n+1}=y_n+hf(x_n,y_n),n=0,1,2,\cdots$

校正:$y_{n+1}=y_n+\frac{h}{2}[f(x_n,y_n)+f(x_{n+1},\overline{y}_{n+1})],n=0,1,2,\cdots$

或写成平均化形式:

$$\begin{cases}y_p=y_n+hf(x_n,y_n)\\y_c=y_n+hf(x_{n+1},y_p)\\y_{n+1}=\frac{1}{2}(y_p+y_c)\end{cases}(n=0,1,2,\cdots)$$

⑤ 龙格-库塔(Runge-Kutta)法:

A. 龙格-库塔方法的基本思想:

对于微分方程的定解问题(5-6),考虑差商$\frac{y(x_{n+1})-y(x_n)}{h}$,根据拉格朗日(Lagrange)微分中值定理可得

$$y(x_{n+1})=y(x_n)+hy'(\xi)+hf(\xi,y(\xi)),x_n<\xi<x_{n+1}$$

记$Y^*=f(\xi,y(\xi))$,称为$[x_n,x_{n+1}]$上的平均变化率,则$y(x_{n+1})=y(x_n)+hY^*$.现在的问题只要寻找一种计算Y^*的方法.

如果取$Y^*\approx f(x_n,y_n)=Y_1$,则就是欧拉公式.

如果取$Y^*\approx\frac{1}{2}[f(x_n,y_n)+f(x_{n+1},y_{n+1})]=Y_2$,则相应的就是改进的欧拉公式.

现在,我们取m个点$(x_n+\alpha_ih,y_n+\beta_ih)\in[x_n,x_{n+1}](i=1,2,\cdots,m)$,

用 f 在这 m 个点的函数值的加权平均作为 Y^* 的近似值，即

$$Y^* \approx \sum_{i=1}^{m} \omega_i f(x_n + \alpha_i h, y_n + \beta_i h)$$

其中 ω_i 为权系数. 则有

$$y_{n+1} \approx y_n + h\sum_{i=1}^{m} \omega_i f(x_n + \alpha_i h, y_n + \beta_i h) \tag{5-7}$$

其中 α_i、β_i、ω_i 为待定系数.

实际中，适当选择 α_i、β_i、ω_i，使得公式有更高的精度，这就是龙格-库塔方法的思想.

B. 二阶龙格-库塔公式：

在 $[x_n, x_{n+1}]$ 内取中点 $x_{n+\frac{1}{2}} = x_n + \frac{1}{2}h$，则可取 $\omega_1 = 0, \omega_2 = 1, \alpha = \beta = \frac{1}{2}$ 代入式(5-7) 得到二阶龙格-库塔公式，其精度为 $O(h^3)$ 阶.

$$\begin{cases} y_{n+1} = y_n + hY_2 \\ Y_1 = f(x_n, y_n) \\ Y_2 = f\left(x_n + \dfrac{h}{2}, y_n + \dfrac{h}{2}Y_1\right) \end{cases} \quad (n = 0, 1, 2, \cdots)$$

C. 三阶龙格-库塔公式：

在 $[x_n, x_{n+1}]$ 内任取二点 $x_{n+p} = x_n + ph, x_{n+q} = x_n + ph (0 < p < q \leqslant 1)$，类似的方法可以得到三阶的龙格-库塔公式

$$\begin{cases} y_{n+1} = y_n + \dfrac{h}{6}(Y_1 + 4Y_2 + Y_3) \\ Y_1 = f(x_n, y_n) \\ Y_2 = f\left(x_n + \dfrac{h}{2}, y_n + \dfrac{h}{2}Y_1\right) \\ Y_3 = f(x_n + h, y_n(-Y_1 + 2Y_2)) \end{cases} \quad (n = 0, 1, 2, \cdots)$$

其精度是 $O(h^4)$ 阶的，常用的是三阶的情况.

D. 四阶龙格-库塔公式：

类似的方法可以得到四阶龙格-库塔公式，其精度是 $O(h^5)$ 阶的.

$$\begin{cases} y_{n+1} = y_n + \dfrac{h}{6}(Y_1 + 2Y_2 + 2Y_3 + Y_4) \\ Y_1 = f(x_n, y_n) \\ Y_2 = f\left(x_n + \dfrac{h}{2}, y_n + \dfrac{h}{2}Y_1\right) \\ Y_3 = f\left(x_n + \dfrac{h}{2}, y_n + \dfrac{h}{2}Y_2\right) \\ Y_4 = f(x_{n+1}, y_n + hY_3) \end{cases} \quad (n = 0, 1, 2, \cdots)$$

(2) 一阶常微分方程组的差分方法

对于两个方程的方程组

$$\begin{cases} y' = f(x,y,z), y(x_0) = y_0 \\ z' = g(x,y,z), z(x_0) = z_0 \end{cases} \tag{5-8}$$

设以 y_n, z_n 表示函数在节点 $x_n = x_0 + nh, n = 1,2,\cdots$ 上的近似解，则可改进的欧拉公式为：

$$预报：\begin{cases} \bar{y}_{n+1} = y_n + hf(x_n, y_n, z_n) \\ \bar{z}_{n+1} = z_n + hf(x_n, y_n, z_n) \end{cases}$$

$$校正：\begin{cases} y_{n+1} = y_n + \dfrac{h}{2}[f(x_n, y_n, z_n) + f(x_n, \bar{y}_{n+1}, \bar{z}_{n+1})] \\ z_{n+1} = z_n + \dfrac{h}{2}[g(x_n, y_n, z_n) + g(x_n, \bar{y}_{n+1}, \bar{z}_{n+1})] \end{cases}$$

E. 四阶龙格- 库塔公式：

$$\begin{cases} y_{n+1} = y_n + \dfrac{h}{6}(Y_1 + 2Y_2 + 2Y_3 + Y_4) \\ z_{n+1} = z_n + \dfrac{h}{6}(Z_1 + 2Z_2 + 2Z_3 + Z_4) \end{cases} (n = 0,1,2,\cdots)$$

其中

$$\begin{cases} Y_1 = f(x_n, y_n, z_n) \\ Z_1 = g(x_n, y_n, z_n) \\ Y_2 = g\left(x_n + \dfrac{h}{2}, y_n + \dfrac{h}{2}Y_1, z_n + \dfrac{h}{2}Z_1\right) \\ Z_2 = g\left(x_n + \dfrac{h}{2}, y_n + \dfrac{h}{2}Y_1, z_n + \dfrac{h}{2}Z_1\right) \\ Y_3 = f\left(x_n + \dfrac{h}{2}, y_n + \dfrac{h}{2}Y_2, z_n + \dfrac{h}{2}Z_2\right) \\ Z_3 = g\left(x_n + \dfrac{h}{2}, y_n + \dfrac{h}{2}Y_2, z_n + \dfrac{h}{2}Z_2\right) \\ Y_4 = f(x_{n+1}, y_n + hY_3, z_n + hZ_3) \\ Z_4 = g(x_{n+1}, y_n + hY_3, z_n + hZ_3) \end{cases} (n = 0,1,2,\cdots)$$

(3) 高阶常微分方程的差分方法

由于某些高阶方法的定解问题，原则上可以转化为一阶方程组来求解. 譬如，对于如下的二阶微分方程的定解问题

$$\begin{cases} y'' = f(,y,y') \\ y(x_0) = y_0, y'(x_0) = y'_0 \end{cases}$$

若令 $z = y'$，则可化为一阶方程组的定解问题

$$\begin{cases} z' = f(x,y,z) \\ y' = z \\ y(x_0) = y_0, z(x_0) = y'_0 \end{cases} \tag{5-9}$$

实际上，式(5-9)可以视为式(5-8)的特例，类似地可以得到相应的求解差分公式.

5.2 市场经济中的蛛网模型

5.2.1 模型假设与符号说明

(1) 基本假设

① 产品在市场上的数量和价格出现的反复振荡，是由消费者的需求关系和生产者的供应关系决定的.

② 把时间离散化为时段(把市场演变模式划分为若干段)，用自然数 n 来表示，一个时段相当于产品的一个生产周期，如蔬果的一个种植周期，牲畜的一个饲养周期.

(2) 符号规定

x_n：第 n 时段的产品数量.

y_n：第 n 时段的产品价格.

5.2.2 模型建立

同一时段产品的价格与产量紧密相关，价格 y_n 取决于数量 x_n，设

$$y_n = f(x_n)$$

它反映了消费者对这种产品的需求关系，称为需求函数. 因为产品的数量越多价格就越低，所以在图 5-2 中用一条下降曲线 f 来表示它. 又假设下一时段的产量 x_{n+1} 是生产者根据这时段的价格 y_n 决定的，即

$$x_{n+1} = h(y_n) \text{或} y_n = g(x_{n+1})$$

这里 g 是 h 的反函数. h 或 g 反映了生产者对这种产品的供应关系，称为供应函数. 因为价格越高生产量(即下一时段的产品数量)越大，所以在图 5-2 中供应曲线 g 是一条上升曲线. 因此可以建立差分方程：

$$x_{n+1} = h[f(x_n)]$$

或

$$y_n = g[h(y_n)]$$

这两个方程都是一阶非线性差分方程.

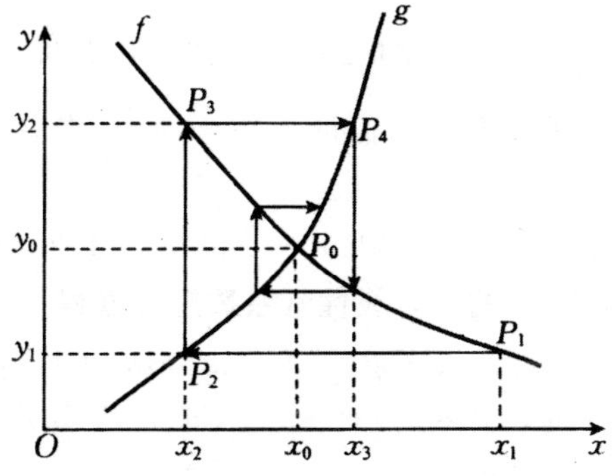

图 5-2　需求曲线 f 和供应曲线 g，P_0 是稳定的平衡点

5.2.3　模型求解

图 5-2 中的两条曲线相交于点 $P_0(x_0,y_0)$，P_0 就是平衡点. 其意义是一旦在某一时段 n 有 $x_n = x_0$，可知 $y_n = y_0$，$x_{n+1} = x_0$，$y_{n+1} = y_0$，…，即 n 以后各个时段产品的数量和价格将永远保持在点 $P_0(x_0,y_0)$. 但是实际生活中的种种干扰使得数量和价格不可能停止在点 P_0. 不妨设 x_1 存在偏离(图 5-2)，由此可知随着时段 n 的增加，x_n 和 y_n 的变化情况.

如图 5-2 所示，如果点列 $P_1(x_1,y_1)$，$P_2(x_2,y_1)$，$P_3(x_2,y_2)$，$P_4(x_3,y_2)$，…，最后收敛于点 P_0，即 $x_n \to x_0$，$y_n \to y_0$，则表明 P_0 是稳定的平衡点，意味着市场经济在长期运行之后会趋于一种稳定的状态，说明市场处于饱和状态.

实际上，f 取决于消费者对这种产品的需要程度和他们的消费水平，则 g 与生产者的生产能力、经营水平等因素有关. 因此，只要分析一下图 5-2 和图 5-3 的不同之处就会发现，在 P_0 附近，图 5-2 中的曲线 f 比曲线 g 平缓，而图 5-3 中的曲线 f 比曲线 g 陡峭. 记 f 在点 P_0 处的切线斜率的绝对值为 k_f(因为 f 是下降的)，g 在点 P_0 处的切线斜率为 k_g. 图形直观地告诉我们，当 $k_f < k_g$ 时，P_0 是稳定的(图 5-2)，当 $k_f > k_g$ 时，P_0 是不稳定的(图 5-3). 由此可见，需求曲线 f 越平缓、供应曲线 g 越陡峭，就越有利于经济稳定.

下面从数学理论上来验证上述的直观结论. 在点 P_0 附近可以用直线来近似曲线 f 和 h，则

$$\begin{cases} y_n - y_0 = -\alpha(x_n - x_0), \alpha > 0, n = 1,2,\cdots \\ x_{n+1} - x_0 = \beta(y_n - y_0), \beta > 0, n = 1,2,\cdots \end{cases} \tag{5-10}$$

其中 $-\alpha$ 为 f 在点 P_0 处的切线斜率，$\frac{1}{\beta}$ 为 g 在点 P_0 处的切线斜率，即 $k_f = |-\alpha| = \alpha$ 及 $k_g = \frac{1}{\beta}$. 作为数学模型，本来就是客观实际问题的近似模拟，现在为了处理方便，适当取其近似形式是合理的. 合并式(5-10)，消去 y_n 可得

$$x_{n+1} - x_0 = -\alpha\beta(x_n - x_0), n = 1,2,\cdots \tag{5-11}$$

式(5-11) 是关于 x_n 的一阶线性常系数差分方程，对 n 递推不难得到

$$x_{n+1} - x_0 = (-\alpha\beta)^n (x_n - x_0), n = 1,2,\cdots \tag{5-12}$$

容易看出，当 $\alpha\beta < 1$ 时，$x_k \to x_0 (k \to \infty)$，即点 P_0 稳定的条件是

$$\alpha\beta < 1 \text{ 或 } \alpha < \frac{1}{\beta} \tag{5-13}$$

当 $\alpha\beta > 1$ 时，$x_k \to x_0 (k \to \infty)$，即点 P_0 不稳定的条件是

$$\alpha\beta > 1 \text{ 或 } \alpha > \frac{1}{\beta} \tag{5-14}$$

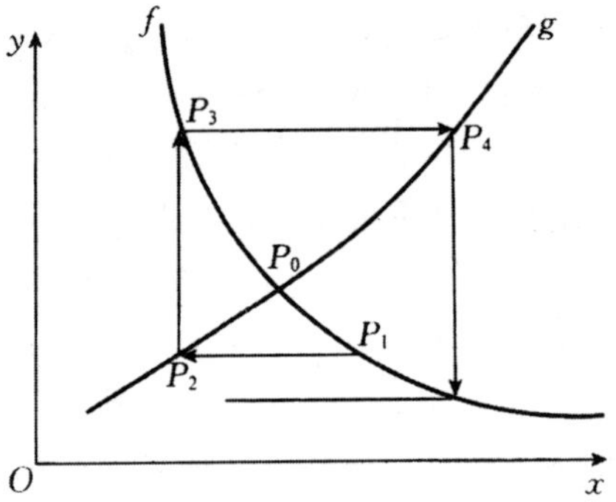

图 5-3　P_0 是不稳定的平衡点

此时，注意到 $\alpha\beta > 1$ 和 $k_g = \frac{1}{\beta}$，所以条件(5-13) 和(5-14) 与前面的直观结果 $k_f < k_g$ 和 $k_f > k_g$ 是一致的.

5.3　差分形式的阻滞增长模型

对于一般的非线性差分方程，求解与稳定性分析都是比较困难的，通常需要借助计算机给出数值解. 这里我们通过一个例子说明，非线性差分方程具有线性差分方程所没有的一些有趣的性质，比如周期分支(Hopf 分支)、混沌现象(chaos) 等.

我们用微分方程形式的 Logistic 模型来描述种群增长，即

$$\frac{\mathrm{d}y}{\mathrm{d}t}=ry\left(1-\frac{y}{N}\right) \tag{5-15}$$

通常用离散化的时间来研究会觉得更加方便，也能更好地利用观测资料. 例如，将方程(5-15) 离散化得到

$$y_{k+1}-y_k=ry_k\left(1-\frac{y_k}{N}\right),k=1,2,\cdots \tag{5-16}$$

记

$$b=1+r,x_k=\frac{ry_k}{(1+r)N},f(x)=bx(1-x) \tag{5-17}$$

则(5-17) 式可以化简为

$$x_{k+1}=bx_k(1-x_k)=f(x_k),k=1,2,\cdots \tag{5-18}$$

上式是一阶非线性差分方程.

方程(5-15) 有两个平衡点，$y_0=0,y^*=N$. 易知 $y_0=0$ 是不稳定的平衡点，$y^*=N$ 是稳定的平衡点，即不论 $r(>0)$和 $N(>0)$取什么值都有：当 $k\to\infty$ 时，方程的解 $y(k)\to N$.

对于差分方程(5-18)，因为 $r>0$，所以 $b>1$. 为了求(5-18) 的平衡点，令

$$x=f(x)=bx(1-x)$$

容易得到其平衡点为 $x_0=0,x^*=1-1/b$，这里正平衡点 x^* 对应方程(5-15) 的正平衡点 y^*. 为了分析 x^* 的稳定性，我们考察(5-18) 的线性化方程

$$x_{k+1}=f'(x^*)(x_k-x^*)+f(x^*) \tag{5-19}$$

关于 x^* 的局部稳定性有如下结论(不加证明).

定理 5.1　若 $|f'(x^*)|<1$，则 x^* 是方程(5-19) 的稳定平衡点，也是方程(5-18) 的稳定平衡点；若 $|f'(x^*)|>1$，则 x^* 是方程(5-19) 的不稳定平衡点，也是方程(5-18) 的不稳定平衡点.

因此，由定理 5.1 可知 $|f'(x^*)|$ 在分析非线性差分方程的平衡点稳定性的过程中扮演着十分重要的角色. 由于 $|f'(x^*)|=b-2$(注意 $b>1$)，根据定理 5.1，有：

当 $1<b<3$ 时，方程(5-18) 的正平衡点 x^* 与方程(5-16) 的正平衡点 y^* 的稳定性是相同的(即都是稳定的)；然而当 $b>3$ 时，方程(5-18) 的正平衡点 x^* 是不稳定的，但方程(5-16) 的正平衡点 y^* 仍然是稳定的，两者的稳定性并不相同.

另外，虽然 $1<b<3$ 时，方程(5-18) 的非零平衡点 x^* 是稳定的，即满

足任意非零初值的解都收敛到 x^*，但是对于不同的 b 值，其解的收敛形式是不一样的. 图 5-4 分别给出了不同 b 值的两种收敛形式.

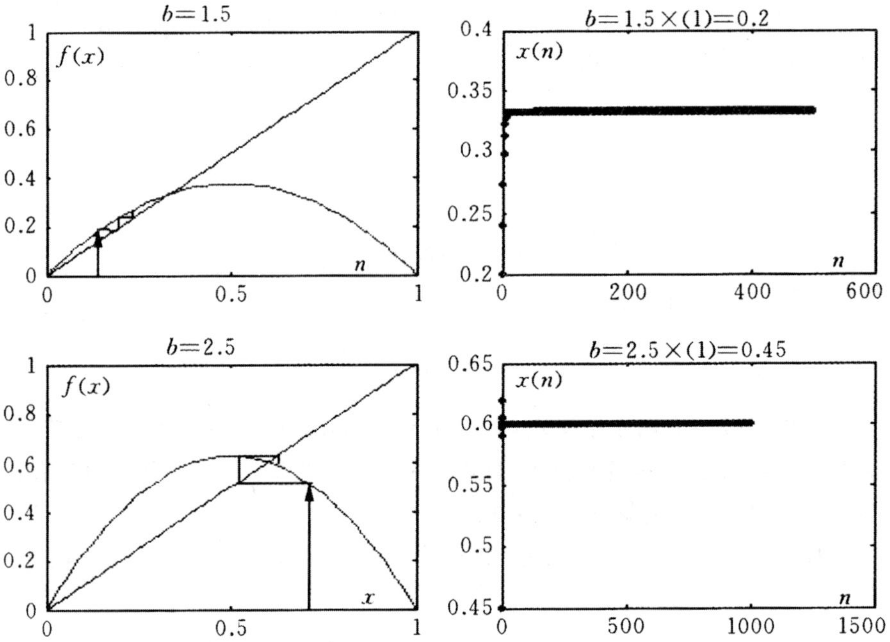

图 5-4　当 $1<b<3$ 时方程(5-18) 的平衡点稳定

对于 $1<b<2$，当初值 $x_0\in(x^*,1)$ 时，x_k 关于 k 是单调递增趋向于 x^* 的. 当 $x_0\in(x^*,1)$ 时，经过有限次迭代，x_k 的值满足 $x_0\in(0,x^*)$，以后的 x_k 值关于 k 单调递增趋向于 x^*. 对于 $2<b<3$，可以得到经过有限次的迭代后，x_k 的值就将会在 x^* 的左右跳动，表现为种群数围绕着 x^* 呈衰退状的上下振动. 图 5-5 给出了正平衡点 x^* 不稳定的情况，即 $b>3$ 的情况.

虽然 $b>3$ 时，方程(5-18) 的正平衡点 x^* 是不稳定的，但是方程(5-18) 仍然可以求解，进一步计算 x_k 的值还是有一定规律的，对于某些 b 值，x_k 具有某类周期性，即 x_k 包含收敛到不同值的收敛子列. 下面通过几个例子来加以说明.

1. 倍周期收敛

利用差分方程(5-18) 进行迭代，可以得到

$$x_{k+2}=f(x_{k+1})=f(f(x_k))=g(x_k) \tag{5-20}$$

其中 $g(x)=f(f(x))=b^2x(1-x)(1-bx+bx^2)$. 类似于对方程(5-18)

的分析，可以得到方程(5-20) 的正平衡点为

$$x_1 = x^*, x_{2,3} = \frac{b+1 \mp \sqrt{b^2 2b - 3}}{2b} \tag{5-21}$$

不难验证，当 $b > 3$ 时有 $0 < x_2 < x_1 < x_3 < 1$，且 $|g'(x^*)| > 1$，故 $x_1 = x^*$ 是方程(5-21) 的不稳定的平衡点. 事实上，插入中间变量 u，令 $g = f(u)$，$u = f(x)$，则

$$u^* = f(x^*) = x^*, g'(x^*) = \frac{\mathrm{d}g}{\mathrm{d}u} \cdot \frac{\mathrm{d}u}{\mathrm{d}x} = f'(u) \cdot f'(x)$$

$$g'(x^*) = f'(u^*) \cdot f'(x^*) = [f'(x^*)]^2$$

进一步分析得，$g'(x_2) = g'(x_3) = f'(x_2)f'(x_3)$，即 x_2 和 x_3 的稳定性相同. 此时，

$$g'(x_2) = g'(x_3) = b^2(1-2x_2)(1-2x_3) \tag{5-22}$$

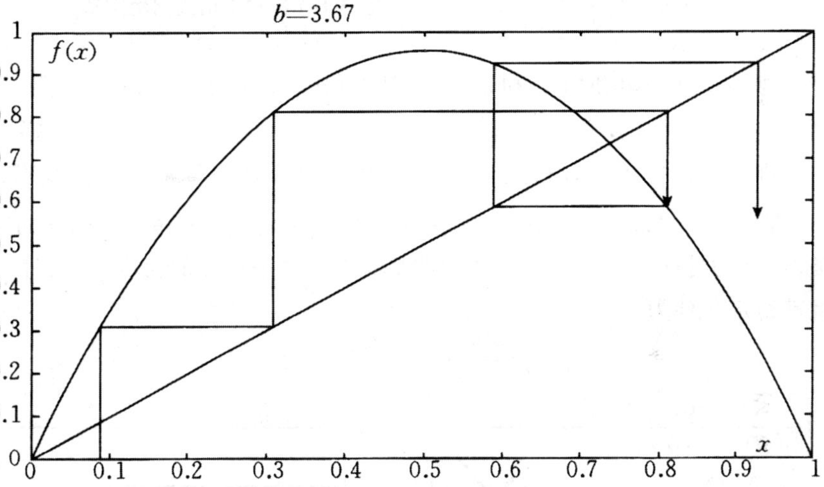

图 5-5　当 $b > 3$ 时方程(5-18) 的平衡点不稳定

类似于定理 5.1，我们有

① 当 $|g'(x_2)| = |g'(x_3)| = |f'(x_2)f'(x_3)| < 1$ 时，x_2 和 x_3 都是稳定的平衡点.

② 当 $|g'(x_2)| = |g'(x_3)| = |f'(x_2)f'(x_3)| > 1$ 时，x_2 和 x_3 都是不稳定的平衡点.

据此，可以得到平衡点 x_2 和 x_3 的稳定条件为

$$3 < b < 1 + \sqrt{6} \approx 3.449 \tag{5-23}$$

图 5-6 给出了方程(5-18) 存在 2 倍周期解的数值模拟结果.

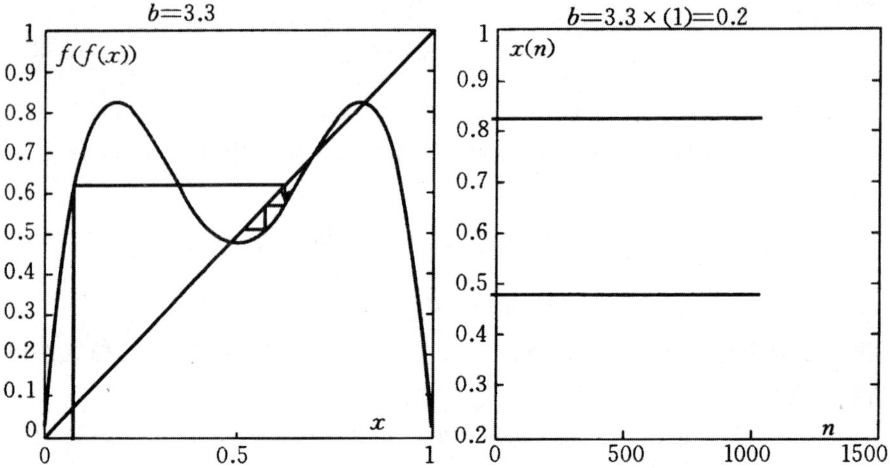

图 5-6　当 $3<b<1+\sqrt{6}$ 时方程(5-18) 存在 2 倍周期稳定解

当 $b>1+\sqrt{6}$ 时，x_2 和 x_3 不再是方程(5-20) 的稳定平衡点. 令

$$x_{k+4}=g(g(x_k)) \tag{5-24}$$

进一步分析还可以得到 4 倍周期解、8 倍周期解等形式的周期解. 图 5-7 是一个 4 倍周期解的例子. 对于 $b>1+\sqrt{6}$，这 3 个平衡点是不稳定的. 类似于对方程(5-24) 的分析，可以得到另外 4 个平衡点的稳定性是相同的，且其稳定条件为

$$1+\sqrt{6}<b<3.544$$

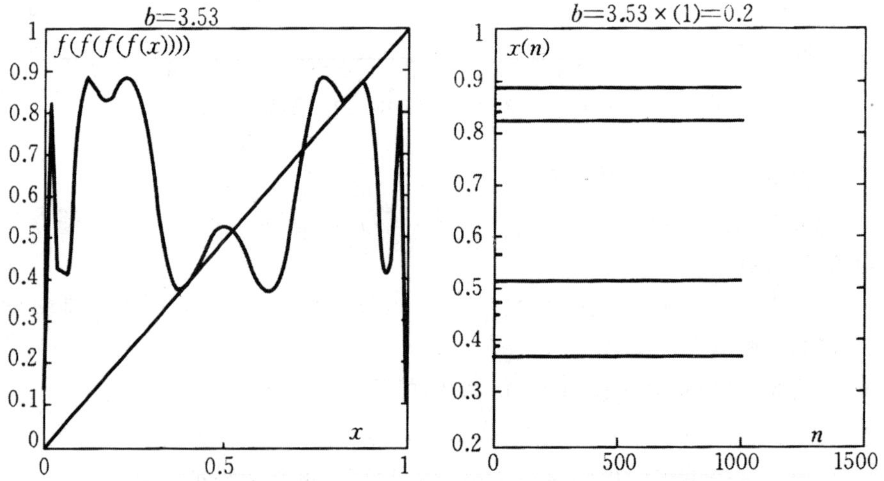

图 5-7　当 $1+\sqrt{6}<b<3.544$ 时方程(5-18) 存在 4 倍周期稳定解

2. 倍周期通向混沌

按照这样的增长规律，可以讨论序列 $\{x_k\}$ 的 2^n 倍周期的收敛情况，其收敛性完全由参数 b 所确定. 如果记 b_n 为 2^n 倍周期收敛的上限，则上面的结果给出：$b_0 = 3$，$b_1 = 1 + \sqrt{6}$，$b_2 = 3.544$. 更深入的分析还将得到，序列 $\{b_n\}$ 单调递增，且

$$\lim_{n \to \infty} b_n = 3.569$$

当 $b > 3.569$ 时，序列 $\{x_k\}$ 就不再有任何 2^n 倍周期收敛情况的发生，$\{x_k\}$ 的趋势呈现一片混乱，这就是所谓的混沌现象(chaos)，其典型特征之一就是解对初值的极度敏感性，“差之毫厘，失之千里”，即蝴蝶效应，如图 5-8 所示. 混沌在统计特性上类似于随机过程，被认为是系统中的一种内禀随机性.

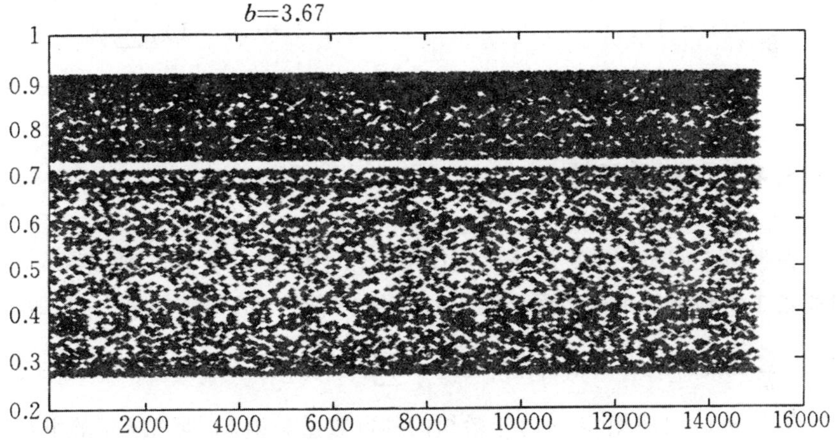

图 5-8　当 $b > 3.569$ 时的混沌情形

5.4　按年龄分组的种群增长模型

5.4.1　模型假设与符号说明

① 种群是通过雌性个体的繁殖而增长的，所以用雌性个体数量的变化为研究对象比较方便，本模型仅考虑雌性数量的发展变化(即下面提到的种群数量均指其中的雌性数量).

② 假设种群的最大年龄为 S 岁. 将其等间隔划分成 n 个年龄段(不妨假设 S 为 n 的整数倍),每隔 $\frac{S}{n}$ 年观察一次,并考虑同一时间间隔内种群数量的变化.

③ 不考虑生存空间等自然资源的制约,不考虑意外灾难等因素对种群数量变化的影响.

④ 记第 k 时段第 i 年龄组的种群数量为 $x_i(k)(k=0,1,2,\cdots;i=1,2,\cdots,n)$,种群数量在第 k 时段按年龄组的分布向量为

$$\boldsymbol{x}(k)=[x_1(k),x_2(k),\cdots,x_n(k)]^{\mathrm{T}}$$

第 i 年龄组的繁殖率为 b_i(即第 i 年龄组每个雌性个体在 1 个时段内平均繁殖的雌性数量),第 i 年龄组的死亡率为 d_i(即第 i 年龄组在 1 个时段内死亡数与总数之比),$s_i=1-d_i$ 称为存活率($i=1,2,\cdots,n-1$),其中 b_i 和 s_i 不随时间变化且可由统计资料获得,并满足如下性质:

$$b_i\geqslant 0(i=1,2,\cdots,n),0<s_i\leqslant 1(i=1,2,\cdots,n-1),\sum_{i=1}^{n}b_i^2>0 \tag{5-25}$$

5.4.2 模型建立

根据以上假设 $x_i(k)$ 的变化规律可由以下的基本事实得到:第 $(k+1)$ 时段第 1 年龄组的种群数量是第 k 时段各个年龄组的繁殖数量之和,即

$$b_id_is_i=1-d_ix_i(k+1)=\sum_{i=1}^{n}b_ix_i(k),k=0,1,2,\cdots \tag{5-26}$$

第 $(k+1)$ 时段第 $(i+1)$ 年龄组的种群数量是第 k 时段第 i 年龄组存活下来的数量,即

$$x_{i+1}(k+1)=s_ix_i(k),i=1,2,\cdots,n-1;k=0,1,2,\cdots \tag{5-27}$$

显然,式(5-26) 和式(5-27) 构成了差分方程组. 记由繁殖率 b_i 和存活率 s_i 构成的矩阵为

$$\boldsymbol{L}=\begin{bmatrix} b_1 & b_2 & \cdots & b_{n-1} & b_n \\ s_1 & 0 & \cdots & 0 & 0 \\ 0 & s_2 & \cdots & 0 & 0 \\ \vdots & \vdots & & \vdots & \vdots \\ 0 & 0 & \cdots & s_{n-1} & 0 \end{bmatrix} \tag{5-28}$$

则式(5-26) 和式(5-27) 写成矩阵形式为

$$\boldsymbol{x}(k+1)=\boldsymbol{Lx}(k),k=0,1,\cdots \tag{5-29}$$

当已知矩阵 $\boldsymbol{L}$ 和按年龄组的初始分布向量 $\boldsymbol{x}(0)=[x_1(0),x_2(0),\cdots,x_n(0)]^{\mathrm{T}}$ 时，可以进一步递推（预测）出种群数量在第 k 时段按年龄组的分布为

$$\boldsymbol{x}(k)=\boldsymbol{L}^n\boldsymbol{x}(0),k=1,2,\cdots \tag{5-30}$$

由式(5-30)，种群数量的变化规律显然完全由矩阵 $\boldsymbol{L}$ 决定，而满足式(5-25)的矩阵 $\boldsymbol{L}$ 称为 Leslie 矩阵（简称 $\boldsymbol{L}$ 矩阵），它是 1945 年由科学家 Leslie 提出的，由式(5-26)、式(5-28) 和式(5-29) 给出的模型也称为 Leslie 人口模型.

5.4.3　模型求解

下面研究当时间充分长以后（即 $k\to\infty$），种群的年龄结构和数量的变化情况. 首先不加证明地叙述关于 $\boldsymbol{L}$ 矩阵的若干个结论（其证明可参考高等代数教材）.

定理 5.2　$\boldsymbol{L}$ 矩阵的正特征值 λ_1 是唯一的单根，其对应的正特征向量为

$$\boldsymbol{x}^*=\left[1,\frac{s_1}{\lambda_1},\frac{s_1s_2}{\lambda_1^2},\cdots,\frac{s_1s_2\cdots s_{n-1}}{\lambda_1^{n-1}}\right]^{\mathrm{T}} \tag{5-31}$$

而 $\boldsymbol{L}$ 矩阵的其余 $(n-1)$ 个特征值 $\lambda_i(i=1,2,\cdots,n)$ 都满足

$$|\lambda_i|\leqslant\lambda_1,i=2,3,\cdots,n \tag{5-32}$$

注：定理 5.2 表明 $\boldsymbol{L}$ 矩阵的特征方程

$$\lambda^n-b_1\lambda^{n-1}-b_2s_1\lambda^{n-2}-\cdots-b_{n-1}s_1\cdots s_{n-2}\lambda-b_ns_1\cdots s_{n-1}=0 \tag{5-33}$$

只有一个正单根 λ_1，它是主特征值，并且 $\boldsymbol{L}\boldsymbol{x}^*=\lambda_1\boldsymbol{x}^*$.

定理 5.3　若 $\boldsymbol{L}$ 矩阵的首行至少有两个顺次的 $b_i>0,b_{i+1}>0$，则式(5-32) 仅不等式成立，且有 $\lim\limits_{k\to\infty}\dfrac{\boldsymbol{x}(k)}{\lambda_1^k}=c\boldsymbol{x}^*$，其中 c 是一个与 b_i、s_i 及 $\boldsymbol{x}(0)$ 有关的常数.

注：对于 Leslie 人口模型，定理 5.3 的条件通常是成立的.

当时段 k 充分大时，我们对种群的年龄结构和数量 $\boldsymbol{x}(k)$ 分析如下：

① 由定理 5.3 有

$$\boldsymbol{x}(k)\approx c\lambda_1^k\boldsymbol{x}^*\ (k\to\infty) \tag{5-34}$$

这说明 $\boldsymbol{x}^*$ 表示了种群按年龄组的分布状况，故 $\boldsymbol{x}^*$ 可称为稳定分布，它与初始分布 $\boldsymbol{x}(0)$ 无关.

② 由式(5-34) 又有

$$\boldsymbol{x}(k+1)=\lambda_1\boldsymbol{x}(k)\ (k\to\infty) \tag{5-35}$$

或更具体地写为

$$x_i(k+1)\approx\lambda_ix_i(k)\ (k\to\infty,i=1,2,\cdots,n) \tag{5-36}$$

这说明种群的增长完全由 $\boldsymbol{L}$ 矩阵的唯一的单正特征值所决定. λ_1 称为固有增长率，当 $\lambda_1 > 1$ 时，种群最终递增，当 $\lambda_1 = 1$ 时，种群最终不变，当 $\lambda_1 < 1$ 时，种群最终递减.

③ 式(5-33) 可写作

$$\frac{b_1}{\lambda} + \frac{b_2 s_1}{\lambda^2} + \cdots + \frac{b_{n-1} s_1 \cdots s_{n-2}}{\lambda^{n-1}} + \frac{b_n s_1 \cdots s_{n-1}}{\lambda^n} = 1 \tag{5-37}$$

记

$$R = b_1 + b_2 s_1 + \cdots + b_{n-1} s_1 \cdots s_{n-2} + b_n s_1 \cdots s_{n-1} \tag{5-38}$$

R 表示一个雌性个体在整个存活期内繁殖的平均数量，称为总和繁殖率. 显然，当 $R > 1$ 时，等价于 $\lambda_1 > 1$，此时种群数量增长；当 $R < 1$ 时，等价于 $\lambda_1 < 1$，此时种群数量减少. 对于农民人工饲养的动物，可通过调节各年龄组的繁殖率 b_i 和存活率 s_i 来改变总和繁殖率 R，从而达到控制种群数量的目的.

5.4.4 模型分析与讨论 —— 动物种群管理

随着种群数量的增长，由于受食物、生存空间等自然资源的制约，种群的总量不可能无限制地增长，增长比例必然会逐渐减小. 而且让动物群体自然地增长，而不去收获它，势必也会造成一种资源的浪费，然而过度的收获却又会导致动物种群趋于灭绝. 那么我们应该采取怎样的收获策略呢？

现在我们来考虑一个牧场或饲养场的一个动物种群的饲养，从经济的角度出发，我们总是希望尽可能多的饲养动物，但是如果饲养的动物太多的话，牧场的条件又不许可. 我们不妨假设动物的数量在牧场规模许可的范围内时，其食物、生存空间等自然因素对动物群体的增长不构成较大的制约. 下面我们将给出一个持续稳定的收获(捕获或屠宰) 方案，进行周期的屠宰. 假设每次收获都在生育期和哺乳期之后进行，每次收获数量相同，收获后的动物数量与上一次收获后的数量相同. 假设第 i 年龄组的动物按 h_i(假设其值与时段 k 无关) 的比例收获，称其为第 i 组的收获率，并称对角矩阵 $\boldsymbol{H} = \mathrm{diag}(h_1, h_2, \cdots, h_n)$ 为收获矩阵(捕获矩阵或屠宰矩阵)，则各组的动物收获数量可用向量 $\boldsymbol{HLx}(k)$ 表示. 根据持续屠宰策略的要求，得到方程

$$\boldsymbol{HLx}(k) - \boldsymbol{HLx}(k) = \boldsymbol{x}(k) \tag{5-39}$$

式(5-39) 表明 $\boldsymbol{x}(k)$ 是矩阵 $\boldsymbol{L} - \boldsymbol{HL}$ 的特征值 1 所对应的特征向量，则

$$L-HL=\begin{bmatrix} b_1(1-h_1) & b_2(1-h_1) & \cdots & b_{n-1}(1-h_1) & b_n(1-h_1) \\ s_1(1-h_2) & 0 & \cdots & 0 & 0 \\ 0 & s_2(1-h_3) & \cdots & 0 & 0 \\ \vdots & \vdots & & \vdots & \vdots \\ 0 & 0 & \cdots & s_{n-1}(1-h_n) & 0 \end{bmatrix} \tag{5-40}$$

式(5-40)有正特征值 1 的充要条件为

$$(1-h_1)[b_1+b_2s_1(1-h_2)+b_3s_1s_2(1-h_2)(1-h_3)+\cdots \\ +b_ns_1s_2\cdots s_{n-1}(1-h_2)(1-h_3)\cdots(1-h_n)]=1 \tag{5-41}$$

如果 $h_1,h_2,\cdots,h_n$ 满足式(5-41),就能保证种群数量的稳定,此时对应的一个特征向量为

$$x^*=\begin{bmatrix} 1 \\ s_1(1-h_2) \\ s_1s_2(1-h_2)(1-h_3) \\ \vdots \\ s_1s_2\cdots s_{n-1}(1-h_2)(1-h_3)\cdots(1-h_n) \end{bmatrix} \tag{5-42}$$

下面考虑在任给一个初始分布向量 $\boldsymbol{x}(0)=[x_1(0),x_2(0),\cdots,x_n(0)]^{\mathrm{T}}$ 后,需要如何确定 $h_i(i=1,2,\cdots,n)$ 才能获得持续稳定的收获策略. 根据式(5-41),令

$$a\boldsymbol{x}^*=\boldsymbol{x}(0)$$

解得

$$\begin{cases} a=x_1(0) \\ (1-h_i)s_{i-1}x_{i-1}(0)=x_i(0),i=2,3,\cdots,n \end{cases} \tag{5-43}$$

因此,

$$\begin{cases} 1-h_1=\dfrac{x_1(0)}{\sum\limits_{i=1}^{n}b_ix_i(0)} \\ 1-h_1=\dfrac{x_i(0)}{s_{i-1}x_{i-1}(0)},i=2,3,\cdots,n \end{cases} \tag{5-44}$$

根据式(5-44),要使解出的 h_i 满足 $0\leqslant h_i\leqslant 1$,只需要初始分布向量 $\boldsymbol{x}(0)$ 满足:

$$\begin{cases} \sum\limits_{i=1}^{n}b_ix_i(0)\geqslant x_1(0) \\ s_{i-1}x_{i-1}(0)\geqslant x_i(0),i=2,3,\cdots,n \end{cases}$$

即可. 据此,我们得到如下结论:

定理 5.4 设初始分布向量 $\boldsymbol{x}(0)=[x_1(0),x_2(0),\cdots,x_n(0)]^{\mathrm{T}}$ 的分量

满足：

$$\begin{cases}\sum_{i=1}^{n} b_i x_i(0) \geqslant x_1(0) \\ s_{i-1}x_{i-1}(0) \geqslant x_i(0), i = 2,3,\cdots,n\end{cases}$$

则可以唯一地确定一组 $h_i(i=1,2,\cdots,n)$ 满足方程 $(\boldsymbol{L}-\boldsymbol{HL})\boldsymbol{x}(k)=\boldsymbol{x}(k)$，其中，

$$\begin{cases}h_1 = 1-\dfrac{x_1(0)}{\sum\limits_{i=1}^{n} b_i x_i(0)} \\ h_i = 1-\dfrac{x_i(0)}{s_{i-1}x_{i-1}(0)}, i = 2,3,\cdots,n\end{cases}$$

5.4.5 最优年龄分布向量的确定

从定理 5.4 可知，任意给定一组初始年龄分布向量，可以说明不同的初始年龄向量分布所确定的屠宰矩阵是不一样的. 下面考虑怎样的初始年龄分布向量，可使屠宰数量最大. 也就是说，当动物总数控制在某一范围内时，使每年屠宰的数量为最大.

假设动物群体的规模为 N，即当动物总数不超过 N 时，动物群体的增长几乎不受环境因素的制约. 设初始年龄分布向量 $\boldsymbol{x}(0)=[x_1(0),x_2(0),\cdots,x_n(0)]^{\mathrm{T}}$，则在下一次屠宰前，年龄分布向量为

$$\boldsymbol{Lx}(0)=\left(\sum_{i=1}^{n} b_i x_i(0), s_1x_1(0), s_2x_2(0),\cdots,s_{n-1}x_{n-1}(0)\right)^{\mathrm{T}}$$

由于动物的总数不能超过 N，即

$$\sum_{i=1}^{n} b_i x_i(0)+\sum_{i=1}^{n} s_i x_i(0)=\sum_{i=1}^{n}(b_i+s_i)x_i(0)\leqslant N$$

这里取 $s_n=0$，各组动物的屠宰量可以由向量 $\boldsymbol{Lx}(0)-\boldsymbol{x}(0)$ 唯一确定，即

$$\boldsymbol{HLx}(0)=\boldsymbol{Lx}(0)-\boldsymbol{x}(0)$$

屠宰总数 M 为

$$M=\sum_{i=1}^{n} b_i x_i(0)+\sum_{i=1}^{n} s_i x_i(0)-\sum_{i=1}^{n} x_i(0)$$

最优年龄分布向量问题归结为如下线性规划问题：

$$\begin{cases}\sum\limits_{i=1}^{n} b_i x_i(0) \geqslant x_i(0) \\ s_{i-1}x_{i-1}(0) \geqslant x_i(0) \qquad , i = 2,3,\cdots,n \\ \sum\limits_{i=1}^{n}(b_i+s_i)x_i(0) \leqslant N\end{cases}$$

5.5　银行贷款偿还模型

5.5.1　问题的背景与提出

随着经济的发展，越来越多的农民向银行贷款进行农业建设，如兴建农场、禽舍、熏烟房等．2015 年 3 月，中国人民银行公布了新的存贷款利率水平，其中贷款利率见表 5-1.

表 5-1　中国人民银行贷款利率表

贷款期限	一年以内(含一年)	一年至五年(含五年)	五年以上
利率	5.35%	5.75%	5.90%

其后，某商业银行对个人贷款利率做出了与表 5-1 完全相同的调整，表 5-2 列出了该银行个人贷款 10 万元时还款额的部分数据(仅列出了五年).

表 5-2　广州农业银行个人贷款分期付款表(元)

贷款年限	一年	二年	三年	四年	五年
月还贷款	4402.83	4421.13	3030.89	2337.08	1921.70
本息总和	105350.00	106107.12	109112.04	112179.84	115302.00

5.5.2　模型假设与符号说明

1. 基本假设

① 假设银行不倒闭，且在还款期间银行的存款利率不发生变化.

② 假设贷款者逐月归还贷款.

③ 假设贷款者采取等额本息的方式归还贷款，即每月的还款额相同.

④ 假定贷款人自贷款起能每月按时还款且能还完.

2. 符号规定

设贷款后第 k 个月时欠款余额为 A_k 元，月还款 m 元，则由 A_k 变化到 A_{k+1}，月利率为 r.

5.5.3 模型建立与求解

由于贷款是逐月归还的，因此有必要考查每个月欠款余额 A_k 的情况. 除了还款额外，还有什么因素呢？无疑就是利息，但时间仅过了一个月，当然应该是月利率，设为 $r = \frac{R}{12}$，从而得到

$$A_{k+1} - A_k = rA_k - m$$

或者

$$A_{k+1} = (1+r)A_k - m \tag{5-45}$$

初始条件

$$A_0 = 10^5 \tag{5-46}$$

这就是问题的数学模型，其中，月利率采用将年利率 $A_0 = 10000$ 平均，即

$$r = \frac{0.06255}{12} = 0.00512125 \tag{5-47}$$

若 m 是已知的，则由式(5-45) 可以求出 A 足中的每一项，称式(5-45) 为一阶差分方程.

下面就该模型作一些必要的分析与讨论.

二年期的贷款在 24 个月时还清，即

$$A_{24} = 0 \tag{5-48}$$

为求 m 的值，设

$$B_k = A_k - A_{k-1}, k = 1,2,\cdots \tag{5-49}$$

易见

$$B_{k+1} = (1-r)B_k$$

于是导出 B_k 的表达式

$$B_k = (1+r)^{k-1}B_1, k = 1,2,\cdots \tag{5-50}$$

由式(5-49) 与式(5-50)，得

$$A_k - A_0 = \sum_{j=1}^{k} B_k = \frac{(1+r)^k - 1}{r}B_1 = \frac{(1+r)^k - 1}{r}(rA_0 - m) \tag{5-51}$$

从而得到差分方程(5-45) 的解为

$$A_k = A_0(1+r)^k - \frac{m}{r}[(1+r)^k - 1], k = 1,2,\cdots$$

此解等价于

$$m = \frac{r[A_0(1+r)^k - A_k]}{(1+r)^k - 1}, k = 1,2,\cdots \tag{5-52}$$

将 $A_0 = 10^5, A_{24} = 0, r = \frac{5.75\%}{24}$ 和 $k = 24$ 代入得到 $m = 4421.13$ 元，与

表 5-2 中的数据完全一致.这样就了解了还款额的确定方法.

5.5.4　模型分析与讨论

1.还款周期

虽然我们依据的最初利率是年利率 R,但我们看到这里的个人贷款是采用逐月归还的方式.那么如果采用逐年归还的方法,情况又如何呢?仍然以二年期贷款为例,显然,只要对式(5-52) 中的利率 r 代之以年利率 R,那么由 $k = 2, A_2 = 0, A_0 = 10^5$,则可以求出年还款额应为

$$\widetilde{m} = 54047.447 \text{ 元}$$

这样本息和总额为

$$2\widetilde{m} = 108094.94 \text{ 元}$$

远远超出逐月还款的本息总额.考虑到人们的收入一般都以月薪方式获得,因此逐月归还对于贷款者来说是比较合适的.

2.平衡点

回到差分方程(5-45),若令 $A_{k+1} = A_k = A$,可解出

$$A = \frac{m}{r} \tag{5-53}$$

称之为差分方程的平衡点或称之为不动点.显然,当初值 $A_0 = \frac{m}{r}$ 时,将恒有在住房贷款的例子里,平衡点意味着如果贷款月利率 r 和月还款额 m 是固定的,则当初贷款额稍大于或小于 $A = \frac{m}{r}$ 时,从方程(5-45) 的解的表达式(5-52) 中容易看出,欠款额 A_k 随着 k 的增加越来越远离 $\frac{m}{r}$,这种情况下的平衡点称为不稳定的,对一般的差分方程

$$x_{k+1} = f(x_k), k = 0,1,2,\cdots \tag{5-54}$$

称满足方程

$$x = f(x)$$

的点 x^* 为式(5-54) 的平衡点.若式(5-54) 的解满足条件

$$\lim_{k\to\infty} x_k = x^* \tag{5-55}$$

则称 x^* 为稳定的平衡点,否则称 x^* 为不稳定的平衡点.判别平衡点 x^* 是否稳定的一个方法是考察导数 $f'(x^*)$:

① 当 $|f'(x^*)| < 1$ 时,x^* 是稳定的.

② 当 $|f'(x^*)|>1$ 时，x^* 是不稳定的.

例 5-3 小王自备款 70000 元，其余进行贷款抵押，有三种方案可供选择.

方案一：贷款期限：5 年　　单位时间（月）还款额：1200 元

月利率：0.01　　贷款额：

方案二：贷款期限：25 年　　月还款额多少？

月利率：0.01　　贷款额：60000 元

方案三：贷款期限：22 年　　（半月）还款额：316 元（附：预付三个月）

月利率：？　　贷款额：60000 元

比较这三种方案，小王该如何做决策？

解：模型建立及求解：根据问题建立线性差分方程模型

$$\begin{cases} A_k = A_0(1+R)^k - \dfrac{a}{R}[(1+R)^k - 1] \\ A_0 = 100000 \end{cases}$$

对于方案一：

由 $A_k = A_0(1+R)^k - \dfrac{a}{R}[(1+R)^k - 1]$，得

$$A_{12\times 5} = A_{60} = 0$$

$$A_0 = \frac{a}{R}[1-(1+R)^{-k}]$$

将 $R=0.01, a=1200$ 代入得 $A_0 = 120000(1-(1+0.01)^{-60}) = 53946.05$ 元，即如果一次付款应付 $A_0 = 120000[1-(1+0.01)^{-60}] = 53946.05$ 元.

对于方案二：

由 $k = 25*12 = 300$，月利率 $R=0.01, A_0 = 60000$ 元，得

$$A_{300} = A_0(1+R)^{300} - \frac{a[(1+R)^{300}-1]}{R} = 0$$

即

$$a = \frac{A_0(1+R)^{300}\times R}{(1+R)^{300}-1} = 631.93 \text{ 元}$$

故吴先生可以考虑贷款买房.

对于方案三：

$k = 22\times 12\times = 528, A(0) = 60000 - 316\times 3\times 2$（预付三个月）

$A_1 = A_0(1+R)$

$A_2 = A_1(1+R)$

⋮

$A_6 = A_0(1+R)^6$

$A_7 = A_6(1+R) - a$

⋮

$$A_k = A_6(1+R)^{k-6} - a\frac{(1+R)^{k-6}-1}{R}$$

$$A_{528} = A_6(1+R)^{522} - a\frac{(1+R)^{522}-1}{R} = 0$$

5.6　金融公司支付基金的流动模型

金融机构为保证现金充分支付，设立一笔总额 5400 万元的基金，分开放置在位于 A 城和 B 城的两家公司，基金在平时可以使用，但每周末结算时必须确保总额仍然为 5400 万元. 经过相当长的一段时期的现金流动，发现每过一周，各公司的支付基金在流通过程中多数还留在自己的公司内，而 A 城公司有 10% 支付基金流动到 B 城公司，B 城公司则有 12% 支付基金流动到 A 城公司. 起初 A 城公司基金为 2600 万元，B 城公司基金为 2800 万元. 按此规律，两公司支付基金数额变化趋势如何？如果金融专家认为每个公司的支付基金不能少于 2200 万元，那么是否需要在必要时调动基金？

设第 $k+1$ 周末结算时，A 城公司 B 城公司的支付基金数分别为 a_{k+1}，b_{k+1}（单位：万元），那么有

$$\begin{cases} a_{k+1} = 0.9a_k + 0.12b_k \\ b_{k+1} = 0.1a_k + 0.88b_k \end{cases}, k = 0,1,2,\cdots \tag{5-56}$$

这是一个差分方程组，初始条件为

$$a_0 = 2600, b_0 = 2800 \tag{5-57}$$

通过迭代，可以求出第 k 周末时的 a_k 和 b_k 的数额，表 5-4 ～ 表 5-6 列出了几种情况下 1 ～ 12 周末两公司的基金数.

表 5-3　$a_0 = 2600, b_0 = 2800$ 的两城支付基金表

k	a_k	b_k	k	a_k	b_k
1	2676.0	2724.0	7	2884.8	2515.2
2	2735.3	2664.7	8	2898.1	2501.9
3	2781.5	2618.5	9	2908.5	2491.5
4	2817.6	2582.4	10	2916.7	2483.3
5	2845.7	2554.3	11	2923.0	2477.0
6	2847.7	2532.3	12	2927.9	2472.1

表 5-4 $a_0=2800, b_0=2600$ 的两城支付基金表

k	a_k	b_k	k	a_k	b_k
1	2832.0	2568.0	7	2919.9	2480.1
2	2857.0	2543.0	8	2925.5	2474.5
3	2876.4	2523.6	9	2929.9	2470.1
4	2891.6	2508.4	10	2933.3	2466.7
5	2903.5	2496.5	11	2936.0	2464.0
6	2912.7	2487.3	12	2938.1	2461.9

表 5-5 $a_0=3000, b_0=2400$ 的两城支付基金表

k	a_k	b_k	k	a_k	b_k
1	2988.0	2412.0	7	2955.0	2445.0
2	2978.6	2421.4	8	2952.9	2447.1
3	2971.3	2428.7	9	2951.3	2448.7
4	2965.6	2434.4	10	2950.0	2450.0
5	2961.2	2438.8	11	2949.0	2451.0
6	2957.7	2442.3	12	2948.2	2451.8

从表 5-4 中可以看出 A 城公司支付基金数在逐步增加，但增幅逐步减小；B 城公司的基金变化正好相反. 然而，a_k 是否有上界，b_k 是否有下界？b_k 是否会小于 2200 万元呢？还是不能断言.

解决这个问题有许多方法，下面借助线性代数知识来处理这个问题，将式(5-56)写成矩阵形式

$$\begin{bmatrix} a_{k+1} \\ b_{k+1} \end{bmatrix}=\begin{bmatrix} 0.9 & 0.12 \\ 0.1 & 0.88 \end{bmatrix}\begin{bmatrix} a_k \\ b_k \end{bmatrix} \tag{5-58}$$

那么，就可以得到

$$\begin{bmatrix} a_{k+1} \\ b_{k+1} \end{bmatrix}=\begin{bmatrix} 0.9 & 0.12 \\ 0.1 & 0.88 \end{bmatrix}^{k+1}\begin{bmatrix} a_0 \\ b_0 \end{bmatrix} \tag{5-59}$$

利用正交变换(也可以利用矩阵迭代)，便可以圆满地回答前面的问题. 对于本例，当 k 充分大时，A 城公司的支付基金为 2945.8 万元，B 城公司的支付基金为 2454.2 万元. 均满足 2200 万元的最低保证金要求(请读者自己完成).

类似于差分方程平衡点的讨论，对于一般的一阶线性齐次常系数差分方程组

$$\boldsymbol{X}_{k+1} = \boldsymbol{A}\boldsymbol{K}_k \tag{5-60}$$

称满足方程组

$$\boldsymbol{X} = \boldsymbol{A}\boldsymbol{K}$$

的解向量 $\boldsymbol{X}^*$ 为式(5-60)的平衡点. 如果

$$\lim_{k\to\infty}\boldsymbol{X}_k = \boldsymbol{X}^*$$

称平衡点是稳定的. 则

$$\sigma(\boldsymbol{A}) = \{\lambda \mid |\lambda \boldsymbol{I} - \boldsymbol{A}| = 0\}$$

可以通过分析矩阵 $\boldsymbol{A}$ 的特征值来判断式(5-60)平衡点的稳定性：

① 当任意的 $\lambda \in \sigma(\boldsymbol{A})$，$|\lambda| < 1$，或者 $\lambda = 1$，平衡点 $\boldsymbol{X}^*$ 是稳定的.

② 当任意的 $\lambda \in \sigma(\boldsymbol{A})$，$|\lambda| \geqslant 1$，且 $\lambda \neq 1$，平衡点是不稳定的.

对于本模型，通过求 $\lambda = 1$ 的特征向量，得到 $\boldsymbol{X}^* = (2945.8, 2454.2)^{\mathrm{T}}$. 也可以用迭代法求近似解. 矩阵 $\boldsymbol{A}$ 的两个特征值分别为 1，0.78，因此，该平衡点是稳定的.

5.7　选举问题模型

在西方国家的政治生活中，选举是一件大事，假设选民总人数为 40000 人，且保持不变，选举的趋势会是怎样的?一直是各个政党十分关心的问题. 本节介绍用差分方程建立一个由三个政党参加的选举问题.

考虑有 A、B、C 三个政党参加每次的选举，每次参加投票的选民人数为 40000 人，且保持不变. 通常情况下，原来投某党票的选民在各种因素的影响下可能改投其他政党. 为此作如下假设：

① 每次投 A 党票的选民，下次投票时，分别有 r_1、r_2、r_3 比例的选民投 A、B、C 政党的票，每次投 B 党票的选民，下次投票时，分别有 s_1、s_2、s_3 比例的选民投 A、B、C 各政党的票，每次投 C 党票的选民，下次投票时，分别有 t_1、t_2、t_3 比例的选民投 A、B、C 各政党的票.

②x_k、y_k、z_k 表示第足次选举时分别投 A、B、C 各党的选民人数.

每次投票的选民数变动情况见流程图 5-9.

根据假设，可以得到如下差分方程组：

$$\begin{cases} x_{k+1} = r_1 x_k + s_1 y_k + t_1 z_k \\ y_{k+1} = r_2 x_k + s_2 y_k + t_2 z_k \\ z_{k+1} = r_3 x_k + s_3 y_k + t_3 z_k \end{cases} \tag{5-61}$$

其中，$r_1+r_2+r_3=1, t_1+t_2+t_3=1, s_1+s_2+s_3=1$.

令

$$\boldsymbol{A}=\begin{bmatrix} r_1 & s_1 & t_1 \\ r_2 & s_2 & t_2 \\ r_3 & s_3 & t_3 \end{bmatrix}, \boldsymbol{X}_k=\begin{bmatrix} x_k \\ y_k \\ z_k \end{bmatrix}$$

式(5-61)可以表示为矩阵形式

$$\boldsymbol{X}_{k+1}=\boldsymbol{A}\boldsymbol{X}_k \tag{5-62}$$

如果给出问题的初始值，就可以利用递推方法，求出任一次选举时的选民投票情况.

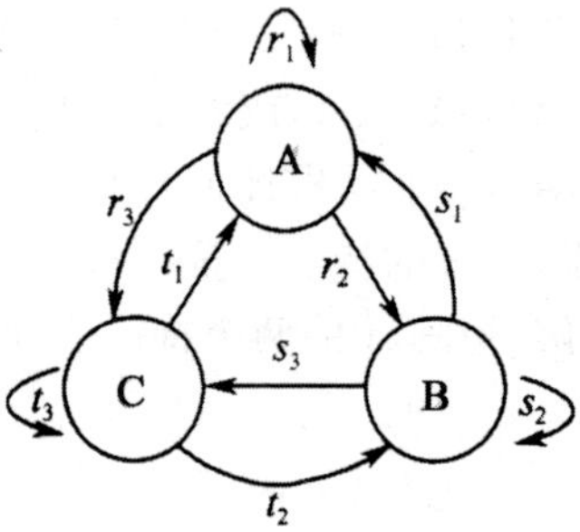

图 5-9 选民变动流程图

通过求式(5-62)的平衡点满足的方程组

$$\begin{cases} x=r_1x+s_1y+t_1z \\ y=r_2x+s_2y+t_2z \\ z=r_3x+s_3y+t_3z \end{cases}$$

解得 $\boldsymbol{X}^*=(22222,7778,10000)^{\mathrm{T}}$.

以下是几个实例模拟，模型各参数均取相同值(初值除外)，其中，$r_1=0.75, r_2=0.05, r_3=0.2, s_1=0.2, s_2=0.6, s_3=0.2, t_1=0.4, t_2=0.2, t_3=0.4$. 将结果放在表 5-6 ～ 表 5-9 中，供大家参考.

①$[x_0, y_0, z_0]^{\mathrm{T}}=[22200,7800,10000]^{\mathrm{T}}$.

表 5-6 结果(1)

k	0	1	2	3	4	5	6	7	8
A	22200	22210	22216	22219	22220	22221	22222	22222	22222
B	7800	7790	7784	7781	7780	7779	7778	7778	7778
C	10000	10000	10000	10000	10000	10000	10000	10000	10000

② $[x_0, y_0, z_0]^T = [13333, 13333, 13333]^T$.

表 5-7　结果(2)

k	0	1	2	3	4	5	6	7	8
A	13333	18000	20033	21045	21580	21870	22029	22116	22164
B	13333	11333	9833	8928	8415	8129	7971	7884	7836
C	13333	10667	10133	10027	10005	10001	10000	10000	10000

③ $[x_0, y_0, z_0]^T = [10000, 20000, 10000]^T$.

表 5-8　结果(3)

k	0	1	2	3	4	5	6	7	8
A	10000	15500	18525	20189	21104	21607	21884	22036	22120
B	20000	14500	11475	9811	8896	8393	8116	7964	7880
C	10000	10000	10000	10000	10000	10000	10000	10000	10000

④ $[x_0, y_0, z_0]^T = [20000, 20000, 0]^T$.

表 5-9　结果(4)

k	0	1	2	3	4	5	6	7	8
A	20000	19000	20050	20947	21505	21825	22003	22101	22156
B	20000	13000	10350	9133	8511	8179	7998	7899	7844
C	0	8000	9600	9920	9984	9997	9999	10000	10000

可以验证，当 $k=16$ 时，三个政党的选票数将分别稳定在 22222，7778，10000. 进一步借助矩阵知识还可以证明，当 $r_1=0.75, r_2=0.05, r_3=0.2, s_1=0.2, s_2=0.6, s_3=0.2, t_1=0.4, t_2=0.2, t_3=0.4$，如果总选民数为 40000，最终三个政党的选票数将分别稳定在 22222，7778，10000. 还可以借助这个模型分析选民数有变化的情况.

5.8 植树模型

5.8.1 问题的背景与提出

种植是农民的一项日常工作，然而由于种植农作物的成本(包括金钱成本和劳动成本)、利润等都各不一样，所以种植哪种农作物是农民在种植前必须要考虑和决定的事情. 本节我们介绍用差分模型建立的一个由 3 种农作物所组成的种植问题.

5.8.2 模型假设与符号说明

1. 基本假设

1) 某地区种植农作物的农民总人数保持不变.

2) 考虑有 3 种农作物 A、B、C 可供农民种植，且每种农作物都是一年一熟.

3) 由于社会、经济、环境等多种因素的影响，在本年度种植某种农作物的农民在下一年度可能改种其他农作物.

2. 符号规定

x_n：第 n 年种植农作物 A 的农民人数.
y_n：第 n 年种植农作物 B 的农民人数.
z_n：第 n 年种植农作物 C 的农民人数.
r_1：每年种植农作物 A 的农民，在下一年种植农作物 A 的比例.
r_2：每年种植农作物 A 的农民，在下一年种植农作物 B 的比例.
r_3：每年种植农作物 A 的农民，在下一年种植农作物 C 的比例.
s_1：每年种植农作物 B 的农民，在下一年种植农作物 A 的比例.
s_2：每年种植农作物 B 的农民，在下一年种植农作物 B 的比例.
s_3：每年种植农作物 B 的农民，在下一年种植农作物 C 的比例.
t_1：每年种植农作物 C 的农民，在下一年种植农作物 A 的比例.
t_2：每年种植农作物 C 的农民，在下一年种植农作物 B 的比例.
t_3：每年种植农作物 C 的农民，在下一年种植农作物 C 的比例.

5.8.3 模型建立

我们给出反映每年种植农作物的农民人数变动情况的流程图，如图 5-10 所示.

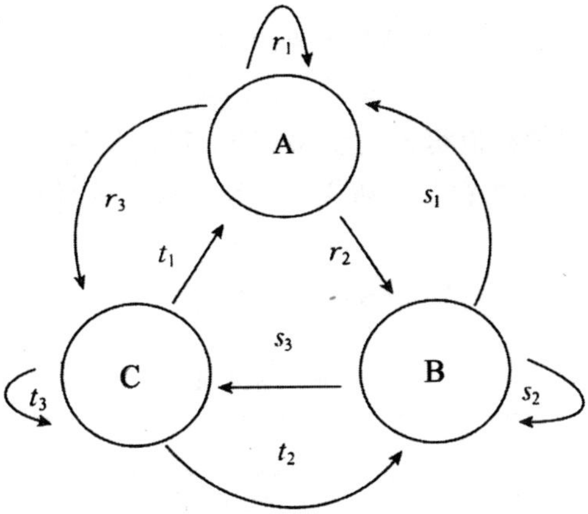

图 5-10 农民人数变动情况的流程图

根据假设，我们得到如下的差分方程组：

$$\begin{cases} x_{n+1} = r_1 x_n + s_1 y_n + t_1 z_n \\ y_{n+1} = r_2 x_n + s_2 y_n + t_2 z_n, n = 1,2,\cdots \\ z_{n+1} = r_3 x_n + s_3 y_n + t_3 z_n \end{cases} \tag{5-63}$$

其中，$r_1 + r_2 + r_3 = s_1 + s_2 + s_3 = t_1 + t_2 + t_3$. 令

$$\boldsymbol{X}_n = \begin{bmatrix} x_n \\ y_n \\ z_n \end{bmatrix}, \boldsymbol{L} = \begin{bmatrix} r_1 & s_1 & t_1 \\ r_2 & s_2 & t_2 \\ r_3 & s_3 & t_3 \end{bmatrix}$$

则差分方程组(5-63)可表示为矩阵形式

$$\boldsymbol{X}_{n+1} = \boldsymbol{L}\boldsymbol{X}_n \tag{5-64}$$

5.8.4 模型求解

现取定参数 r_i、s_i、t_i $(i = 1,2,3)$ 为

$$r_1 = 0.75, r_2 = 0.05, r_3 = 0.2, s_1 = 0.2, s_2 = 0.6,$$
$$s_3 = 0.2, t_1 = 0.4, t_2 = 0.2, t_3 = 0.4$$

即

$$L=\begin{bmatrix}0.75 & 0.2 & 0.4\\ 0.05 & 0.6 & 0.2\\ 0.2 & 0.2 & 0.4\end{bmatrix} \tag{5-65}$$

如果给出问题的初始值，就可以根据(5-64)式和(5-65)式，利用递推方法求出任一年农民种植农作物的情况.求出(5-64)式的平衡点为

$$\boldsymbol{X}^{*}=k\begin{bmatrix}1\\ 0.35\\ 0.45\end{bmatrix} \tag{5-66}$$

以下是取4组不同的初值得出的实例模拟，我们将结果放在表5-10～表5-13中，供大家参考(注意各组初值的分量之和相等，均为40000，农民总人数维持在40000人).

(1) $[x_0,y_0,z_0]^{\mathrm{T}}=[22200,7800,1000]^{\mathrm{T}}$

表 5-10　结果(a)

k	0	1	2	3	4	5	6	7	8
A	22200	22210	22216	22219	22220	22221	22222	22222	22222
B	7800	7790	7784	7781	7780	7779	7778	7778	7778
C	10000	10000	10000	10000	10000	10000	10000	10000	10000

(2) $[x_0,y_0,z_0]^{\mathrm{T}}=[13333,13333,13333]^{\mathrm{T}}$

表 5-11　结果(b)

k	0	1	2	3	4	5	6	7	8
A	13333	18000	20033	21045	21580	21870	22029	22116	22164
B	13333	11333	9833	8928	8415	8129	7971	7884	7836
C	13333	10667	10133	10027	10005	10001	10000	10000	10000

(3) $[x_0,y_0,z_0]^{\mathrm{T}}=[10000,20000,10000]^{\mathrm{T}}$

表 5-12　结果(c)

k	0	1	2	3	4	5	6	7	8
A	10000	15500	18525	20189	21104	21607	21884	22036	22120
B	20000	14500	11475	9811	8896	8393	8116	7964	7880
C	10000	10000	10000	10000	10000	10000	10000	10000	10000

(4) $[x_0, y_0, z_0]^T = [20000, 20000, 0]^T$

表 5-13 结果(d)

k	0	1	2	3	4	5	6	7	8
A	20000	19000	20050	20947	21505	21825	22003	22101	22156
B	20000	13000	10350	9133	8511	8179	7998	7899	7844
C	0	8000	9600	9920	9984	9997	9999	10000	10000

可以验证，当 $n=16$ 时，在(a)、(b)、(c)、(d)这 4 组初始值条件下，种植 A、B、C 这 3 种农作物的农民人数将分别稳定在 22222 人、7778 人和 10000 人. 事实上，借助矩阵方程(5-64)和平衡点(5-66)可以证明，当 $r_1=0.75$，$r_2=0.05$，$r_3=0.2$，$s_1=0.2$，$s_2=0.6$，$s_3=0.2$，$t_1=0.4$，$t_2=0.2$，$t_3=0.4$ 时，如果农民总人数为 40000 人，则最终种植 A、B、C 这 3 种农作物的农民人数将分别稳定在 22222 人、7778 人和 10000 人，即平衡点表达式(5-65)中的走值取为 $k=22222$. 另外，我们还可以借助这个模型，分析农民人数有变化的情况，留给有兴趣的读者.

注：从理论上看，(5-64)式可进一步转化为

$$\boldsymbol{X}_n = \boldsymbol{L}^n \boldsymbol{X}_0$$

这里 $\boldsymbol{X}_0 = [x_0 \quad y_0 \quad z_0]^T$ 为初值. 此时根据矩阵论，可先将矩阵 $\boldsymbol{L}$ 对角化为

$$\boldsymbol{L} = \boldsymbol{P}\mathrm{diag}(\lambda_1, \lambda_2, \lambda_3)\boldsymbol{P}^{-1}$$

其中 λ_1、λ_2、λ_3 为 $\boldsymbol{L}$ 的特征值，且 $\boldsymbol{P}$ 为由 λ_1、λ_2、λ_3 对应的特征向量所构成的可逆矩阵，从而再求得高次幂矩阵 $\boldsymbol{L}^n$ 的表达式为

$$\boldsymbol{L}^n = \boldsymbol{P}\mathrm{diag}(\lambda_1, \lambda_2, \lambda_3)^n\boldsymbol{P}^{-1}$$

第6章　问题解决的概率方法建模

现实世界的变化受众多因素的影响，许多问题的不确定现象都是由随机因素的影响所造成的，即将这种现象可以视为一些随机事件，而随机事件一般是按照一定的概率发生的. 与此有关的随机因素的变化往往都会服从于一定的概率分布. 在实际中，就是利用这些概率分布规律对问题进行研究，从而可以对所研究的实际问题做出估计、推断、预测和决策. 实际中的很多问题都是从总体中随机抽取有代表性的一部分(称为样本)，通过研究其样本的特性，来统计推断或预测总体的性质. 随着社会环境的复杂化和条件的变化，使得日常生活中的不确定问题越来越多，从而使得概率统计方法在实际中的应用越来越广泛. 本章通过几个实例，讨论如何用随机变量和概率分布描述随机因素的影响，建立比较简单的随机模型.

6.1　概述

6.1.1　概率分布与数字特征

1. 一维随机变量与分布函数

用数值表示的随机事件的函数称为随机变量. 实际中任何用数值表示的随机事件都是随机变量，随机变量的函数也是随机变量.

设 ξ 为一随机变量，对任意的实数 x 有函数

$$F(x)=P(-\infty<\xi\leqslant x)=P(\xi\leqslant x)$$

称为随机变量 ξ 的分布函数，且对任意两个实数 $x_1,x_2\,(x_1<x_2)$，有

$$P(x_1<\xi\leqslant x_2)=F(x_2)-F(x_1)$$

分布函数 $F(x)$ 具有下列性质：

①$F(x)$ 是不减函数.

②$0\leqslant F(x)\leqslant 1$.

③$F(x)$ 是右连续函数，即 $\lim\limits_{x\to a^+}F(x)=F(a)$.

如果随机变量 ξ 所有取值为有限个或可列无穷个数值，则这种随机变量为离散型随机变量. 在一个区间内可以连续不断取值的随机变量，则称为连续型随机变量.

如果 ξ 为离散型随机变量，所有的取值为 $x_k, k = 1, 2, \cdots$，则称

$$P(\xi = x_k) = p_k, k = 1, 2, \cdots$$

为随机变量 ξ 的分布列，其相应的分布函数为

$$F(x) = \sum_{x_k \leqslant x} p_k$$

如果 ξ 为连续型随机变量，则分布函数定义为

$$F(x) = \int_{-\infty}^{x} f(x)\mathrm{d}x$$

其中 $f(x)$ 为一个非负可积函数，称之为随机变量 ξ 的分布密度，或密度函数. 并满足下列性质：

① $f(x) \geqslant 0$.

② $\int_{-\infty}^{+\infty} f(x)\mathrm{d}x = 1$.

③ $P(a < \xi \leqslant b) = F(b) - F(a) = \int_{a}^{b} f(x)\mathrm{d}x$.

④ 当 $f(x)$ 为连续函数时有 $F'(x) = f(x)$.

2. 多维随机变量与分布函数

如果 $\xi_1, \xi_2, \cdots, \xi_n$ 为 n 个一维随机变量，则称 $(\xi_1, \xi_2, \cdots, \xi_n)$ 为 n 维随机变量(或 n 维随机向量). 同样的可以分为离散型和连续型，相应的也可以定义分布函数.

如果 $(\xi_1, \xi_2, \cdots, \xi_n)$ 为连续型 n 维随机变量，则 $(\xi_1, \xi_2, \cdots, \xi_n)$ 分布函数定义为

$$F(x_1, x_2, \cdots, x_n) = \int_{-\infty}^{x_1}\int_{-\infty}^{x_2}\cdots\int_{-\infty}^{x_n} f(x_1, x_2, \cdots, x_n)\mathrm{d}x_1\mathrm{d}x_2\cdots\mathrm{d}x_n$$

其中，n 元函数 $f(x_1, x_2, \cdots, x_n)$ 为非负可积函数，称为 $(\xi_1, \xi_2, \cdots, \xi_n)$ 的分布密度，或 $\xi_1, \xi_2, \cdots, \xi_n$ 的联合分布密度.

n 个随机变量 $\xi_1, \xi_2, \cdots, \xi_n$ 为相互独立的充要条件是相应的联合分布函数可以表示为

$$F(x_1, x_2, \cdots, x_n) = F_1(x_1)F_2(x_2)\cdots F_n(x_n)$$

特别地，对于常用的二维随机变量 (ξ, η)，其分布密度函数表示为 $f(x, y)$，分布函数为

$$F(x, y) = \int_{-\infty}^{x}\int_{-\infty}^{y} f(x, y)\mathrm{d}x\mathrm{d}y$$

两个随机变量 ξ,η 相互独立的充要条件是相应的联合分布函数可以表示为

$$F(x,y)=F_1(x)F_2(y)$$

6.1.2 随机变量的数学期望与方差

1. 数学期望

设 ξ 为离散型随机变量，其分布列为 $P(\xi=x_k)=p_k,k=1,2,\cdots$，如果级数 $\sum_{k=1}^{\infty}|x_k|p_k$ 收敛，则称 $\sum_{k=1}^{\infty}x_kp_k$ 为随机变量 ξ 的数学期望，记为 $E\xi$，即 $E\xi=\sum_{k=1}^{\infty}x_kp_k$.

设 ξ 为连续型随机变量，其分布密度函数为 $f(x)$，如果积分 $\int_{-\infty}^{+\infty}|x|f(x)\mathrm{d}x$ 收敛，则称 $\int_{-\infty}^{+\infty}xf(x)\mathrm{d}x$ 为随机变量 ξ 的数学期望，记为 $E\xi$，即 $E\xi=\int_{-\infty}^{+\infty}xf(x)\mathrm{d}x$.

2. 方差

设 ξ 为一个随机变量，如果 $E(\xi-E\xi)^2$ 存在，则称其值为随机变量 ξ 的方差，记为 $D\xi$. 显然有

$$D\xi=E(\xi-E\xi)^2=E\xi^2-(E\xi)^2$$

若 ξ 为一个离散型随机变量，且分布列为 $P(\xi=x_k)=p_k,k=1,2,\cdots$，则有

$$D\xi=\sum_{k=1}^{\infty}(x_k-E\xi)^2p_k$$

若 ξ 为一个连续型随机变量，且分布密度为 $f(x)$，则有

$$D\xi=\int_{-\infty}^{+\infty}(x-E\xi)^2f(x)\mathrm{d}x$$

6.1.3 常用的概率分布

1. 两点分布

设随机变量 ξ 只取 0 或 1 两个值，它的分布列为

$$P(\xi=k)=p^k(1-p)^{1-k},k=0,1$$

则称 ξ 服从于两点分布，且 $E\xi = p, D\xi = p(1-p)$.

2. 二项分布

设随机变量 ξ 可能的取值为 $0,1,2,\cdots,n$，且分布列为

$$P(\xi = k) = C_n^k p^k (1-p)^{1-k}, k = 0,1,2,\cdots,n$$

则称 ξ 服从于二项分布，且 $E\xi = np, D\xi = np(1-p)$.

3. 泊松(Poisson) 分布

设随机变量 ξ 可取所有非负整数值，且分布列为

$$P(\xi = k) = \frac{\lambda^k}{k!}e^{-\lambda}, k = 0,1,2,\cdots$$

其中 $\lambda > 0$ 为常数，则称 ξ 服从于泊松分布，且 $E\xi = \lambda, D\xi = \lambda$.

4. 均匀分布

设 ξ 为连续型随机变量，其分布密度为

$$f(x) = \begin{cases} \frac{1}{b-a}, x \in [a,b] \\ 0, x \notin [a,b] \end{cases}$$

则称 ξ 服从区间 $[a,b]$ 上的均匀分布，且 $E\xi = \frac{a+b}{2}, D\xi = \frac{1}{12}(b-a)^2$.

5. 正态分布

若随机变量 ξ 分布密度函数为

$$f_{\mu,\sigma}(x) = \frac{1}{\sqrt{2\pi}\sigma}e^{-\frac{(x-\mu)^2}{2\sigma^2}}$$

则称 ξ 服从于正态分布 $N(\mu,\sigma^2)$，记为 $\xi \sim N(\mu,\sigma^2)$，且分布函数为

$$F_{\mu,\sigma}(x) = \frac{1}{\sqrt{2\pi}\sigma}\int_{-\infty}^{x} e^{-\frac{(y-\mu)^2}{2\sigma^2}} dy$$

其中，$E(\xi) = \mu, D(\xi) = \sigma^2$. 特别地，当 $\mu = 0, \sigma = 1$ 时，称其为标准的正态分布，记为 $\xi \sim N(0,1)$.

6. χ^2 分布 $\chi^2(n)$

若 n 个相互独立的随机变量 $\xi_1, \xi_2, \cdots, \xi_n$ 都服从于 $N(0,1)$，则称 $\xi = \sum_{k=1}^{n} \xi_k^2$ 服从于自由度为 n 的 χ^2 分布，记为 $\xi \sim \chi^2(n)$，其分布密度函数为

$$f_\xi(x)=\begin{cases}\dfrac{1}{2^{\frac{n}{2}}\Gamma\left(\dfrac{n}{2}\right)}x^{\frac{n}{2}}\mathrm{e}^{-\frac{x}{2}},x\geqslant 0\\0,x<0\end{cases}$$

且 $E(\xi)=n,D(\xi)=2n.$

7. t 分布 $t(n)$

设随机变量 $\xi\sim N(0,1),\eta\sim\chi^2(n)$，则称 $T=\xi/\sqrt{\dfrac{\eta}{n}}$ 服从于自由度为 n 的 t 分布，记为 $T\sim t(n)$，其分布密度函数为

$$f_T(x)=\frac{\Gamma\left(\dfrac{n+1}{2}\right)}{\sqrt{n\pi}\,\Gamma\left(\dfrac{n}{2}\right)}\cdot\left(1+\frac{x^2}{n}\right)^{-\frac{n+1}{2}}$$

且 $E(T)=0,D(T)=\dfrac{n}{n-2}.$

8. F 分布

设随机变量 $\xi\sim\chi^2(m),\eta\sim\chi^2(n)$ 且相互独立，则 $F=\dfrac{\xi/m}{\eta/n}$ 服从于自由度为 m 及 n 的 F 分布，记为 $F\sim F(m,n)$，其密度函数为

$$f_F(x)=\begin{cases}\dfrac{\Gamma\left(\dfrac{m+n}{2}\right)}{\Gamma\left(\dfrac{m}{2}\right)\Gamma\left(\dfrac{n}{2}\right)}m^{\frac{m}{2}}n^{\frac{n}{2}}\ \dfrac{x^{\frac{m}{2}-1}}{(mx+n)^{\frac{m+n}{2}}},x>0\\0,x\leqslant 0\end{cases}$$

且 $E(F)=\dfrac{n}{n-2}(n>2),D(F)=\dfrac{2n^2(n+m-2)}{m(n-2)^2(n-4)}(n>4).$

9. 二维正态分布

设二维随机变量 (ξ,η) 的联合分布密度函数为

$$f(x,y)=\frac{1}{2\pi\sigma_1\sigma_2\sqrt{1-r^2}}\exp\left\{-\frac{1}{2(1-r^2)}\left[\frac{(x-\mu_1)^2}{\sigma_1^2}-2r\frac{(x-\mu_1)(y-\mu_2)}{\sigma_1\sigma_2}+\frac{(y-\mu_2)^2}{\sigma_2^2}\right]\right\}$$

其中 $\sigma_1,\sigma_2>0,\mu_1,\mu_2$ 均为常数，$|r|<1$，则称二维随机变量 (ξ,η) 服从于二维正态分布 $N(\mu_1,\sigma_1;\mu_2,\sigma_2;r)$，且 $E(\xi)=\mu_1,D(\xi)=\sigma_1^2,E(\eta)=\mu_2,D(\xi)=\sigma_2^2.$

6.2　传送带的效率模型

6.2.1　问题

在机械化生产车间里，排列整齐的工作台旁工人们紧张地生产同一种产品. 工作台上放一条传送带在运转，带上设置若干钩子，工人将产品挂在经过他上方的钩子上带走，如图 6-1 所示. 当生产进入稳定状态后，每个工人生产一件产品所需时间是不变的，而他挂产品的时刻是随机的. 衡量这种传送带的效率可以看他能否及时把工人的产品带走. 在工人数目不变的情况下传送带速度越快，带上钩子越多，效率越高.

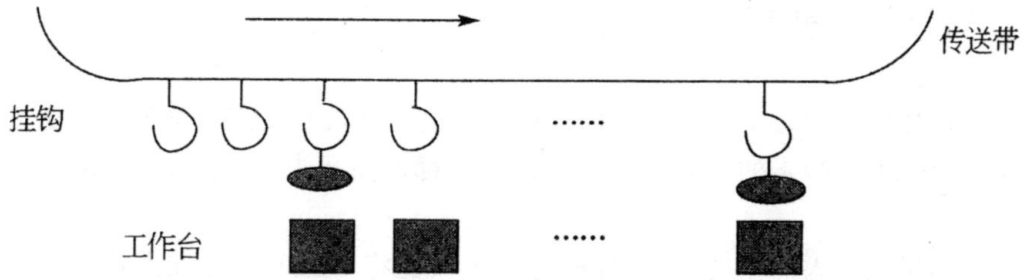

图 6-1　传送带示意图

6.2.2　模型分析

为了用传送带及时带走的产品数量来表示传送带的效率，在工人生产周期（即生产一件产品的时间）相同的情况下，需要假设工人生产出一件产品后，要么恰好有空钩子经过工作台，他可以将产品挂上带走，要么没有空钩子经过，他将产品放下并立即投入下一件产品的生产，以保证整个系统周期性的运转.

工人生产周期相同，但由于各种因素的影响，经过相当长的时间后，他们生产完一件产品的时刻会不一致，认为是随机的，并在一个生产周期内任一时刻的可能性一样.

由上述分析可知，传送系统长期运转的效率等价于一周期的效率，而一周期的效率可以用它在一周期内能带走的产品数与一周期内生产的全部产品数之比来描述.

6.2.3 模型假设

① 有 n 个工人，其生产是独立的，生产周期是常数，n 个工作台均匀排列.

② 生产已进入稳态，即每个工人生产出一件产品的时刻在一个周期内是等可能性的.

③ 在一周期内有 m 个钩子通过每一工作台上方，钩子均匀排列，到达第一个工作台上方的钩子都是空的.

④ 每个工人在任何时刻都能触到一只钩子，且只能触到一只，在他生产出一件产品的瞬间，如果他能触到的钩子是空的，则可将产品挂上带走；如果非空，则他只能将产品放下. 放下的产品就永远退出这个传送系统.

6.2.4 模型建立

将传送系统效率定义为一周期内带走的产品数与生产的全部产品数之比，记作 D，设带走的产品数为 s，生产的全部产品数为 n，则 $D = s/n$. 只需求出 s.

如果从工人的角度考虑，分析每个工人能将自己的产品挂上钩子的概率，这与工人所在的位置有关(如第 1 个工人一定可挂上)，这样会使问题复杂化. 我们从钩子角度考虑，在稳定状态下钩子没有次序，处于同等地位. 若能对一周期内的 m 只钩子求出每只钩子非空的概率 p，则 $s = mp$.

得到 p 的步骤如下(均对一周期而言)：

任一只钩子被一名工人触到的概率是 $1/m$.

任一只钩子不被一名工人触到的概率是 $1 - 1/m$.

由工人生产的独立性，任一只钩子不被所有 n 个工人挂上产品的概率，即任一只钩子为空钩的概率是 $(1 - 1/m)^n$.

任一只钩子非空的概率是 $p = 1 - (1 - 1/m)^n$.

传送带效率指标为

$$D = \frac{mp}{n} = \frac{m}{n}\left[1 - \left(1 - \frac{1}{m}\right)^n\right]$$

为了得到比较简单的结果，在钩子数 m 相对于工人数 n 较大，即 n/m 较小的情况下，将多项式 $(1 - 1/m)^n$ 展开后只取前 3 项，则有

$$D \approx \frac{m}{n}\left[1 - \left(1 - \frac{n}{m} + \frac{n(n-1)}{2m^2}\right)\right] = 1 - \frac{n-1}{2m}$$

如果将一周期内未带走的产品数与全部产品数之比记作 E，再假定 $n \gg 1$，则

$$D = 1 - E, E \approx \frac{n}{2m}$$

当 $n = 10, m = 40$ 时，结果为 $D = 87.5\%$，精确结果为 $D = 89.4\%$.

6.3　报童模型

6.3.1　问题

报童每天清晨从报社购进报纸零售，晚上将没有卖掉的报纸退回. 设报纸每份的购进价为 b，零售价为 a，退回价为 c，假设 $a > b > c$. 即报童售出一份报纸赚 $a - b$，退回一份赔 $b - c$. 报童每天购进报纸太多，卖不完会赔钱；购进太少，不够卖会少挣钱. 试为报童筹划一下每天购进报纸的数量，以获得最大收入.

6.3.2　模型分析

购进量由需求量确定，需求量是随机的. 假定报童已通过自己的经验或其他渠道掌握了需求量的随机规律，即在他的销售范围内每天报纸的需求量为 r 份的概率是 $f(r), r = 0,1,2,\cdots$.

6.3.3　模型建立

假设报童每天购进量为 n 份，则每天的收入为

$$g(n) = \begin{cases} (a-b)r - (b-c)(n-r), r \leqslant n \\ (a-b)n, r > n \end{cases}$$

于是每天购进 n 份报纸时的收入的数学期望为

$$E(n) = \sum_{r=0}^{n} [(a-b)r - (b-c)(n-r)]f(r) + \sum_{r=n+1}^{\infty} (a-b)nf(r) \tag{6-1}$$

于是，问题归结为在 $f(r)$ 和 a,b,c 已知时，求 n 使 $E(n)$ 最大.

6.3.4 模型求解

注意到$E(n)$是离散变量n的函数,使$E(n)$达到最大的n应满足差分为零,即

$$\Delta E(n)=E(n+1)-E(n)=0$$

由于

$$\begin{aligned}\Delta E(n)=&\sum_{r=0}^{n+1}[(a-b)r-(b-c)(n+1-r)]f(r)\\&+\sum_{r=n+2}^{\infty}(a-b)(n+1)f(r)\\&-\sum_{r=0}^{n}[(a-b)r-(b-c)(n-r)]f(r)\\&-\sum_{r=n+1}^{\infty}(a-b)nf(r)\\=&-(b-c)\sum_{r=0}^{n}f(r)+(a-b)\sum_{r=n+1}^{\infty}f(r)\end{aligned}\tag{6-2}$$

令 $\Delta E(n)=E(n+1)-E(n)=0$ 得

$$\frac{\sum\limits_{r=0}^{n}f(r)}{\sum\limits_{r=n+1}^{\infty}f(r)}=\frac{a-b}{b-c}\tag{6-3}$$

故使报童日平均收入达到最大的购进量n满足式(6-3).

因为$\sum\limits_{r=0}^{\infty}f(r)=1$,所以式(6-3)又可表示为

$$\sum_{r=0}^{n}f(r)=\frac{a-b}{a-c}\tag{6-4}$$

根据需求量的概率分布$f(r)$,可从式(6-3)或(6-4)确定购进量n的近似值.

此外,通常报纸需求量r的取值和购进量n都相当大,因此将r和n近似地看成连续变量更便于分析和计算,这时概率$f(r)$转化为概率密度函数$p(r)$,式(6-1)变成

$$E(n)=\int_0^n[(a-b)r-(b-c)(n-r)]p(r)\mathrm{d}r+\int_n^{\infty}(a-b)np(r)\mathrm{d}r\tag{6-5}$$

且$E(n)$关于连续变量n是可微的.计算

$$\frac{\mathrm{d}E(n)}{\mathrm{d}n}=(a-b)np(n)-\int_0^n(b-c)p(r)\mathrm{d}r$$
$$-(a-b)np(n)+\int_n^\infty(a-b)p(r)\mathrm{d}r$$
$$=-(b-c)\int_0^n p(r)\mathrm{d}r+(a-b)\int_n^\infty p(r)\mathrm{d}r$$

令$\frac{\mathrm{d}E(n)}{\mathrm{d}n}=0$，得到

$$\frac{\int_0^n p(r)\mathrm{d}r}{\int_n^\infty p(r)\mathrm{d}r}=\frac{a-b}{b-c} \tag{6-6}$$

故使报童日平均收入达到最大的购进量 n 应满足式(6-6).

因为$\int_0^\infty p(r)\mathrm{d}r=1$，所以式(6-6) 又可表示为

$$\int_0^n p(r)\mathrm{d}r=\frac{a-b}{a-c} \tag{6-7}$$

根据需求量的概率密度 $p(r)$ 的图形很容易从式(6-6) 或式(6-7) 确定购进量 n 的近似值.

6.3.5　模型解释

在图 6-2 中用 P_1 和 P_2 分别表示曲线 $p(r)$ 下的两块面积，则式(6-6) 可记作

$$\frac{P_1}{P_2}=\frac{a-b}{b-c} \tag{6-8}$$

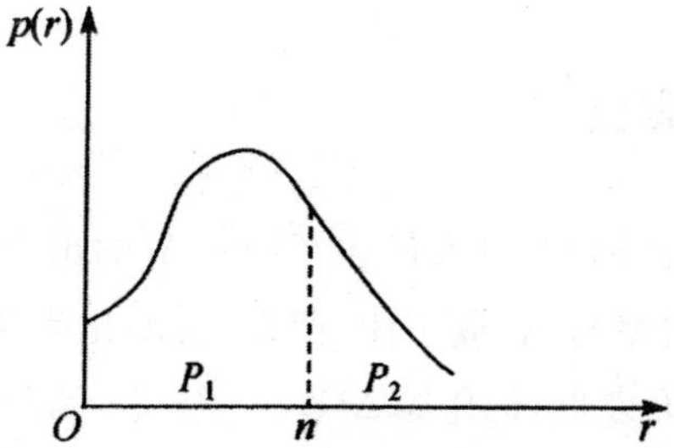

图 6-2　由 $p(r)$ 确定订购量 n 的图解法

因为当购进 n 份报纸时，$P_1=\int_0^n p(r)\mathrm{d}r$ 是需求量 r 不超过 n 的概率，即卖不完的概率，$P_2=\int_n^\infty p(r)\mathrm{d}r$ 是需求量 r 超过 n 的概率，即卖完的概率，所

以式(6-6)表明，购进的份数 n 应该使卖不完与卖完的概率之比，恰好等于卖出一份赚的钱 $a-b$ 与退回一份赔的钱 $b-c$ 之比. 显然，当报童与报社签订的合同使报童每份赚钱与赔钱之比越大时，报童购进的份数就应该越多.

6.4 随机人口模型

6.4.1 问题及其分析

前面几章中讨论的人口模型都是确定性的，已知初始人口并给定了生育率、死亡率等数据后，可以确切地预测未来的人口. 但事实上，一个人的出生与死亡应该说是随机事件，无法准确预测. 之所以可以用确定性模型描述人口的发展，是因为考察的是一个国家或地区，人口的数量很大，不仅可以把它作为连续变量来处理，还可以用相对于人口总数而言的平均生育率、平均死亡率代替出生、死亡的概率. 如果研究的对象是一个自然村落或一个家族的人口，数量不大，需作为离散型随机变量看待时，就要利用随机人口模型来描述其变化过程.

时刻 t 的人口用随机变量 $x(t)$ 表示，$x(t)$ 只取整数值. 记 $P_n(t)$ 为 $\{x(t)=n\}$ 的概率，$n=0,1,2,\cdots$. 下面将在对出生和死亡的概率作出适当假设的基础上，寻求 $P_n(t)$ 的变化规律，并由此得出人口 $x(t)$ 的期望和方差，用它们在随机意义下描述人口的发展状况.

6.4.2 模型假设

若 $x(t)=n$，设 Δt 很小，对人口在 t 到 $t+\Delta t$ 的出生和死亡作如下假设：

① 出生一人的概率与 Δt 成正比，记作 $b_n\Delta t$；出生两人及两人以上的概率是关于 Δt 的高阶无穷小，记作 $o(\Delta t)$.

② 死亡一人的概率与 Δt 成正比，记作 $d_n\Delta t$；死亡两人及两人以上的概率为 $o(\Delta t)$.

③ 出生与死亡是相互独立的随机事件.

④ 进一步假设 b_n 和 d_n 均与 n 成正比，记 $b_n=\lambda_n$，$d_n=\mu_n$，λ 和 μ 分别是单位时间内 $n=1$ 时一个人出生和死亡的概率.

6.4.3　建模与求解

为了得到 $P_n(t)$ 的方程，考察随机事件 $x(t+\Delta t)=n$，将它分解为以下互不相容的事件之和，并根据假设①、②、③，可以得到这些事件的概率：

①$x(t)=n-1$，且 Δt 内出生 1 人，概率为 $P_{n-1}(t)b_{n-1}\Delta t$.

②$x(t)=n+1$，且 Δt 内死亡 1 人，概率为 $P_{n+1}(t)d_{n+1}\Delta t$.

③$x(t)=n$，且 Δt 内没有人出生或死亡，概率为 $P_n(t)(1-b_n\Delta t-d_n\Delta t)$.

④$x(t)=n-k(k\geqslant 2)$，Δt 内出生 k 人，或 $x(t)=n+k(k\geqslant 2)$，Δt 内死亡 k 人，或 $x(t)=n$，Δt 内出生且死亡 k 人 $(k\geqslant 1)$，这些事件的概率均为 $o(\Delta t)$.

按照全概率公式，有

$$\begin{aligned}P_n(t+\Delta t)=&P_{n-1}(t)b_{n-1}\Delta t+P_{n+1}(t)d_{n+1}\Delta t\\&+P_n(t)(1-b_n\Delta t-d_n\Delta t)+o(\Delta t)\end{aligned}\tag{6-9}$$

由此可得关于 $P_n(t)$ 的微分方程

$$\frac{\mathrm{d}P_n}{\mathrm{d}t}=b_{n-1}P_{n-1}(t)+d_{n+1}P_{n+1}(t)-(b_n+d_n)P_n(t)\tag{6-10}$$

特别地，在假设④下方程为

$$\frac{\mathrm{d}P_n}{\mathrm{d}t}=\lambda(n-1)P_{n-1}(t)+\mu(n+1)P_{n+1}(t)-(\lambda+\mu)nP_n(t)\tag{6-11}$$

若初始时刻 $(t=0)$ 人口为确定数量 n_0，则 $P_n(t)$ 的初始条件为

$$P_n(0)=\begin{cases}1, n=n_0\\0, n\neq n_0\end{cases}\tag{6-12}$$

式(6-11)对于不同的 n 是一组递推方程，在条件(6-12)下的求解过程十分复杂，且结果也不简单. 幸好，一般人们所关心的不是式(6-11)的解 $P_n(t)$，而是 $x(t)$ 的数学期望 $E(x(t))$ 和方差 $D(x(t))$，以下将它们分别记作 $E(t)$ 和 $D(t)$.

按数学期望的定义，有

$$E(t)=\sum_{n=1}^{\infty}nP_n(t)\tag{6-13}$$

对式(6-13)求导并将式(6-11)代入，得

$$\begin{aligned}\frac{\mathrm{d}E(t)}{\mathrm{d}t}=&\lambda\sum_{n=1}^{\infty}n(n-1)P_{n-1}(t)+\mu\sum_{n=1}^{\infty}n(n+1)P_{n+1}(t)\\&-(\lambda+\mu)\sum_{n=1}^{\infty}n^2P_n(t)\end{aligned}\tag{6-14}$$

注意到

$$\sum_{n=1}^{\infty} n(n-1)P_{n-1}(t) = \sum_{k=1}^{\infty} k(k+1)P_k(t)$$

$$\sum_{n=1}^{\infty} n(n+1)P_{n+1}(t) = \sum_{k=1}^{\infty} k(k-1)P_k(t)$$

将之代入式(6-14)并利用式(6-13),有

$$\frac{\mathrm{d}E}{\mathrm{d}t} = (\lambda - \mu)\sum_{n=1}^{\infty} nP_n(t) = (\lambda - \mu)E(t) \tag{6-15}$$

由式(6-12)可写出 $E(t)$ 的初始条件:

$$E(0) = n_0 \tag{6-16}$$

显然,方程(6-15)在条件(6-16)下的解为

$$E(t) = n_0 \mathrm{e}^{rt}, r = \lambda - \mu \tag{6-17}$$

这个结果与马尔萨斯所建立的人口指数模型

$$x(t) = x_0 \mathrm{e}^{rt} \tag{6-18}$$

形式上完全一致.从含义上看,随机性模型(6-18)中出生概率 λ 与死亡概率 μ 之差 r 可称为净增长概率,人口的期望值 $E(t)$ 呈指数增长.在人口数量很多的情况下,如果将 r 视为平均意义下的净增长率,那么 $E(t)$ 就可以看做确定性模型(6-18)中的人口总数 $x(t)$ 了.

对于方差 $D(t)$,按照定义,有

$$D(t) = \sum_{n=1}^{\infty} n^2 P_n(t) - E^2(t) \tag{6-19}$$

记
$$R(t) = \sum_{n=1}^{\infty} n^2 P_n(t)$$

则
$$D(t) = R(t) - E^2(t)$$

由式(6-11)可得

$$\frac{\mathrm{d}R}{\mathrm{d}t} = \sum_{n=1}^{\infty} n^2 \frac{\mathrm{d}P_n}{\mathrm{d}t} = 2(\lambda - \mu)\sum_{n=1}^{\infty} n^2 P_n + (\lambda + \mu)\sum_{n=1}^{\infty} nP_n$$

再由式(6-13)、(6-17),得

$$\frac{\mathrm{d}R}{\mathrm{d}t} = 2rR + n_0(\lambda + \mu)\mathrm{e}^{rt}, r = \lambda - \mu$$

此方程在初始条件 $R(0) = n_0^2$ 下解为

$$R(t) = \left(n_0^2 + n_0\frac{\lambda + \mu}{\lambda - \mu}\right)\mathrm{e}^{2rt} - n_0\frac{\lambda + \mu}{\lambda - \mu}\mathrm{e}^{rt}$$

于是
$$D(t) = n_0\frac{\lambda + \mu}{\lambda - \mu}\mathrm{e}^{rt}(\mathrm{e}^{rt} - 1) \tag{6-20}$$

$D(t)$ 的大小表示了人口 $x(t)$ 在期望值 $E(t)$ 附近的波动范围.式

(6-20) 说明这个范围不仅随着时间的延续和净增长概率 $r=\lambda-\mu$ 的增大而变大，而且即使当 r 不变时，它也随着 λ 和 μ 的上升而增长. 这就是说，当出生和死亡频繁出现时，人口的波动范围变大.

6.4.4　评注

从模型假设和得到的人口期望值的结果可以看出，这个随机模型与确定性人口模型中相对应的只不过是最简单的指数增长模型. 但即使这样，由方程(6-11)、(6-12) 求解 $P_n(t)$ 已经相当复杂了. 其实，本节所讨论的作为人口模型并没有多大的意义，但是作为一般的生灭过程，特别是从假设 ①、②、③ 得到的模型(6-10) 有广泛的用途，如电梯的升降，交通路口的通过以及各种排队现象，都可以在适当的假设下用生灭过程描述.

6.5　随机存贮模型

6.5.1　一次性订购问题

例 6-1　某商店决定采购某种化妆品，化妆品的进价为每瓶 30 元，售价为每瓶 50 元. 如果进货一定时间后不能售出必须削价处理，削价为 10 元时肯定每天售出. 据预测这种商品的售货量 k 服从 $\lambda=60$ 的泊松分布，即售货量为 k 的概率为

$$p_k=\frac{e^{-60}\cdot 60^k}{k!},k=0,1,2,\cdots$$

问：该商店应进多少瓶此种化妆品？

解：设进货量为 r，售出量为 k，每出售一瓶可赚 m 元，每削价出售一瓶要亏 1 元. 于是，当供过于求时，平均损失为

$$\sum_{k=0}^{r}l(r-k)p_k$$

供不应求时，因缺货而少赚钱的平均损失为

$$\sum_{k=r+1}^{\infty}m(k-r)p_k$$

因此，当进货量为 r 时，损失的期望值为

$$C(r)=\sum_{k=0}^{r}l(r-k)p_k+\sum_{k=r+1}^{\infty}m(k-r)p_k$$

依题意，要从上式中确定 r，使 $C(r)$ 达到极小.

由于 r 取值是离散的，只好用差分的方法求解.

按差分求极值的思想，求出 $\Delta C(r)=C(r+1)-C(r)$，令 $\Delta C(r)=0$，便可求出 r.

显然

$$C(r+1)=\sum_{k=0}^{r+1}l(r+1-k)p_k+\sum_{k=r+2}^{\infty}m(k-r-1)p_k$$

$$\begin{aligned}\Delta C(r)&=\left[\sum_{k=0}^{r+1}l(r+1-k)p_k+\sum_{k=r+2}^{\infty}m(k-r-1)p_k\right]\\&\quad-\left[\sum_{k=0}^{r}l(r-k)p_k+\sum_{k=r+1}^{\infty}m(k-r)p_k\right]\\&=\sum_{k=0}^{r}lp_k-mp_{r+1}+m\sum_{k=r+2}^{\infty}p_k\\&=(m+l)\sum_{k=0}^{r}p_k-m\end{aligned}$$

令 $\Delta C(r)=0$，解得

$$\sum_{k=0}^{r}p_k=\frac{m}{m+l}$$

由题意知 $m=20$，$l=20$，$\dfrac{m}{m+l}=\dfrac{1}{2}$.

当 $r=60$ 时，$\sum\limits_{k=0}^{r}p_k=\dfrac{1}{2}$，因此该店应进货 60 瓶.

6.5.2 (s,S) 型随机存储问题

1. 问题

商店在一周中的销量是随机的，每逢周末经理要根据存货量的多少决定是否订购货物，以供下周的销售，适合经理采用的一种简单策略是制定一个下界 s 和一个上界 S，当周末库存少于 s 时，则订货，且订货量使下周初的存货量达到 S，这种策略称为 (s,S) 随机存储策略.

为使问题简化，只考虑如下费用：订货量、贮存量、缺货量和商品进购价格. 贮存策略的优劣以总费用的最小为标准. 显然，总费用（在平均意义下）与 (s,S) 随机存储策略、销售量的随机规律以及单项费用的大小有关.

2. 模型假设

为方便，时间以周为单位，商品数量以件为单位.

① 每次订金为 c_0（与数量无关）；每件商品进价为 c_1；每件商品的贮存费为 c_2（一周）；每件商品的缺货损失为 c_3（相当于售出价，故应有 $c_1 < c_3$）.

② 一周的销售量 r 是随机的，r 的取值很大，可视为连续变量，其概率密度函数为 $p(r)$.

③ 记周末的存货量为 x，订货量为 u，并且立即到货，于是，周初的存货量为 $(x+u)$.

④ 一周的销售是在周初进行的，即一周的贮存量为 $(x+u-r)$，不随时间改变，这个假设是为计算贮存费用的方便.

3. 建模与求解

按照制定 (s,S) 策略的要求，当周末存货量 $x \geqslant s$ 时，订货量 $u=0$；当 $x<s$ 时，$u>0$，且令 $x+u=S$ 确定 s，S 应以"总费用"最小为标准，因销售量 r 的随机性，贮存量与缺货量也是随机的，以致一周的贮存费用和缺货费用也是随机的，所以，目标函数应取一周总费用的期望值，即长期经营中每周费用的平均值，以下称平均费用.

根据假设条件，容易写出平均费用为

$$J(u)=\begin{cases} c_0+c_1u+L(x+u), & u>0 \\ L(x), & u=0 \end{cases} \tag{6-21}$$

式中

$$L(x)=c_2\int_0^x (x-r)p(r)\mathrm{d}r+c_3\int_x^{+\infty}(r-x)p(r)\mathrm{d}r \tag{6-22}$$

先在 $u>0$ 情况下，求 u 使 $J(u)$ 达到最小值，从而确定 S：

$$\frac{\mathrm{d}J}{\mathrm{d}u}=c_1+c_2\int_0^{x+u}p(r)\mathrm{d}r-c_3\int_{x+u}^{+\infty}p(r)\mathrm{d}r \tag{6-23}$$

令 $\dfrac{\mathrm{d}J}{\mathrm{d}u}=0$，记 $x+u=S$，并注意 $\int_0^{+\infty}p(r)\mathrm{d}r=1$，得

$$\frac{\int_0^S p(r)\mathrm{d}r}{\int_S^{+\infty}p(r)\mathrm{d}r}=\frac{c_3-c_1}{c_2+c_1} \tag{6-24}$$

就是说，订货量 u 加上原有的贮存量 x 达到式(6-24)所示的 S 时，可使平均费用最小.

从式(6-24)可以看出，当商品购进价 c_1 一定时，贮存费用 c_2 越小，缺货费 c_3 越大，S 也应越大，这是符合常识的.

下面讨论确定 s 的方法：当库存量为 x 时，若订货，则由式(6-21)，在 S 策略下平均费用为 $J_1=c_0+c_1(S-x)+L(S)$.

若不订货，则平均费用为 $J_2=L(x)$，由于 (s,S) 策略的目标是使"总费

用”最小，因此，只有当 $J_2 \leqslant J_1$ 时不订货，即

$$L(x) \leqslant c_0 + c_1(S - x) + L(S) \Leftrightarrow L(x) + c_1 x \leqslant c_0 + c_c S + L(S) \tag{6-25}$$

时不订货.

显然，当 $x = S$ 时，不等式(6-25) 成立，若有多个 $x(x < S)$，使式(6-25) 成立，则选取最小的这样的 x 为 s，为了确定 s，根据式(6-25) 的等价关系式的特点，令 $I(x) = c_1 x + L(x)$，则不订货的式(6-25) 可表示为

$$I(x) \leqslant c_0 + I(S) \tag{6-26}$$

由于式(6-26) 的右端为已知数，于是 s 应为方程

$$I(x) = c_0 + I(S) \tag{6-27}$$

的最小正根.

式(6-27) 可以用图形求出，如图 6-3 所示，注意到 $I(x)$ 与 $J(u)$ 表达式的相似性，可知 $\dfrac{\mathrm{d}^2 I}{\mathrm{d}x^2} > 0$，$I(x)$ 是下凸的，且在 $x = S$ 时达到极小值，在极小值 $I(S)$ 上叠加 c_0，按图中箭头方向即可得到 s(事实上，可以证明：当 $s \leqslant x \leqslant S$ 时，必有式(6-26) 成立).

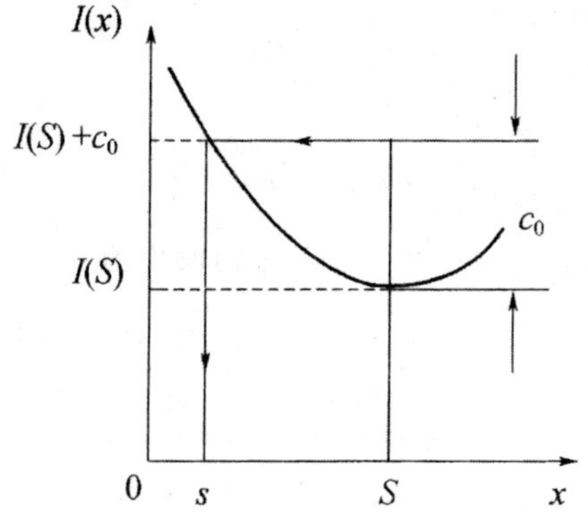

图 6-3　求 s 的图解法

综上所述，根据式(6-21) 和式(6-22) 所确定的(s, S) 策略由式(6-24)、式(6-26)、式(6-27) 给出，当 c_0, c_1, c_2, c_3 及 $p(r)$ 给定后，s, S 可以唯一确定.

在这个模型中，贮存费用的计算是比较困难的，因为一般来说，贮存费用应与贮存时间有关，所以，必须对一周内贮存量的变化情况作出适当的假设. 按照模型假设条件 ④，贮存量 q 在 $0 \leqslant t \leqslant 1$ 内的变化可用图 6-4 及图 6-5 表示.

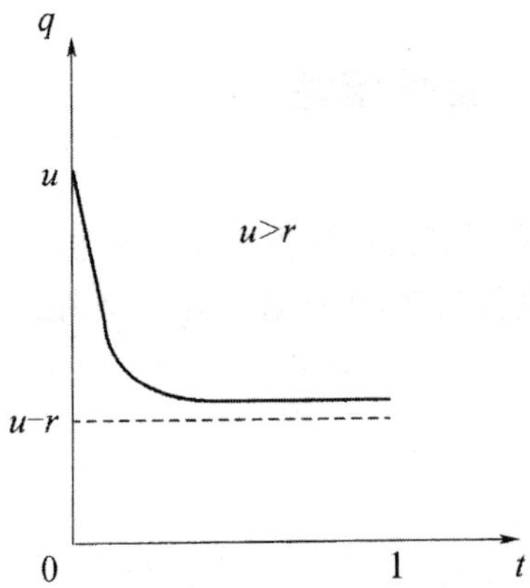

图 6-4　短时间内存贮量降为 $(u-r)$

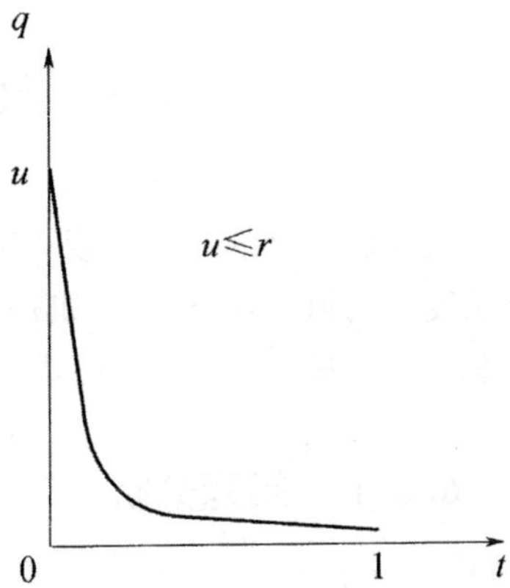

图 6-5　短时间内存贮量降为 0

即在可以忽略的短时间内，贮存量就降为 $u-r$（$u>r$ 时）或为 0（$u\leqslant r$ 时）.

在这个假设下，计算结果都十分简单，即在应用 (s,S) 策略时，对于不易清点数量的贮存，人们经常将它分为两堆存放，一堆的数量为 s，剩余的另放一堆，平时从另一堆中取用. 当未动用数量为 s 的一堆时，期末可以不订货；当动用了数量为 s 的一堆时，期末即要订货.

关于贮存量 q 的更合理的假设似乎应如图 6-6 和图 6-7 所示，即在一周内的销量是均匀的，因而贮存量 q 呈直线下降，在这种情况下，贮存费用的计算就比较麻烦，而且得不到简洁的结果.

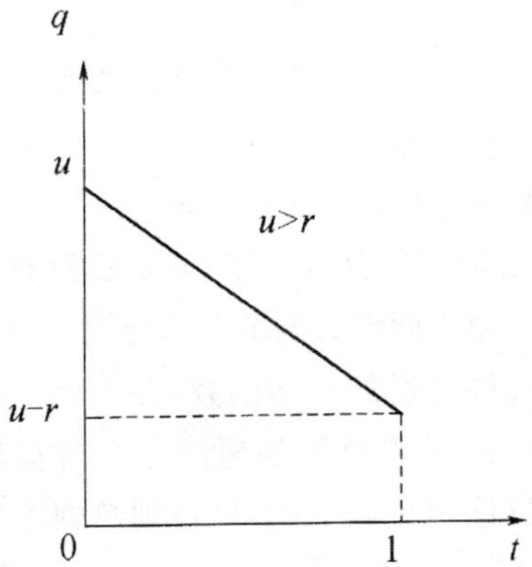

图 6-6　一周内存贮量均匀降为 $(u-r)$

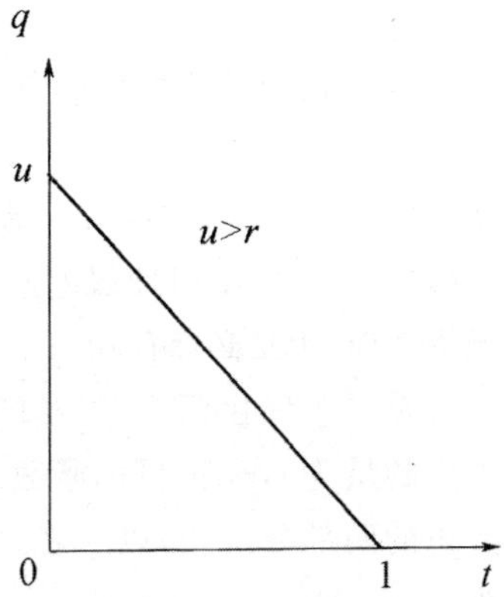

图 6-7　一周内存贮量均匀降为 0

6.6 轧钢中的浪费模型

已知成品材的规定长度 l 和粗轧后钢材长度的均方差 σ，确定粗轧后钢材长度的均值 m，使得当轧机调整到 m 进行粗轧，再通过精轧以得到成品材时总的浪费最少.

6.6.1 问题分析

粗轧后钢材长度记作 x，x 是均值 m、均方差 σ 的正态随机变量，x 的概率密度记作 $p(x)$，如图 6-8 所示，其中 σ 已知，m 待定. 当成品材的规定长度 l 给定后，记 $x \geqslant l$ 的概率为 P，即 $P = P(x \geqslant l)$，P 是图中阴影部分面积.

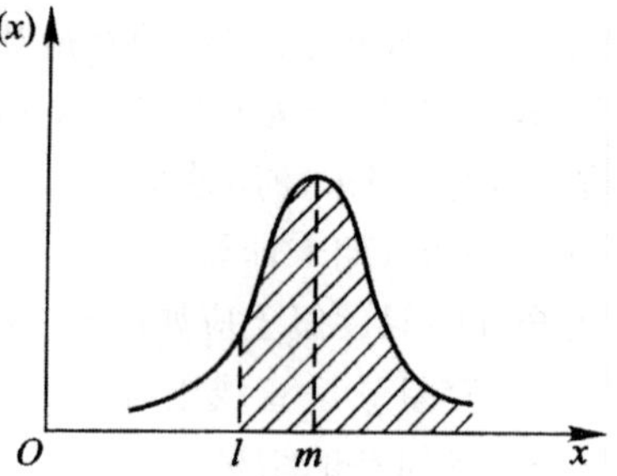

图 6-8　钢材长度 x 的概率密度

轧制过程中的浪费由两部分构成. 一是当 $x \geqslant l$ 时，精轧时要切掉长 $x - l$ 的钢材；二是当 $x < l$ 时，长 x 的整根钢材报废. 由图可以看出，m 变大时曲线右移，概率 P 增加，第一部分的浪费随之增加，而第二部分的浪费将减少；反之，当 m 变小时曲线左移，虽然被切掉的部分减少了，但是整根报废的可能将增加. 于是必然存在一个最佳的 m，使得两部分的浪费综合起来最小.

这是一个优化模型，建模的关键是选择合适的目标函数，并用已知的和待确定的量 l, σ, m 把目标函数表示出来. 一种很自然的想法是直接写出上面分析的两部分浪费，以二者之和作为目标函数，于是容易得到总的浪费长度为

$$W = \int_l^{\infty} (x - l) p(x) \mathrm{d}x + \int_{-\infty}^{l} x p(x) \mathrm{d}x \tag{6-28}$$

利用 $\int_{-\infty}^{+\infty} p(x) \mathrm{d}x = 1$，$\int_{-\infty}^{+\infty} x p(x) \mathrm{d}x = m$ 和 $\int_l^{\infty} p(x) \mathrm{d}x = P$，式(6-28)可化简

为

$$W = m - lP \tag{6-29}$$

其实,式(6-29)可以用更直接的办法得到.设想共粗轧了 N 根钢材(N 很大),所用钢材总长为 mN,N 根中可以轧出成品材的只有 PN 根,成品材总长为 lPN,于是浪费的总长度为 $mN - lPN$,平均每粗轧一根钢材浪费长度为

$$W = \frac{mN - lPN}{N} = m - lP \tag{6-30}$$

问题在于以 W 为目标函数是否合适呢?

轧钢的最终产品是成品材,如果粗轧车间追求的是效益而不是产量的话,那么浪费的多少不应以每粗轧一根钢材的平均浪费量为标准,而应该用每得到一根成品材浪费的平均长度来衡量.为了将目标函数从前者(即式(6-30)所表示的)改成后者,只需将式(6-30)中的分母 N 改为成品材总数 PN 即可.

6.6.2 建模与求解

以每得到一根成品材所浪费钢材的平均长度为目标函数.因为当粗轧 N 根钢材时浪费的总长度是 $mN - lPN$,而只得到 PN 根成品材,所以目标函数为

$$J_1 = \frac{mN - lPN}{PN} = \frac{m}{P} - l \tag{6-31}$$

因为 l 是已知常数,所以目标函数可等价地只取上式右端第一项,记作

$$J(m) = \frac{m}{P(m)} \tag{6-32}$$

式中,$P(m)$ 表示概率 P 是 m 的函数.实际上,$J(m)$ 恰是平均每得到一根成品材所需钢材的长度.

下面求 m 使 $J(m)$ 达到最小.对于表达式

$$P(m) = \int_l^{\infty} p(x)\mathrm{d}x,\ p(x) = \frac{1}{\sqrt{2\pi}\sigma}\mathrm{e}^{-\frac{(x-m)^2}{2\sigma^2}} \tag{6-33}$$

作变量代换

$$y = \frac{x - m}{\sigma} \tag{6-34}$$

并令

$$\mu = \frac{m}{\sigma},\lambda = \frac{l}{\sigma} \tag{6-35}$$

则式(6-32)可表示为

$$J(\mu)=\frac{\sigma\mu}{\Phi(\lambda-\mu)} \tag{6-36}$$

其中 $\Phi(z)$ 是标准正态变量的分布函数，即

$$\Phi(z)=\int_z^{\infty}\varphi(y)\mathrm{d}y,\varphi(y)=\frac{1}{\sqrt{2\pi}}\mathrm{e}^{-\frac{y^2}{2}} \tag{6-37}$$

$\varphi(y)$ 是标准正态变量的密度函数. 再设

$$z=\lambda-\mu \tag{6-38}$$

式(6-36) 化为用微分法解函数

$$J(z)=\frac{\sigma(\lambda-z)}{\Phi(z)} \tag{6-39}$$

的极值问题. 注意到 $\Phi'(z)=-\varphi(z)$，不难推出最优值 z^* 应满足方程

$$\frac{\Phi(z)}{\varphi(z)}=\lambda-z \tag{6-40}$$

记

$$F(z)=\frac{\Phi(z)}{\varphi(z)} \tag{6-41}$$

$F(z)$ 可根据标准正态分布的函数值 Φ 和 φ 制成表格(简表见表 6-1) 或绘出图形(略图如图 6-9). 由表或图可以得到方程(6-40) 的根 z^*，再代回(6-38) 和(6-35) 式即得到 m 的最优值 m^*.

表 6-1　$F(z)=\Phi(z)/\varphi(z)$ 的简表

z	-3.0	-2.5	-2.0	-1.5	-1.0	-0.5
$F(z)$	227.0	56.79	18.10	7.206	3.477	1.680
z	0	0.5	1.0	1.5	2.0	2.5
$F(z)$	1.253	0.876	0.656	0.516	0.420	0.355

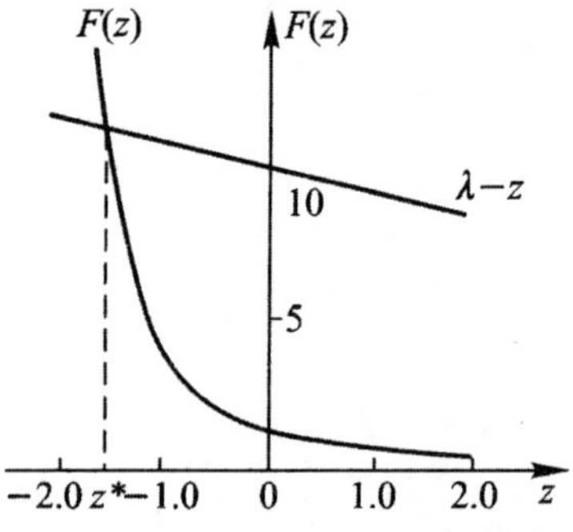

图 6-9　$F(z)$ 的图形及(6-40) 式得图解法

值得指出的是，对于给定的 $\lambda > F(0) = 1.253$，方程(6-40) 不只一个根，但是可以证明，只有唯一负根 $z^* < 0$，才使 $J(z)$ 取得极小值.

6.6.3　评注

模型中假定当粗轧后钢材长度 x 小于规定长度 l 时就整根报废，实际上这种钢材还常常能轧成较小规格如长 $l_1 (< l)$ 的成品材. 只有当 $x < l_1$ 时才报废. 或者当 $x < l$ 时可以降级使用(对浪费打一折扣). 这些情况下的模型及求解就比较复杂了.

在日常生产活动中类似的问题很多，如用包装机将某种物品包装成 500 g 一袋出售，在众多因素的影响下包装封口后一袋的重量是随机的，不妨仍认为服从正态分布，均方差已知，而均值可以在包装时调整. 出厂检验时精确地称量每袋的重量，多于 500 g 的仍按 500 g 一袋出售，厂方吃亏；不足 500 g 的降价处理，或打开封口返工，或直接报废，将给厂方造成更大的损失. 问如何调整包装时每袋重量的均值使厂方损失最小.

6.7　航空公司的预订票策略

由于并不清楚航空公司的任何强制服务且缺失航空公司相关数据，因此不能对某次飞机给出定性结论，下面只是一般性的结论.

6.7.1　模型假设

1) 航班的飞行成本 f 与乘客数 n 无关，航空公司的利润 S 只与收入和成本有关，飞机最大容量记为 N.

2) 尽管不同机舱的票价不同，为了简化模型，只考虑乘客的平均票价，每个乘客所付费用记为 g，预订票乘客登机概率为 $p (q = 1 - p)$.

3) 对于一次飞行，取消登机的人数记为 k，该事件发生的概率记为 p_k.

4) 某次航班订票总数记为 m，因航班满员被拒登机的补偿费用记为 b.

5) 某次航班出售的折价机票数记为 t，折价率记为 r.

6) 客源丰富，不考虑订票不满的情况. 必要时，可以改变某些假设.

6.7.2　模型建立

模型一　不考虑任何形式补偿

m 个订票者中有 k 个取消登机时利润

$$s_k = \begin{cases} (m-k)g - f, m-k \leqslant N \\ Ng - f, m-k > N \end{cases} \tag{6-42}$$

每个航班的实际平均利润

$$\begin{aligned} S &= \sum_{k=0}^{m} p_k s_k = \sum_{k=0}^{m-N-1} p_k(Ng-f) + \sum_{k=m-N}^{m} p_k[(m-k)g-f] \\ &= \sum_{k=0}^{m} p_k(Ng-f) + \sum_{k=m-N}^{m} p_k[(m-k)g-f-(Ng-f)] \\ &= (Ng-f)\sum_{k=0}^{m} p_k + \sum_{k=m-N}^{m} p_k(m-N-k)g \\ &= Ng - f - g\sum_{i=0}^{N} ip_{m-N+i} \end{aligned} \tag{6-43}$$

要使 S 最大,应该 p_i 尽可能小,因此需要 m 越大越好. 这个模型的缺点是没有考虑拒签补偿. 更合理的模型需要将拒签因素计入模型. 对于不同的拒签补偿方式,可以建立不同的模型.

模型二　现金补偿模型

假设每位被拒签的补偿是 b,m 个订票者中有 k 个取消登机时利润

$$s_k = \begin{cases} (m-k)g - f, m-k \leqslant N \\ Ng - f - (m-k-N)b, m-k > N \end{cases} \tag{6-44}$$

每个航班的实际平均利润

$$\begin{aligned} S &= \sum_{k=0}^{m} p_k s_k \\ &= \sum_{k=0}^{m-N-1} p_k[(Ng-f)-(m-k-N)b] + \sum_{k=m-N}^{m} p_k[(m-k)g-f] \\ &= \sum_{k=0}^{m-N-1} p_k[(N-m+k)g-(m-k-N)b] + (mg-f)\sum_{k=0}^{m} p_k - g\sum_{k=0}^{m} kp_k \end{aligned}$$

记 $\sum_{k=0}^{m} kp_k = \bar{k}$ 表示不登机乘客的期望值,则有

$$\begin{aligned} S &= mg - f - \bar{k}g - (b+g)\sum_{k=0}^{m-N-1} p_k(m-N-k) \\ &= (m-\bar{k})g - f - (b+g)\sum_{k=0}^{m-N-1} p_k(m-N-k) \end{aligned} \tag{6-45}$$

下面考虑几种特殊情况,验证模型的有效性.

情形 1. $p_0 = 1, p_k = 0, k \geqslant 1$.

$$\bar{k} = 0, S = Ng - f - b(m-N)$$

结果表明,当 $m = N$ 时,公司利润最大,这与实际是相符的.

情形 2. 预订票者实际登机的概率服从二项分布,因此 m 个预订票者有 k 个取消登机的概率为

$$p_k = C_m^k p^{m-k}(1-p)^k$$

$$\bar{k} = mg, S = pmg - f - (b+g)\sum_{k=0}^{m-N-1} p_k(m-N-k) \quad (6\text{-}46)$$

假设 $\lambda = f/Ng, \gamma = b/g$,记

$$s(\gamma,m) = \frac{S}{f} = \frac{1}{\lambda N}\left[pm - (1+\gamma)\sum_{k=0}^{m-N-1} p_k(m-N-k)\right] - 1 \quad (6\text{-}47)$$

目标是寻找最优的 (γ,m),使 $s(\gamma,m)$ 取最大值. 可以通过数值模拟寻优.

(1) $\gamma = 0.2, \lambda = 0.5, N = 200$, q 分别为 0.02,0.04,0.06,0.08,0.1,横坐标为 $m-200$,纵坐标为 $s(\gamma,m)$,结果见图 6-10.

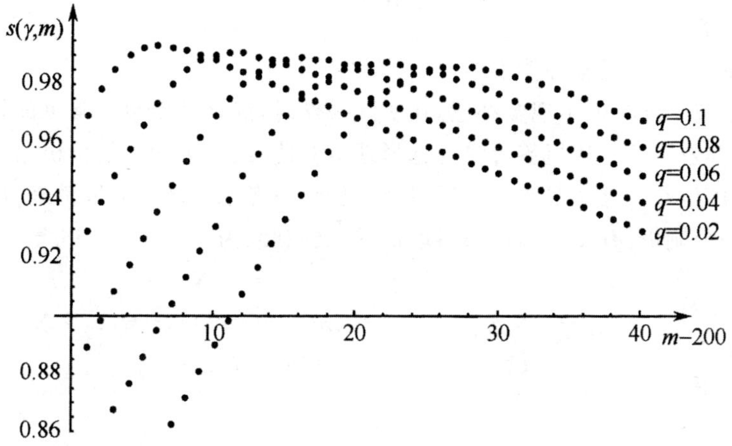

图 6-10

从图 6-10 可以看出,q 对需要超额预定的票数有较大影响,这一点与实际也是相符的,因为 $q(q=1-p)$ 越大,平均来说实际取消登机的人数越多. 为了保证航班满座,就必须多预售一些票.

(2) $q = 0.04, \lambda = 0.5, N = 200$, γ 分别为 0.1,0.2,0.3,0.4,0.5,横坐标为 $m-200$. 纵坐标为 $s(\gamma,m)$,结果见图 6-11.

从图 6-11 中可以看出,在实际登机率为 96% 的情况下,对于赔付比率为 0.1 ~ 0.5,一架 200 座的航班,超额预售的票数约为 11 张时,利润最大. 该图也说明了,如果航空公司能准确地知道预订票者的登机概率,只要适当地控制预售票数,从平均意义上来说,即使航空公司制定较高的拒签赔付

率，也不会对其最大利润产生多大影响.

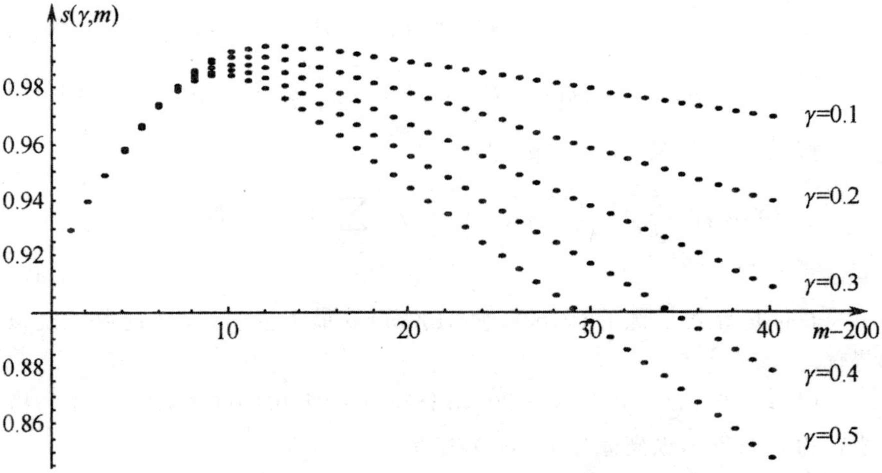

图 6-11

模型三　混合补偿模型

模型二仅考虑了现金补偿. 在实际操作时，混合补偿也是常见的补偿方式，航空公司可以让拒签者自己选择现金补偿，或优惠购买折价机票.

假定 t 个旅客以票价 rg 订了折价机票，不考虑这部分人取消登机情况. 对于一个航班，有 k 个预订票者取消登机的利润为

$$s_k = \begin{cases} trg + (m-j-k)g - f, m-k \leqslant N \\ trg + (N-j)g - f - (m-k-N)b, m-k > N \end{cases} \tag{6-48}$$

$$p_k = C_{m-t}^k p^{m-k-t}(1-p)^k, \bar{k} = (m-t)q$$

$$\begin{aligned} S &= \sum_{k=0}^{m} p_k s_k \\ &= \sum_{k=0}^{m-N-1} p_k[(Ng-f) - t(1-r)g - (m-k+N)b] \\ &\quad + \sum_{k=m-N}^{m} p_k[(m-k)g - t(1-r)g - f] \\ &= \sum_{k=0}^{m-N-1} p_k[(N-n-k)g - (m-k-N)b] \\ &\quad + [m - t(1-r)g - f]\sum_{k=0}^{m} p_k - g\sum_{k=0}^{m} kp_k \\ &= pmg - t(1-r)g - f - \sum_{k=0}^{n-N-1} p_k(m-N-k) \end{aligned} \tag{6-49}$$

据此得到

$$s(\gamma,m)=\frac{S}{f}=\frac{1}{\lambda N}\left[pm-t(1-r)(1+\gamma)\sum_{k=0}^{m-N-1}p_k(m-N-k)\right]-1$$

(6-50)

6.8 广告中的数学

以房产销售广告为例，房产开发商为了扩大销售，提高销售量，通常会印制精美的广告分发给大家. 虽然买房人的买房行为是随机的，他可能买房，也可能暂时不买，可能买这家开发商的房子，也可能买另一家开发商的房子，但与各开发商的广告投入有一定的关联. 一般地，随着广告费用的增加，潜在的购买量会增加，但市场的购买力是有一定限度的. 表 6-2 给出了某开发商以往 9 次广告投入及预测的潜在购买力.

表 6-2 广告投入与潜在购买力统计

单位：百万元

广告投入	0.2	10580	0.5	0.52	0.56	0.65	0.67	0.69	1
购买力	10340	0.4	10670	10690	10720	10780	10800	10810	10950

下面从数学角度，通过合理的假设为开发商制定合理的广告策略，并给出单位面积成本 700 元，售价为 4000 元条件下的广告方案.

6.8.1 模型假设

1）假设单位面积成本为 p_1 元，售价为 p_2 元，忽略其他费用，需求量 r 是随机变量，其概率密度为 $p(r)$.

2）假设广告投入为 p 百万元，潜在购买力是 p 的函数记作 $s(p)$，实际供应量为 y.

6.8.2 模型建立

开发商制定策略的好坏主要由利润来确定，好的策略应该获得好的利润(平均意义下)，为此，必须计算平均销售量 $E(x)$.

$$E(x)=\int_0^y rp(r)\mathrm{d}r+\int_y^{+\infty}yp(r)\mathrm{d}r$$

上面右边第二项表示，当需求量大于等于供应量时，取需求量等于供应量.因此，利润函数为

$$R(y,p)=p_2E(x)-p_1y-p$$

利用$\int_0^{+\infty}p(r)\mathrm{d}r=1$，得

$$R(y,p)=(p_2-p_1)y-p-p_2\int_0^y(y-r)p(r)\mathrm{d}r \tag{6-51}$$

式(6-51)中，第一项表示已售房毛利润，第二项为广告成本，第三项为未售出房的损失.

6.8.3 模型求解

为了获得最大利润，只需对式(6-51)关于 y 求偏导并令其为零，设 $R(y,p)$获得最大值时 y 的最优值为 y^*，则

$$\frac{\partial R(y^*,p^*)}{\partial y}=(p_2-p_1)-p_2\int_0^y p(r)\mathrm{d}r=0$$

因此，y^* 满足关系式

$$\int_0^{y^*}p(r)\mathrm{d}r=\frac{p_2-p_1}{p_2} \tag{6-52}$$

通过式(6-52)知道，在广告投入一定的情况下，可以求出最优的供应量，但依赖于需求量的概率分布.为使问题更加明确，增加如下假设：

假设需求量 r 服从 $U[0,s(p)]$分布，即

$$p(r)=\begin{cases}\dfrac{1}{s(p)},0\leqslant r\leqslant s(p)\\0,\text{其他}\end{cases} \tag{6-53}$$

将式(6-53)代入式(6-52)，得到

$$y^*=\frac{p_2-p_1}{p_2}s(p) \tag{6-54}$$

即最优的供应量等于毛利率与由广告费确定的潜在购买力的乘积.将式(6-54)代入式(6-51)，得到最大利润为

$$R(y^*,p^*)=\frac{(p_2-p_1)^2}{p_2}s(p)-p \tag{6-55}$$

对式(6-55)关于 p 求导，得驻点 p^* 满足的方程为

$$s'(p^*)=\frac{2p_2}{(p_2-p_1)^2} \tag{6-56}$$

因此，只要知道了潜在购买力函数，就可以给出最优的广告投入.

下面根据开发商获得的相关数据，来确定潜在购买力函数.通过对表

6-2 数据分析，得知其符合 Logistic 型曲线增长率，经拟合得到

$$s(p)=\frac{10^5}{9+e^{-2p}} \tag{6-57}$$

记

$$l=\frac{2p_2}{(p_2-p_1)^2}\times 10^{-5}$$

将式(6-57) 代入式(6-56)，当 $1-18l>0$ 时，求得

$$p^*=-\frac{1}{2}\ln(1-9l+\sqrt{1-18l})+\frac{1}{2}\ln l \tag{6-58}$$

将 $p_1=0.0007$，$p_2=0.004$ 代入式(6-58)，得到 $p^*=0.49$ 百万元.

6.9　生产方案的设计模型

在实际问题中，许多随机现象是由大量相互独立的随机因素综合影响所形成，其中每一个因素在总的影响中所起的作用是微小的. 这类随机变量一般都服从或近似服从正态分布. 概率论中的中心极限定理在理论上回答了大量独立随机变量和的近似分布问题，其结论表明：若一个量受许多随机因素（主导因素除外）的共同影响而随机取值，则它的分布就近似服从正态分布. 利用这一理论可解决实际中的很多问题.

6.9.1　问题

在现实生活中，当厂家的生产量大于需求量时，会导致商品的积压以及商品价值难以体现；而当厂家的生产量小于需求量时，供给又难以满足社会需求. 试解决如下三类问题.

① 某工厂负责供应某地区 n 个家庭的商品供应，在一段时间内每个家庭购买一件该商品的概率为 p，假定在这段时间内每个家庭购买与否彼此独立，现该工厂仅生产 M_1 件商品，试估计能满足该地区人们需求的概率 β.

② 若工厂至少有 β 的把握满足该地区该产品的需求，试问该工厂需要生产商品的件数 M_2.

③ 如果该商品的次品率为 p，而在一段时间内共需 M 件该商品且要求至少有 β 的可靠程度来保证居民购买到的是正品，求该工厂的生产量 M_3.

6.9.2 模型建立与求解

这三个问题中均存在服从某个参数的二项分布，在参数 n 相对较大的前提下，可以应用中心极限定理求此问题的近似解.

① 若记

$$x_i = \begin{cases} 1, \text{第 } i \text{ 个家庭购买该商品} \\ 0, \text{第 } i \text{ 个家庭不购买该商品} \end{cases} i = 1, \cdots, n$$

则该地区购买商品总数量 $T_n = \sum_{i=1}^{n} x_i$ 服从参数为 (n,p) 的二项分布，当 n 充分大时 T_n 近似地服从正态分布. 所以有

$$\beta = P(T_n \leqslant M) = P\left(\frac{T_n - np}{\sqrt{np(1-p)}} \leqslant \frac{M - np}{\sqrt{np(1-p)}}\right)$$
$$\approx \Phi\left(\frac{M - np}{\sqrt{np(1-p)}}\right) \tag{6-59}$$

因此，问题 ① 中满足该地区人们需求的概率 β 约为 $\Phi\left(\frac{M - np}{\sqrt{np(1-p)}}\right)$.

② 由式(6-59)可知，若记 $\Phi(x_\beta) = \beta$，则需生产的商品件数 M 必须满足

$$M \geqslant np + x_\beta \sqrt{np(1-p)}$$

所以问题 ② 中该工厂至少需要生产 $np + x_\beta \sqrt{np(1-p)}$ 件商品才能保证至少有 β 的把握满足该地区该产品的需求.

③ 考虑产品中存在次品的情况，记

$$y_i = \begin{cases} 1, \text{第 } i \text{ 件商品是次品} \\ 0, \text{第 } i \text{ 件商品不是次品} \end{cases} i = 1, 2, \cdots, S$$

则

$$W_S = \sum_{i=1}^{S} y_i \sim N(S, p)$$

要满足至少有 β 的可靠程度来保证居民购买到的是正品，需要

$$P(S - W_S \geqslant M) \geqslant \beta$$

即

$$P(W_S \leqslant S - M) = P\left(\frac{\sum_{i=1}^{S} y_i - Sp}{\sqrt{Sp(1-p)}} \leqslant \frac{S(1-p) - M}{\sqrt{Sp(1-p)}}\right) \geqslant \beta$$

令

$$\Phi(y_\beta) = \beta$$

根据中心极限定理,近似有

$$\Phi\left(\frac{S(1-p)-M}{\sqrt{Sp(1-p)}}\right)\geqslant \beta$$

通过解不等式

$$\frac{S(1-p)-M}{\sqrt{Sp(1-p)}}\geqslant y_\beta$$

可给出生产量 S 需满足的条件.

6.9.3　数值计算

设某洗衣机厂生产洗衣机以满足某地区 1000 个家庭的需求,经验表明:每一用户对该洗衣机的年需求量服从 $\lambda=1$ 的泊松分布,现在该厂这种洗衣机的年产量为 1100 台,求能够满足该地区需求的概率是多少?若该厂要有 97.5% 的把握满足客户的需求,则该厂每年至少生产多少台这种洗衣机?如果该厂生产的洗衣机的出厂正品率为 98%,现估计一年内该地区的社会总需求量为 900 台,则为了有 99.9% 的把握保证客户购买到的是正品洗衣机,则该厂该年至少生产多少台洗衣机?

解:设这 1000 户家庭对这种洗衣机的年需求量相互独立,且依次记为 $x_1,x_2,\cdots,x_{1000}$,则 x_k 服从参数为 1 的泊松分布,显然

$$Ex_k=Dx_k=1$$

再设 T_{1000} 为这 1000 个家庭对这种洗衣机的年需求总量,则

$$T_{1000}=\sum_{k=1}^{1000}x_k$$

根据独立同分布的中心极限定理 6.1 可知,T_{1000} 近似服从正态分布 $N(1000,1000)$. 现在该厂的年产量为 1100 台,则能满足客户需求的把握为

$$P(T_{1000}\leqslant 1100)=P\left(\frac{T_{1000}-1000}{\sqrt{1000}}\leqslant\frac{1100-1000}{\sqrt{1000}}\right)$$
$$=\Phi(3.1623)=0.9992$$

即能满足该地区需求的把握为 99.92%.

若该厂要有 97.5% 的把握满足需求,则设该厂安排年产量为 M 台,则 M 应满足下式:

$$P(T_{1000}\leqslant M)\geqslant 97.5\%$$

从而有

$$P\left(\frac{T_{1000}-1000}{\sqrt{1000}}\leqslant\frac{M-1000}{\sqrt{1000}}\right)\approx\Phi\left(\frac{M-1000}{\sqrt{1000}}\right)\geqslant 0.975$$

根据 $\Phi(1.96)=0.975$，而 $\Phi(x)$ 是 x 的增函数，所以有

$$\frac{M-1000}{\sqrt{1000}} \geqslant 1.96$$

即

$$M \geqslant 1062$$

所以产量至少要达到 1062 台.

最后设 S 为当洗衣机正品率为 98% 时的生产量，设 y_i 表示第 i 台洗衣机的正次品情况，即 $y_i=1$ 表示次品、$y_i=0$ 表示正品，则 $W_S=\sum_{i=1}^{S} y_i$ 为 S 台洗衣机中的次品总数，而 $S-W_S$ 为 S 台洗衣机中的正品总数，它应满足

$$P(S-W_S \geqslant 900) \geqslant 0.999$$

即

$$P(W_S \leqslant S-900) \geqslant 0.999$$

由题意知 W_S 服从参数为 S 和 0.02 的二项分布，从而

$$E(W_S)=0.02S, D(W_S)=0.98 \times 0.02S=0.0196S$$

结合中心极限定理知 W_S 近似服从正态分布 $N(0.02S, 0.0196S)$，所以

$$P(W_S \leqslant S-900)=P\left(\frac{W_S-0.02S}{\sqrt{0.0196S}} \leqslant \frac{S-900-0.02S}{\sqrt{0.0196S}}\right)$$

$$\approx \Phi\left(\frac{0.98S-900}{\sqrt{0.0196S}}\right) \geqslant 0.999$$

再通过查正态分布表知

$$\Phi(3.1)=0.999$$

就有

$$\frac{0.98S-900}{\sqrt{0.0196S}} \geqslant 3.1$$

解此不等式得 $S \geqslant 932$，所以产量的最小值应为 932 台. 在这种情况下应生产出 932 台洗衣机才能有 99.9% 的概率使得顾客买到的是正品.

常用的中心极限定理有如下两个，它们给出了当相互独立的随机因素数量增加时，得到的结果近似服从于正态分布.

定理 6.1（独立同分布中心极限定理） 设随机变量 $x_1, x_2, \cdots, x_n, \cdots$ 相互独立，服从相同分布，且有有限的数学期望和方差，即

$$E(x_k)=\mu, D(x_k)=\sigma^2, k=1,2,\cdots$$

则随机变量

$$y_n=\frac{\sum_{k=1}^{n} x_k-n\mu}{\sqrt{n}\sigma}$$

的分布函数 $F_n(x)$ 对任意的 x 有

$$\lim_{n\to+\infty} F_n(x) = \lim_{n\to+\infty} P\left(\frac{\sum_{k=1}^{n} x_k - n\mu}{\sqrt{n}\sigma} \leqslant x\right) = \int_{-\infty}^{x} \frac{1}{\sqrt{2\pi}} e^{-\frac{t^2}{2}} dt$$

定理 6.1 表明：

① 当 n 较大时，y_n 近似地服从 $N(0,1)$，即

$$y_n = \frac{\bar{x} - \mu}{\frac{\sigma}{\sqrt{n}}} \overset{近似}{\sim} N(0,1)$$

② 当 n 很大时，$\sum_{i=1}^{n} x_i$ 近似地服从 $N(n\mu, n\sigma^2)$，即不论 x_i 具有怎样的分布，只要有有限的期望和方差，当 n 很大时，其和 $\sum_{i=1}^{n} x_i$ 就近似地服从正态分布.

定理 6.2(De MoVire-Laplace 定理)　设随机变量 η_n 服从参数 n，$p(0 < p < 1)$的二项分布，则必有

$$\lim_{n\to+\infty} P\left(\frac{\eta_n - np}{\sqrt{np(1-p)}} \leqslant x\right) = \int_{-\infty}^{x} \frac{1}{\sqrt{2\pi}} e^{-\frac{t^2}{2}} dt = \Phi(x)$$

其中 $\Phi(x)$ 是标准正态分布的分布函数.

定理 6.2 表明，正态分布可看作二项分布的极限分布. 当 n 充分大时，二项分布的随机变量 η_n 的概率计算可以近似地转化为正态随机变量的概率计算，即

$$P\{a < \eta_n \leqslant b\} = P\left(\frac{a - np}{\sqrt{npq}} < \frac{\eta_n - np}{\sqrt{npq}} \leqslant \frac{b - np}{\sqrt{npq}}\right)$$

$$\approx \Phi\left(\frac{b - np}{\sqrt{npq}}\right) - \Phi\left(\frac{a - np}{\sqrt{npq}}\right)$$

由于当 n 较大，且 p 较小时，二项式分布的计算十分麻烦，所以，若用上面的近似公式计算将是非常简洁的.

第7章　问题解决的图与网络方法建模

图论是一门研究事物之间相互关系或联系的学科，它通常用一组点代表事物，用一组边代表不同事物之间的关系，形成一个抽象图形来研究点与边之间的特性，这是研究离散问题的一种重要手段. 近半个世纪以来，在计算机科学蓬勃发展的带动下，关于图论的研究也获得了很大的空间，其理论与方法已广泛应用在物理学、化学、控制论、信息论、运筹学、计算机科学、网络理论等各领域，成为近年来最为活跃的数学分支之一.

7.1　概述

7.1.1　图与网络的基本知识

现实生产生活中的大量复杂问题都可以归结为图与网络的问题. 例如，物流公司运力优化(最大流问题)、最短路径问题等. 其求解理论基础是图论. 1738年，瑞士数学家莱昂哈德・欧拉(Leonhard Euler)解决了哥尼斯堡(Königsberg)七桥问题，由此图论诞生. 欧拉也成为图论的创始人 . 1859年，爱尔兰数学家威廉・罗万・汉密尔顿(Sir William Rowan Hamilton)提出了经典的汉密尔顿问题：在一个十二面体上，沿着其棱边(共30条)遍历其所有顶点(共20个). 每个顶点恰好通过一次. 用图论的语言来说，就是要在图中找出一个生成圈(汉密尔顿回路). 运筹学、计算机科学和编码理论中的很多问题都可以化为汉密尔顿问题，这个问题也因此引起广泛的关注和研究. 图论的理论和方法已经渗透到自然科学、工程技术、社会科学等学科中.

图论中的"图"包括两方面的信息：一方面是某类对象，另一方面是此类对象之间的联系. 如果用点表示对象，用连接两点的线段(直的或曲的)表示对象之间的联系，就得到了描述此类对象及其关系的直观的"图". 它精确而合理地描述了任何包含了二元关系的离散系统. 在此基础上，借助于图论的概念、理论和方法，可以对该问题求解. 前文提到的哥尼斯堡七桥问题就是一个典型的例子. 在图 7-1(a) 中, 共有四块陆地(A、B、C、D), 七座桥将这些陆地连接起来. 要找到这样一条路线, 以四块陆地中的任何一块为起点, 通过每一座桥正好一次, 再回到起点.

比较容易想到的办法是通过"试走"来解决这个问题, 但任何尝试都失败了. 为了解决这个问题, 欧拉首创使用建立数学模型的方法. 具体是将问题中的陆地抽象为"对象", 用一个点来代替, 将连接陆地的桥用连接相应两点的一条线来代替, 从而得到一个有四个"点"、七条"线"的"图", 如图 7-1(b) 所示. 这样, 原来的哥尼斯堡七桥问题就抽象为在图 7-1(b) 上从任一点出发, 无重复一笔画出七条边再回到起点的问题. 欧拉证实: 七桥问题的走法根本不存在. 他发表了"一笔画定理": 一个图形要能一笔画完成必须符合两个条件, 即首先图是联通且封闭的, 并且图中的奇点(与奇数条边相连的点) 个数为 0 或 2. 图 7-1(b) 中连接着奇数条边的顶点个数共 4 个, 因此不可能一笔画出. 由此, 欧拉用图这种抽象形式来表征具体事物的拓扑关系, 开创了图论研究的先河.

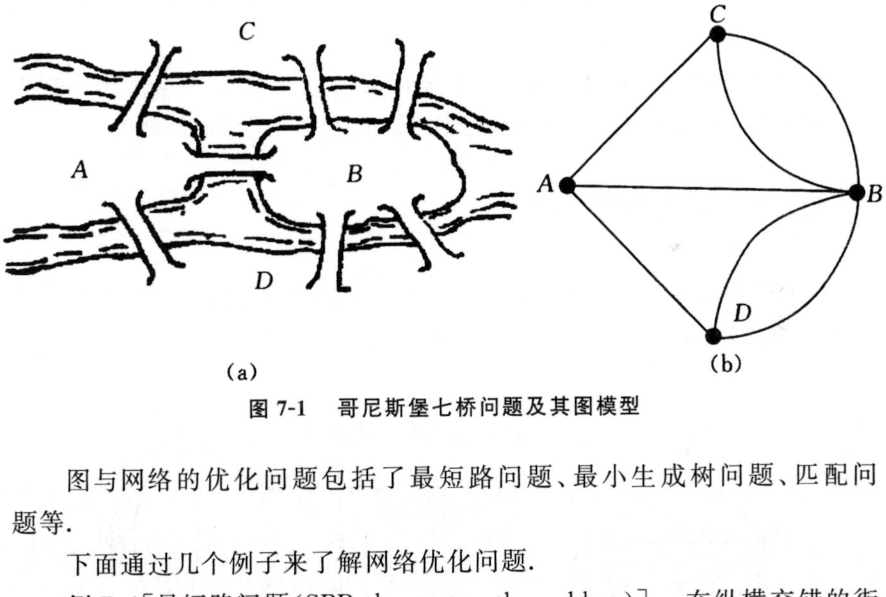

图 7-1　哥尼斯堡七桥问题及其图模型

图与网络的优化问题包括了最短路问题、最小生成树问题、匹配问题等.

下面通过几个例子来了解网络优化问题.

例 7-1[最短路问题(SPP-shortest path problem)]　在纵横交错的街巷中, 快递员想在最短的时间内将快件从档口送往收件地址. 如果从档口到收件地址有多条路线, 快递员应选择哪条路线呢? 假设快递员的行走速度恒定, 该问题等价于找一条从档口到收件地址的最短路.

例 7-2(通讯网络连接问题)　某一地区有若干个主要城市, 现准备修建通讯网络把这些城市连接起来, 使得从其中任何一个城市都可以经网络直接或间接把信息发到另一个城市. 假定已经知道了任意两个城市之间敷设通讯线路的成本,如欲使总建造成本最低,该在哪些城市间敷设通讯线路呢?

例 7-3[指派问题(assignment problem)] 销售总监准备安排 N 名销售代表去 N 个地区推销产品,每人负责一个地区. 由于个人的环境适应度、人脉、能力禀赋各不相同,不同的销售代表去开拓同一地区的市场时所获得的业绩是不同的. 如何调配这些员工可使公司总业绩最大?

例 7-4[运输问题(transportation problem)] 某种食材有 X 个产地,现在需要将食材从产地配送往 Y 个使用这些食材的食堂. 假定 X 个产地的产量和 Y 家食堂的需要量已知,单位食材从任一产地到任一食堂的运输费率已知,那么如何安排配送方案可以使总配送成本最低?

由例 7-1 ~ 例 7-4 可以归纳出它们在两方面的共性:

一是它们都是最优化或优化(optimization) 问题,即从多个可能的方案中找到某种意义下的最优方案;

二是它们都可以用图的形式直观地描述和表达,数学上把这种与图相关的结构称为网络(network).

上面例子中介绍的问题都是网络优化问题. 由于多数网络优化问题的研究对象是网络上的流(flow),因此该问题也被称为网络流规划等.

7.1.2 图的概念

一个图是仅由一些点和一些点的连线组成的图形. 图 7-2 和图 7-3 就是两个图的实例.

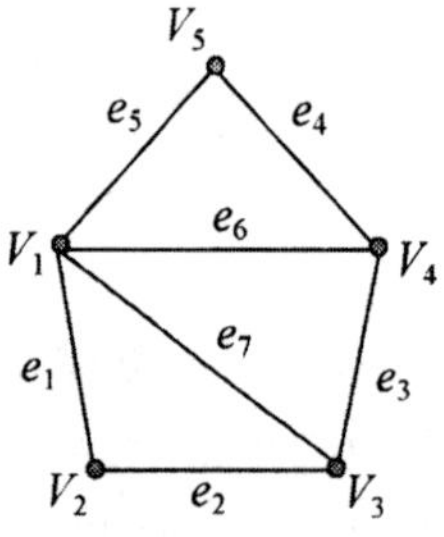

图 7-2 无向图

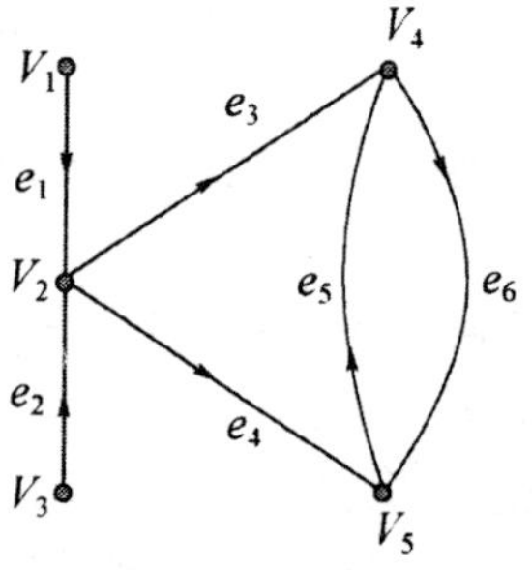

图 7-3 有向图

图 7-2 和图 7-3 中的线段的端点叫做顶点或结点;顶点之间的连线叫做边. 如果图中的边没有方向,那么这种图叫做无向图,如图 7-2 所示;如果

图中的边有方向，那么这种图叫做有向图，如图 7-3 所示.

定义 7.1　无向图(undirected graph) 通常用 G 表示，是由一个非空有限集合 $V(G)$ 和 $V(G)$ 中某些元素的无序对集合 $E(G)$ 构成的二元组，记为 $G=(V(G),E(G))$，其中 $V(G)=\{v_1,v_2,\cdots,v_n\}$ 称为图 G 的顶点集(vertex set) 或节点集(node set)；$V(G)$ 中的每一个元素 $v_i(i=1,2,\cdots,n)$ 称为该图的一个顶点(vertex) 或节点(node)；$E(G)=\{e_1,e_2,\cdots,e_n\}$ 称为图 G 的边集(edge set)；$E(G)$ 中的每一个元素 e_k(即 $V(G)$ 中某两个元素 v_i,v_j 的无序对) 记为 $e_k=(v_i,v_j)$ 或 $e_k=v_iv_j$，被称为该图的一条从 v_i 到 v_j 的边(edge).

定义 7.2　边 e_k 两头连接的顶点 v_i,v_j 称为 e_k 的端点，并称 v_j 与 v_i 相邻(adjacent)；边 e_k 称为与顶点 v_i,v_j 关联(incident). 如果某两条边至少有一个公共端点，则称这两条边在图 G 中相邻.

定义 7.3　边上赋权的无向图称为赋权无向图或赋权无向网络(undirected network). 我们对图和网络不作严格区分，因为任何图总是可以赋权的.

定义 7.4　有限图是顶点集和边集都有限的图. 图 G 的顶点数用符号 $|V|$ 或 $v(G)$ 表示，边数用 $|E|$ 或 $\varepsilon(G)$ 表示.

当讨论的图只有一个时，总是用 G 来表示这个图. 从而在图论符号中常略去字母 G，例如，分别用 V、E、v 及 ε 代替 $V(G)$、$E(G)$、$v(G)$ 及 $\varepsilon(G)$.

定义 7.5　端点重合为一点的边称为环(loop).

定义 7.6　简单图(simple graph) 是指既没有环也没有两条边连接同一对顶点的图.

定义 7.7　有向图(directed graph 或 digraph，简写为 D) 是由一个非空有限集合 V 和 V 中某些元素的有序对集合 A 构成的二元组，记为 $D=(V,A)$，其中 $V=\{v_1,v_2,\cdots,v_n\}$ 称为图 D 的顶点集或节点集，V 中的每一个元素 $v_i(i=1,2,\cdots,n)$ 称为该图的一个顶点或节点；$A=\{a_1,a_2,\cdots,a_m\}$ 称为图 D 的弧集(arc set)，A 中的每一个元素 a_k(即 V 中某两个元素 v_i,v_j 的有序对) 记为 $a_k=(v_i,v_j)$ 或 $a_k=v_iv_j$，被称为该图的一条从 v_i 到 v_j 的弧(arc).

定义 7.8　当弧 $a_k=v_iv_j$ 时，称 v_i 为 a_k 的尾(tail)，v_j 为 a_k 的头(head)，并称弧 a_k 为 v_i 的出弧(outgoing arc)，为 v_j 的入弧(incoming arc).

定义 7.9　对应于每个有向图 D，当取消其弧的方向性后得到的无向图 G，称为 D 的基础图. 反之，给定任意无向图 G，对于它边集 $E(G)$ 的每一条边都指定其端点的先后顺序，从而确定一条弧. 由此得到一个有向图，这样的有向图称为 G 的一个定向图.

以下若未指明有向图皆指无向图.

定义 7.10 图中任意一对互异的顶点都有一条边相连的简单图称为完全图(complete graph). n 个顶点的完全图记为 K_n. 若 $V(G)=X\cup Y, X\cap Y=\phi, |X||Y|\neq 0$(这里 $|X|$ 表示集合 X 中的元素个数). X 中无相邻顶点对, Y 中亦然, 则称 G 为二分图(bipartite graph). 特别地, 若 $\forall x\in X$, $\forall y\in Y$, 有 $xy\in E(G)$, 则称 G 为完全二分图, 记为 $K_{|X|,|Y|}$.

定义 7.11 如果 $V(H)\subset V(G), E(H)\subset E(G)$, 则称 G 为 H 的母图. 图 H 为图 G 的子图(subgraph). 记作 $H\subset G$, 则满足 $V(H)=V(G)$ 的子图 H, 称为 G 的支撑子图(spanning subgraph, 又称为生成子图).

定义 7.12 设 $V(H)\subset V(G)$, G 中与 v 关联的边数(每个环算作两条边)记为 $d(v)$, 称为 v 的度(degree). 若 $d(v)$ 是奇数, 称该顶点为奇顶点(odd point); $d(v)$ 是偶数, 称该顶点为偶顶点(even point). 关于顶点的度, 则:

图 $G=\langle V,E\rangle$ 是无向图或有向图, 则 G 中所有顶点的度数之和是其边数之和的 2 倍, 即

$$\sum_{v\in V} d(v)=2\delta$$

式中, δ 为 G 的边数.

这个定理是显然的, 因为在计算各点的度数时, 每条边被它的两个端点各用了一次.

推论: 在任何图中, 度数为奇数的顶点的个数必为偶数.

例如, 在图 7-2 中, $d(v_1)=4, d(v_2)=2, d(v_3)=3, d(v_4)=3, d(v_5)=2$.

对于有向图, 同样可以定义关联、环、多重图、简单图及度的概念.

在有向图中, 从某点发出的边数称为该顶点的出度, 指向某点的边数称为该顶点的入度.

例如, 在图 7-3 中, 顶点 v_5 出度为 1, 入度为 2.

7.1.3 子图、完全图和补图

1. 子图

设 $G=\langle V,E\rangle, G'=\langle V',E'\rangle$ 是两个图, 若 $V'\subseteq V$ 且 $E'\subseteq E$, 则称 G' 是 G 的子图, 记为 $G'\subseteq G$. 例如, 图 7-5 是图 7-4 的子图.

若 $G'\subseteq G, G'\neq G$, (即 $V'\subset V$ 或 $E'\subset E$) 则称 G' 是 G 的真子图. 例如, 图 7-5 以及图 7-6 都是图 7-4 的真子图.

若 $G'\subseteq G$ 且 $V'=V$, 则称 G' 是 G 的生成子图. 例如, 图 7-5 是图 7-4

的生成子图.

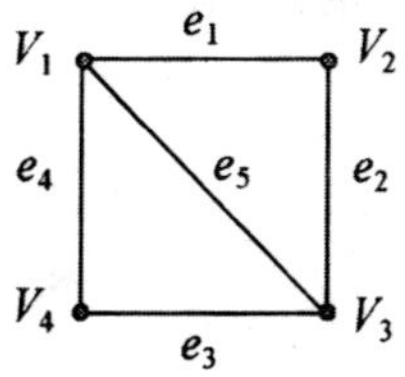

图 7-4　原图

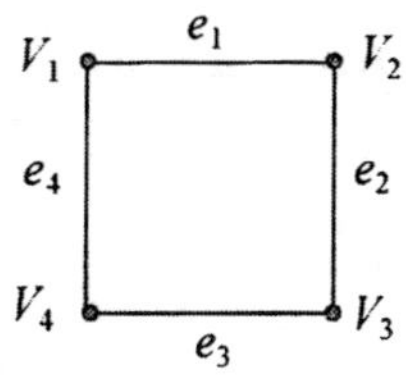

图 7-5　图 7-4 的子图 1

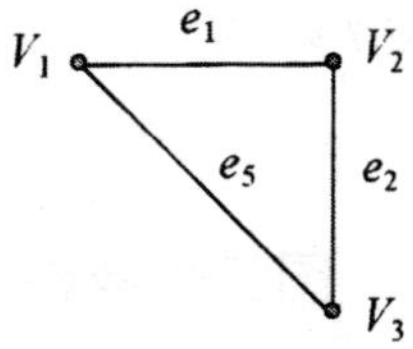

图 7-6　图 7-4 的子图 2

2. 完全图

设 $G=\langle V,E\rangle$ 是 n 阶无向简单图,若 G 中任何顶点都与其余的 $(n-1)$ 个顶点相邻,则称 G 是 n 阶完全图,记为 K_n. 例如,图 7-7 是 5 阶完全图,可记为 K_5.

设 $D=\langle V,E\rangle$ 是 n 阶有向简单图,若 $\forall u,v\in V(u\neq v)$ 均有 $\langle u,v\rangle\in E$ 且 $\langle v,u\rangle\in E$,则称 D 是 n 阶有向完全图. 例如,图 7-8 是 3 阶有向完全图.

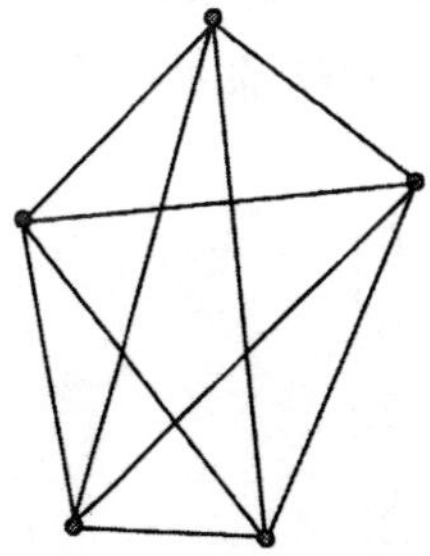

图 7-7　无向完全图

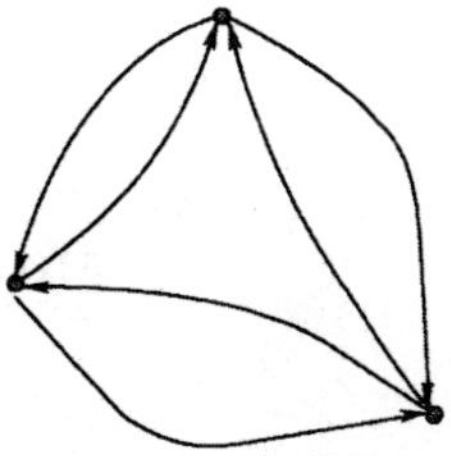

图 7-8　有向完全图

3. 补图

设 $G=\langle V,E\rangle$ 是 n 阶无向简单图,以 V 为顶点集,以所有能使 G 成为完全图 K_n 的添加边所组成的集合为边集 E_1,形成新图 $G_1=\langle V,E_1\rangle$,则称 G_1 为 G 的相对于完全图 K_n 的补图. 显然,G 也为 G_1 的相对于完全图 K_n 的补图,故称 G_1 与 G 互补.例如,图 7-9 与图 7-10 互补.

类似可以定义有向简单图的补图.

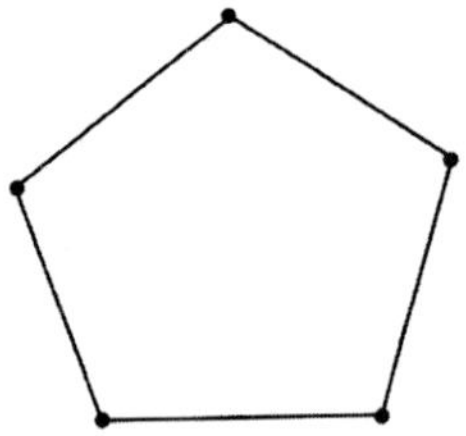

图 7-9　互补图

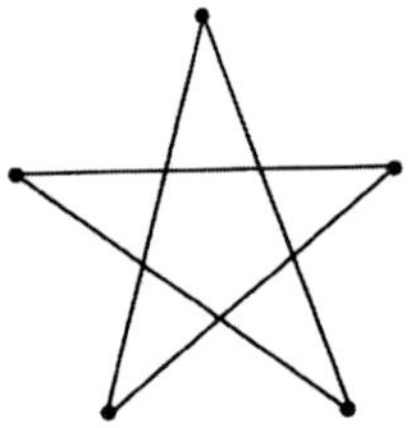

图 7-10　互补图

7.1.4　图的矩阵表示

若将图的顶点和边编号,就可以用矩阵表示图,在此主要介绍图的关联矩阵、图的邻接矩阵以及有向图的可达矩阵.

1. 关联矩阵

图的关联矩阵表达了图中顶点与边的联系.

① 设无向图 $G=\langle V,E\rangle$,$V=\{v_0,v_1,\cdots,v_n\}$,$E=\{e_1,e_2,\cdots,e_m\}$令 m_{ij} 为顶点 v_i 与边 e_j 的关联次数,则称 $(m_{ij})_{n\times m}$ 为图 G 的关联矩阵,记为 $\boldsymbol{M}(G)$.

显然,m_{ij} 的可能取值为 0(v_i 与 e_j 不关联),1(v_i 与 e_j 关联一次),2(v_i 与 e_j 关联 2 次,即 e_j 是以 v_i 为端点的环).例如,$\boldsymbol{M}(G)$ 表示图 7-11 的关联矩阵.

$$\boldsymbol{M}(G)=\begin{bmatrix}1&1&1&0&0\\0&1&1&1&0\\1&0&0&1&2\\0&0&0&0&0\end{bmatrix}$$

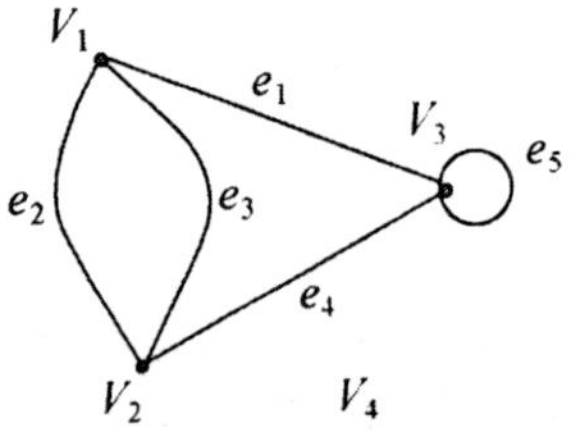

图 7-11　$\boldsymbol{M}(G)$ 的关联矩阵

② 关联矩阵设有向图 $D=\langle V,E\rangle$ 无环,$V=\{v_0,v_1,\cdots,v_n\}$,$E=\{e_1,e_2,\cdots,e_m\}$,令

$$m_{ij}=\begin{cases}1, v_i \text{ 是 } e_j \text{ 的起点}\\ 0, v_i \text{ 与 } e_j \text{ 不相关}\\ -1, v_i \text{ 是 } e_j \text{ 的终点}\end{cases}$$

则称 $(m_{ij})_{n\times m}$ 为有向图 D 的关联矩阵,记为 $\boldsymbol{M}(D)$. 例如,$\boldsymbol{M}(D)$ 表示图 7-12 的关联矩阵.

$$\boldsymbol{M}(D)=\begin{bmatrix}1 & 1 & 0 & 0 & 0\\ -1 & 0 & 1 & -1 & 0\\ 0 & 0 & 0 & 0 & -1\\ 0 & -1 & -1 & 1 & 0\end{bmatrix}$$

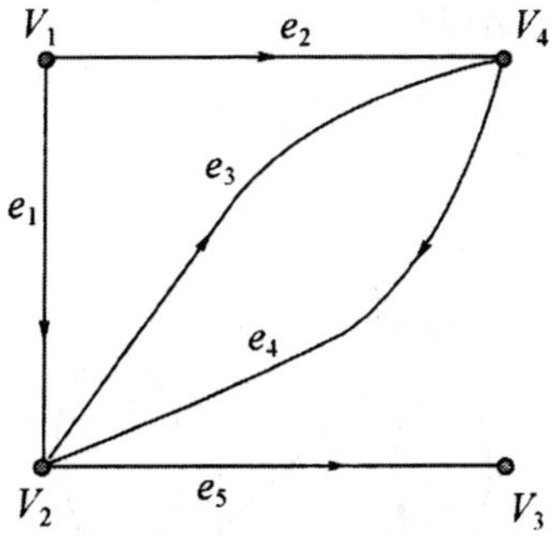

图 7-12　$\boldsymbol{M}(D)$ 的关联矩阵

例 7-5　对于图 7-13(a) 所示的有向图,可以用邻接矩阵表示为图 7-13(b).

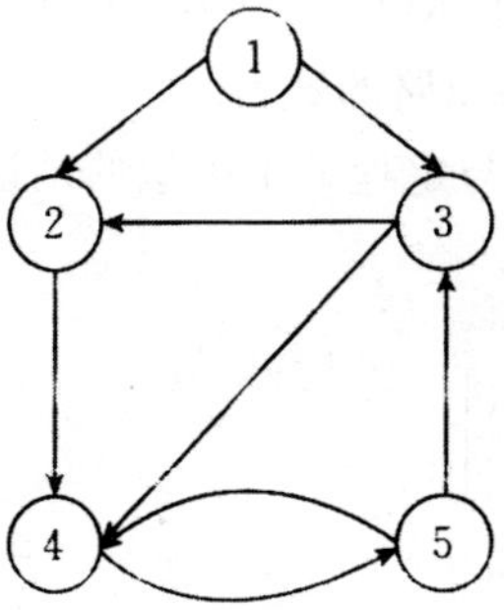

(a)

$$\begin{pmatrix}0 & 1 & 1 & 0 & 0\\ 0 & 0 & 0 & 1 & 0\\ 0 & 1 & 0 & 1 & 0\\ 0 & 0 & 0 & 0 & 1\\ 0 & 0 & 1 & 1 & 0\end{pmatrix}$$

(b)

图 7-13　有向图的邻街矩阵表示

(a) 有向图;(b) 邻接矩阵表示

作为进一步的推广，图中弧对应的权值也可用，$n \times n$ 的邻接矩阵表示，此时矩阵中的元素就是相应弧的权值(可能不等于0或1). 如果问题涉及多目标优化. 此时图中的弧将赋有多种权，则可以用多个同型的邻接矩阵存储这些信息.

2. 有向图的邻接矩阵

图的邻接矩阵表达了图中顶点之间的联系.

设有向图 $D=\langle V,E\rangle, V=\{v_0,v_1,\cdots,v_n\}, E=\{e_1,e_2,\cdots,e_m\}$，令 a_{ij} 表示从 v_i 邻接到 v_j 的边的条数，则称 $(a_{ij})_{n\times m}$ 为 D 的邻接矩阵，记为 $\mathbf{A}(D)$. 例如，$\mathbf{A}(D)$ 表示图 7-14 的邻接矩阵.

$$\mathbf{A}(D)=\begin{bmatrix}1&2&1&0\\0&0&1&0\\0&0&0&1\\0&0&1&0\end{bmatrix}$$

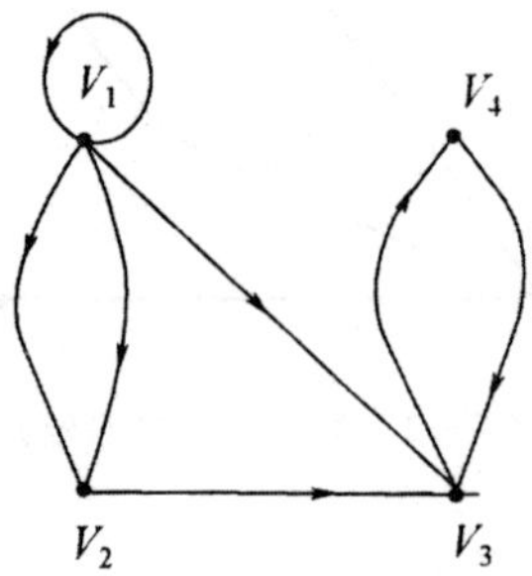

图 7-14 $\mathbf{A}(D)$ 的邻接矩阵

定理 7.1 设 $\mathbf{A}(D)$ 是图 D 的邻接矩阵，则 $(\mathbf{A}(D))^l$ 中第 i 行第 j 列元素 $a_{ij}^{(1)}$ 的值，表示 D 中 v_i 到 v_j 长度为 l 的单向通路的数目.

对于无向图，可以类似引进邻接矩阵，并有与定理 7.1 类似的结论.

$\mathbf{A}(G)$ 表示无向图 7-14 的邻接矩阵：

$$\mathbf{A}(G)=\begin{bmatrix}0&2&1&0\\2&0&1&0\\1&1&1&0\\0&0&0&0\end{bmatrix}$$

例 7-6 对于例 7-1 的图，如果关联矩阵中每列对应弧的顺序为(1，2)，(1，3)，(2，4)，(3，2)，(3，4)，(4，5)，(5，3) 和(5，4)，则关联矩阵表示为

$$B=\begin{bmatrix}1&1&0&0&0&0&0&0\\-1&0&1&-1&0&0&0&0\\0&-1&0&1&1&0&-1&0\\0&0&-1&0&-1&1&0&-1\\0&0&0&0&0&-1&1&1\end{bmatrix}$$

3. 有向图的可达矩阵

有向图 D 中，若从顶点 v_i 到 v_j 存在通路，则称从 v_i 到 v_j 可达. 规定 v_i 到自身总是可达的.

有向图的可达矩阵表示了有向图中任意两顶点之间的可达性.

设有向图 $D=\langle V,E\rangle$，$V=\{v_0,v_1,\cdots,v_n\}$，$E=\{e_1,e_2,\cdots,e_m\}$，令

$$p_{ij}=\begin{cases}1, \text{从 } v_i \text{ 到 } v_j \text{ 是可达的}\\0, \text{从 } v_i \text{ 到 } v_j \text{ 是不可达的}\end{cases}$$

则称 $(p_{ij})_{n\times m}$ 为 D 的可达矩阵，记为 $\boldsymbol{P}(D)$.

例如，$\boldsymbol{P}(D)$ 表示图 7-14 的可达矩阵.

$$\boldsymbol{P}(D)=\begin{bmatrix}1&1&1&1\\0&1&1&1\\0&0&1&1\\0&0&1&1\end{bmatrix}$$

7.2　最短路与最小生成树模型

7.2.1　最短路模型及 Dijkstra 算法

给定一个连通的赋权图 $G(V,E)$，设 R 是连接节点 v_i 和 v_j 的一条路，该路的权数定义为该路中所有各边的权数之和. 如果路 R 是所有连接节点 v_i 和 v_j 的路中权数最小的，则称其为 v_i 和 v_j 间的最短路.

例 7-7　设八座城市 $v_0,v_1,\cdots,v_7$ 之间有一个公路网，如图 7-15 所示. 每条公路为图中的边. 边上的权数表示通过该公路所需的时间. 设你处在城市 v_0，求从 v_0 到其他各城市运行时间最短的路.

下面是求最短路的一个有效算法是 Dijkstra(狄克斯特拉) 算法.

设 S 为节点集 V 的一个节点子集，$v_0\in S$，设 $S^c=V\backslash S$ 为 S 的节点余集. 容易看出，若 $(v_0,u_1,u_2,\cdots,\bar{u},\bar{v})$ 为从 v_0 到 S^c 的最短路，则必有 $\bar{u}\in S$，

$\bar{v} \in S^c$，使$(v_0, u_1, u_2, \cdots, \bar{u})$为从 v_0 到$\bar{u}$ 的最短路.

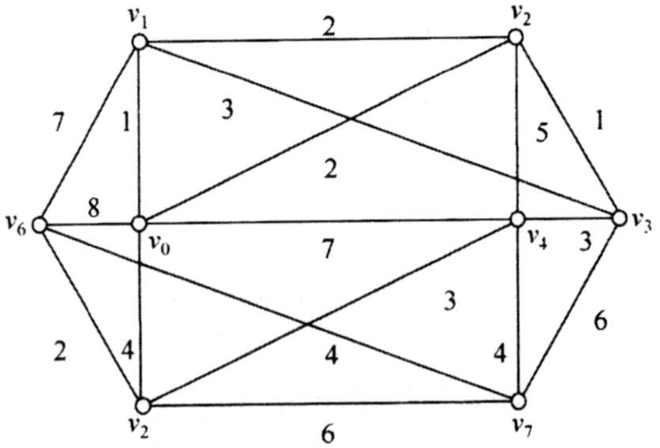

图 7-15　八座城市间公路网

设$(v_0, u_1, u_2, \cdots, u_n)$为从 v_0 到 u_n 的最短路，令

$$\omega(v_0, u_1) + \omega(u_1, u_2) + \cdots + \omega(u_{n-1}, u_n)$$

为该最短路的权数，A 为 V 中任意子集，则

$$d(v_0, A) = \min_{u \in A} a(v_0, u)$$

为从 v_0 到集 A 的最短路的权数，因此有

$$d(v_0, \bar{v}) = d(v_0, S^c)$$

$$d(v_0, \bar{v}) = d(v_0, \bar{u}) + \omega(\bar{u}, \bar{v})$$

$$d(v_0, S^c) = \min_{u \in S, v \in S^c} \{d(v_0, \bar{u}) + d(u, v)\} \tag{7-1}$$

式(7-1)为 Dijkstra 算法的基本模型.

下面以例 7-5 为例说明 Dijkstra 算法步骤.

① 设 $S_0 = \{v_0\}$，则 $S_0^c = \{v_1, v_2, \cdots, v_7\}$，求

$$\begin{aligned} d(v_0, S_0^c) &= \min_{u \in S_0, v \in S_0^c} \{d(v_0, u) + \omega(u, v)\} \\ &= \min_{v \in S_0^c} \omega(v_0, v) \\ &= \omega(v_0, v_1) = 1 \end{aligned}$$

② 把 v_1 加入 S_0，设 $S_1 = \{v_0, v_1\}$，则 $S_1^c = \{v_2, v_3, \cdots, v_7\}$，求

$$\begin{aligned} d(v_0, S_1^c) &= \min_{u \in S_1, v \in S_1^c} \{d(v_0, u) + \omega(u, v)\} \\ &= \omega(v_0, v_2) = d(v_0, v_2) = 2 \end{aligned}$$

③ 把 v_2 加入 S_1，设 $S_2 = \{v_0, v_1, v_2\}$，则 $S_2^c = \{v_3, v_4, \cdots, v_7\}$，求

$$\begin{aligned} d(v_0, S_2^c) &= \min_{u \in S_2, v \in S_2^c} \{d(v_0, u) + \omega(u, v)\} \\ &= d(v_0, u_2) + \omega(u_2, v_3) \end{aligned}$$

$$= d(v_0, u_3) = 3$$

依次类推,可以求出从 v_0 到其他任意节点的最短路和它们的权数,结果如图 7-16 所示. 其中 $v_j(m)$ 中的 m 是从 v_0 到 v_j 最短路的权数. 实际上,它是原图的 v_0 为根的生成树,直接表明从 v_0 到其他各节点的最短路径.

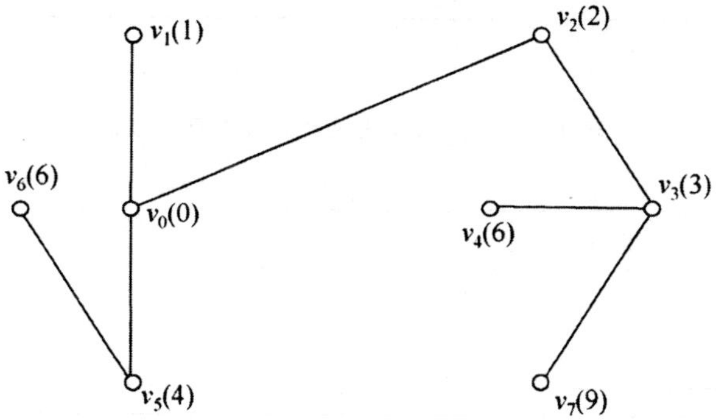

图 7-16　最短路径图

狄克斯特拉算法的一般步骤:

设一个无向的连通图 $G(V,E)$ 有 m 个节点,即 $V = \{v_0, v_1, \cdots, v_{m-1}\}$,出发点为 v_0,令

$$l(v) = \begin{cases} d(v_0, v), \forall v \in S_i \\ \min\limits_{u \in S_{i-1}} \{d(v_0 u) + \omega(u, v)\}, \forall v \in S_{i-1}^c \end{cases}$$

① 设 $l(v_0) = 0$. 而 $v \in V, v \neq v_0$ 时,令

$$l(v) = \infty, S_0 = \{v_0\}, i = 0, a_0 \leftarrow v_0$$

② 对任意 $v \in S_i^c, l(v) \leftarrow \min\limits_{u \in S_i, (u,v) \in E} \{l(v, l(u) + \omega(u, v))\}$.

③ 计算 $\min\limits_{v \in S_i^c}\{l(v)\}$,在 S_i^c 中取出 $\bar{v}$,使 $l(\bar{v}) = \min\limits_{v \in S_i^c}\{l(v)\}, a_{i+1} \leftarrow \bar{v}$.

④ $S_{i+1} = S_i \cup \{a_{i+1}\}$.

⑤ 若 $i < m - 1, i \leftarrow i + 1$,并转入 ②;若 $i = m - 1$,输出 a_i,$l(a_i)(i = 0, 1, 2, \cdots, m-1)$,停止.

该算法的优点是速度快,而且一次就能把 v_0 到其他各节点的最短路都算出来. 只要稍加修改,即可类似地得到有向连通图的最短路算法.

例 7-8　某工厂使用一台设备,每年年初工厂都要做出决定,如果继续使用旧的,要付维修费;若购买一台新设备,要付购买费. 试制订一个 5 年的更新计划,使总支出最少. 若已知设备在各年的购买费及不同机器役龄时的残值与维修费,如表 7-1 和表 7-2 所示.

表 7-1　各年的购买费

单位:万元

项目	第 1 年	第 2 年	第 3 年	第 4 年	第 5 年
购买费	11	12	13	14	14

表 7-2　不同机器役龄时的维修费与残值

单位:万元

机器役龄	0 ～ 1	1 ～ 2	2 ～ 3	3 ～ 4	4 ～ 5
维修费	5	6	8	11	18
残值	4	3	2	1	0

需要把这个问题化为最短路问题来做,用点 v_i 表示第 i 年年初购进一台新设备,虚设一个点 v_6 表示第 5 年年底. 边 (v_i, v_j) 表示第 i 年初购进的设备一直使用到第 j 年年初(即第 $j-1$ 年年底). 边 (v_i, v_j) 的权表示第 i 年初购进设备并一直使用到第 j 年初所需要支付的购买、维修的全部费用(可由表 7-1 和表 7-2 中数据计算得到). 例如, (v_3, v_5) 边上的 21 是第 3 年初购买费 13 加上两年的维修费 5、6,再减去两年役龄设备的残值 3. 其余边的权如图 7-17 所示.

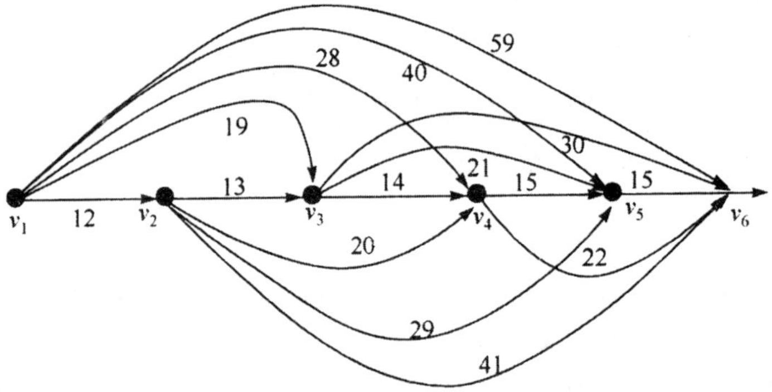

图 7-17　设备及其购买和维修的费用图

这样设备更新问题就变为:求从 v_1 到 v_6 的最短路问题,采用 Dijkstra 算法编程或者直接调用 Matlab 中的 graphshortestpath 函数可得最短路为 $v_1 \to v_3 \to v_6$. 所以应该在第 1 年和第 3 年年初分别购置一台新设备,这样总支出最少为 49 万元.

1. 固定起点的最短路

最短路的一个重要性质是：最短路是一条路径，且最短路的任一段也是最短路. 假设在 $u_0 - v_0$ 的最短路中只取一条，则从 u_0 到其余顶点的最短路将构成一棵以 u_0 为根的树. 因此可采用树生长的过程来求指定顶点到其余顶点的最短路，我们采用 Dijkstra 算法实现这个过程.

设 G 为赋权有向图或无向图，G 边上的权均非负.

Dijkstra 算法：求 G 中从顶点 u_0 到其余顶点的最短路.

S：具有永久标号的顶点集合.

对每个顶点，定义两个标记 $(l(v) = z(v))$，其中

$l(v)$：从顶点 u_0 到 v 的一条路的权.

$z(v)$：v 的父亲点，用来确定最短路的路线.

算法的过程就是在每一步改进这两个标记，使最终 $l(v)$ 为从顶点 u_0 到 v 的最短路的权. 输入为带权邻接矩阵 $\mathbf{W}$.

① 赋初值：令 $S = \{u_0\}$，$l(u_0) = 0$. $\forall v \in \overline{S} = V\backslash S$，若 $l(v) = W(u_0, v)$，$z(v) = u_0$，$u \leftarrow u_0$.

② 更新 $l(v)$，$z(v)$：$\forall v \in \overline{S} = V\backslash S$，若 $l(v) > (u) + W(u,v)$，则令：

$$l(v) = l(u) + W(u,v)$$

$$z(u) = u$$

③ 设 v^* 是使 $l(v)$ 取最小值的 $\overline{S}$ 中的顶点，则令 $S = S \cup \{v^*\}$，$u \leftarrow v^*$.

④ 若 $\overline{S} \neq \varnothing$，转 ②；否则，停止.

用上述算法求出的 $l(v)$ 就是 u_0 到 v 的最短路的权，从 v 的父亲标记 $z(v)$ 追溯到 u_0，就得到 u_0 到 v 的最短路的路线.

例 7-9　求图 7-18 中从顶点 u_0 到其余顶点的最短路.

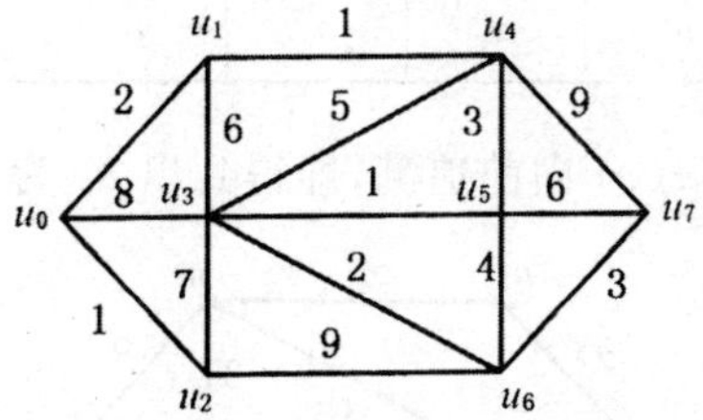

图 7-18　从顶点 u_0 到其余顶点的最短路

解：先写出带权邻接矩阵：

$$
\boldsymbol{W}=\begin{bmatrix}
0 & 2 & 1 & 8 & \infty & \infty & \infty & \infty \\
 & 0 & \infty & 6 & 1 & \infty & \infty & \infty \\
 & & 0 & 7 & \infty & \infty & 9 & \infty \\
 & & & 0 & 5 & 1 & 2 & \infty \\
 & & & & 0 & 3 & \infty & 9 \\
 & & & & & 0 & 4 & 6 \\
 & & & & & & 0 & 3 \\
 & & & & & & & 0
\end{bmatrix}
$$

因 G 是无向图，故 $\boldsymbol{W}$ 是对称矩阵. Dijkstra 的算法步骤如下：

迭代次数	$l(u_i)$							
	u_0	u_1	u_2	u_3	u_4	u_5	u_6	u_7
1	[0]	∞	∞	∞	∞	∞	∞	∞
2		2	[1]	8	∞	∞	∞	∞
3		[2]		8	∞	∞	10	∞
4				8	[3]	∞	10	∞
5				8		[6]	10	12
6				[7]			10	12
7							[9]	12
8								[12]
最后标记								
$l(v)$	0	2	1	7	3	6	9	12
$z(v)$	u_0	u_0	u_0	u_5	u_1	u_4	u_3	u_4

从第二个标记记 $z(v)$ 向前追溯，即得到以 u_0 为根的树(图 7-19).

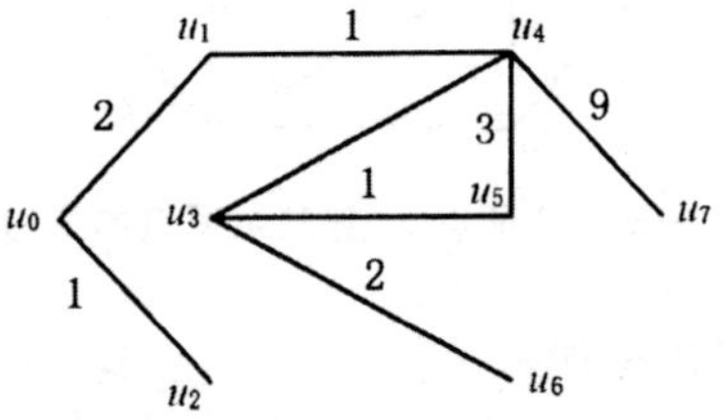

图 7-19　以 u_0 为根的树

2. 每对顶点之间的最短路

求每对顶点之间的最短路的算法是下面介绍的 Floyd 算法.

算法的基本思想：直接在图的带权邻接矩阵中用插入顶点的方法依次构造出 v 个矩阵 $\boldsymbol{D}^{(1)},\boldsymbol{D}^{(2)},\cdots,\boldsymbol{D}^{(v)}$，使最后得到的矩阵 $\boldsymbol{D}^{(v)}$ 成为图的距离矩阵，同时也求出插入点矩阵以便得到两点间的最短路径.

算法原理：

(1) 求距离矩阵的方法

把带权邻接矩阵 $\boldsymbol{W}$ 作为距离矩阵的初值，即 $\boldsymbol{D}^{(0)}=(d_{ij}^{(0)})_{v\times v}=\boldsymbol{W}$.

①$\boldsymbol{D}^{(1)}=(d_{ij}^{(1)})_{v\times v}$，其中 $d_{ij}^{(1)}=\min\{d_{ij}^{(0)},d_{i1}^{(0)}+d_{1j}^{(0)}\}$，$d_{ij}^{(1)}$ 是从 v_i 到 v_j 只允许以 v_1 作为中间点的路径中最短的长度.

②$\boldsymbol{D}^{(2)}=(d_{ij}^{(2)})_{v\times v}$，其中 $d_{ij}^{(2)}=\min\{d_{ij}^{(1)},d_{i2}^{(1)}+d_{2j}^{(1)}\}$，$d_{ij}^{(2)}$ 是从 v_i 到 v_j 只允许以 v_i,v_j 作为中间点的路径中最短的长度.

⋮

③$\boldsymbol{D}^{(v)}=(d_{ij}^{(v)})_{v\times v}$，其中 $d_{ij}^{(v)}=\min\{d_{ij}^{(v-1)},d_{iv}^{(v-1)}+d_{vj}^{(v-1)}\}$，$d_{ij}^{(v)}$ 是从 v_i 到 v_j 只允许以 $v_1,v_2,\cdots,v_v$ 作为中间点的路径中最短的长度. 即使从 v_i 到 v_j 中间插入任何顶点的路径中最短的长度，因此 $\boldsymbol{D}^{(v)}$ 即是距离矩阵.

(2) 求路径矩阵的方法

在建立距离矩阵的同时可建立路径矩阵 $\boldsymbol{R}$，$\boldsymbol{R}=(r_{ij})_{v\times v}$，$r_{ij}$ 的含义是从 v_i 到 v_j 的最短路要经过点号为 r_{ij} 的点.

$$\boldsymbol{R}^{(0)}=(r_{ij}^{(0)})_{v\times v},r_{ij}^{(0)}=j$$

每求得一个 $\boldsymbol{D}^{(k)}$ 时，按下列方式产生相应的新的 $\boldsymbol{R}^{(k)}$：

$$r_{ij}^{(k)}=\begin{cases}k,d_{ij}^{(k-1)}>d_{ik}^{(k-1)}+d_{kj}^{(k-1)}\\ r_{ij}^{(k-1)},d_{ij}^{(k-1)}\leqslant d_{ik}^{(k-1)}+d_{kj}^{(k-1)}\end{cases}$$

即当 v_k 被插入任何两点间的最短路径时，被记录在 $\boldsymbol{R}^{(k)}$ 中，依次求 $\boldsymbol{D}^{(v)}$ 时求得 $\boldsymbol{R}^{(v)}$，$\boldsymbol{R}^{(v)}$ 可由来查找任何点对之间最短路的路径.

(3) 查找最短路路径的方法

若 $r_{ij}^{(v)}=p_1$，则点 p_1 是点 i 到点 j 的最短路的中间点，然后用同样的方法再分头查找. 若：

① 向点 i 追溯得：$r_{ip_1}^{(v)}=p_2,r_{ip_2}^{(v)}=p_3,\cdots,r_{ip_k}^{(v)}=p_k$.

② 向点 j 追溯得：$r_{q_1j}^{(v)}=q_2,r_{q_2j}^{(v)}=q_3,\cdots,r_{q_kj}^{(v)}=j$.

则由点 i 到点 j 的最短路的路径为：$i,p_k,\cdots,p_2,p_1,q_1,q_2,\cdots,q_m,j$.

算法步骤：

Floyd 算法：求任意两点间的最短路.

$D(i,j)$：i 到 j 的距离.

$R(i,j)$：i 到 j 之间的插入点.

输入带权邻接矩阵 $\boldsymbol{W}$，

① 赋初值：对所有 $i,j,d(i,j)\leftarrow\omega(i,j),r(i,j)\leftarrow j,k\leftarrow 1$.

② 更新 $d(i,j),r(i,j)$：对所有 i,j，若 $d(i,k)+d(k,j)<d(i,j),r(i,j)\leftarrow k$.

例 7-10 求图 7-20 中加权图的任意两点间的距离与路径.

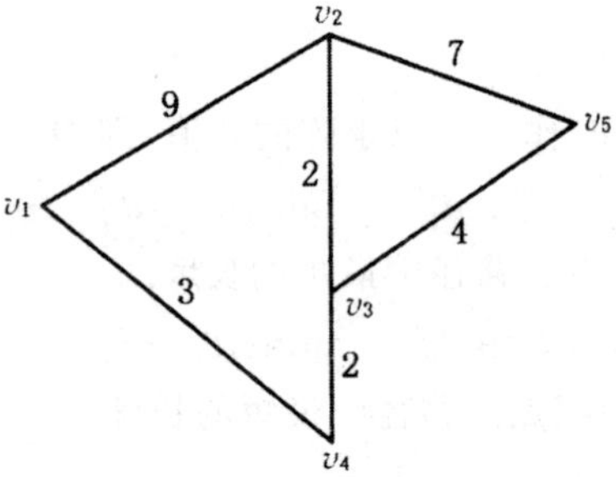

图 7-20 加权图的任意两点间的距离与路径

解：

$$\boldsymbol{D}^{(0)}=\begin{bmatrix}0 & 9 & \infty & 3 & \infty\\ 9 & 0 & 2 & \infty & 7\\ \infty & 2 & 0 & 2 & 4\\ 3 & \infty & 2 & 0 & \infty\\ \infty & 7 & 4 & \infty & 0\end{bmatrix},\boldsymbol{R}^{(0)}=\begin{bmatrix}1 & 2 & 3 & 4 & 5\\ 1 & 2 & 3 & 4 & 5\\ 1 & 2 & 3 & 4 & 5\\ 1 & 2 & 3 & 4 & 5\\ 1 & 2 & 3 & 4 & 5\end{bmatrix}$$

插入 v_1，得

$$\boldsymbol{D}^{(1)}=\begin{bmatrix}0 & 9 & \infty & 3 & \infty\\ 9 & 0 & 2 & \underline{\underline{12}} & 7\\ \infty & \underline{\underline{12}} & 0 & 2 & 4\\ 3 & \infty & 2 & 0 & \infty\\ \infty & 7 & 4 & \infty & 0\end{bmatrix},\boldsymbol{R}^{(1)}=\begin{bmatrix}1 & 2 & 3 & 4 & 5\\ 1 & 2 & 3 & \underline{\underline{1}} & 5\\ 1 & 2 & 3 & 4 & 5\\ 1 & \underline{\underline{1}} & 3 & 4 & 5\\ 1 & 2 & 3 & 4 & 5\end{bmatrix}$$

矩阵中带“=”的项为经迭代比较以后有变化的元素，即需引入中间点 v_1，从而 $\boldsymbol{R}^{(1)}$ 中相应的位置换为 1.

插入 v_2 得

$$\boldsymbol{D}^{(2)}=\begin{bmatrix}0 & 9 & \underline{\underline{11}} & 3 & \underline{\underline{16}}\\ 9 & 0 & 2 & 12 & 7\\ \underline{\underline{11}} & 2 & 0 & 2 & 4\\ 3 & 12 & 2 & 0 & \underline{\underline{19}}\\ \underline{\underline{16}} & 7 & 4 & \underline{\underline{19}} & 0\end{bmatrix},\boldsymbol{R}^{(2)}=\begin{bmatrix}1 & 2 & \underline{\underline{2}} & 4 & \underline{\underline{2}}\\ 1 & 2 & 3 & 1 & 5\\ \underline{\underline{2}} & 2 & 3 & 4 & 5\\ 1 & 1 & 3 & 4 & \underline{\underline{2}}\\ \underline{\underline{2}} & 2 & 3 & \underline{\underline{2}} & 5\end{bmatrix}$$

插入 v_3 得

$$
\boldsymbol{D}^{(3)}=\begin{bmatrix}0 & 9 & 11 & 3 & \underline{\underline{15}}\\ 9 & 0 & 2 & \underline{\underline{4}} & \underline{\underline{6}}\\ 11 & 2 & 0 & 2 & 4\\ 3 & \underline{\underline{4}} & 2 & 0 & \underline{\underline{6}}\\ \underline{\underline{15}} & \underline{\underline{6}} & 4 & \underline{\underline{6}} & 0\end{bmatrix},\boldsymbol{R}^{(3)}=\begin{bmatrix}1 & 2 & 2 & 4 & \underline{\underline{3}}\\ 1 & 2 & 3 & \underline{\underline{3}} & \underline{\underline{3}}\\ 2 & 2 & 3 & 4 & 5\\ 1 & \underline{\underline{3}} & 3 & 4 & \underline{\underline{3}}\\ 3 & \underline{\underline{3}} & 3 & \underline{\underline{3}} & 5\end{bmatrix}
$$

插入 v_4 得

$$
\boldsymbol{D}^{(4)}=\begin{bmatrix}0 & \underline{\underline{7}} & \underline{\underline{5}} & 3 & \underline{\underline{9}}\\ \underline{\underline{7}} & 0 & 2 & 4 & 6\\ \underline{\underline{5}} & 2 & 0 & 2 & 4\\ 3 & 4 & 2 & 0 & 6\\ \underline{\underline{9}} & 6 & 4 & 6 & 0\end{bmatrix},\boldsymbol{R}^{(4)}=\begin{bmatrix}1 & \underline{\underline{4}} & \underline{\underline{4}} & 4 & \underline{\underline{4}}\\ \underline{\underline{4}} & 2 & 3 & 3 & 3\\ \underline{\underline{4}} & 2 & 3 & 4 & 5\\ 1 & 3 & 3 & 4 & \underline{\underline{3}}\\ \underline{\underline{4}} & 3 & 3 & 3 & 5\end{bmatrix}
$$

$$
\boldsymbol{D}^{(5)}=\boldsymbol{D}^{(4)},\boldsymbol{R}^{(5)}=\boldsymbol{R}^{(4)}
$$

从 $\boldsymbol{D}^{(5)}$ 中得各顶点间的最短路，从中可追溯出最短路的路径. 例如，从 $\boldsymbol{D}^{(5)}$ 中得 $d_{51}^{(5)}=9$，故从 v_5 到 v_1 的最短路为 9. 从 $\boldsymbol{D}^{(5)}$ 中得 $r_{51}^{(5)}=4$. 由 v_4 向 v_5 追溯：$r_{54}^{(5)}=3$，$r_{53}^{(5)}=3$，由 v_4 向 v_1 追溯：$r_{51}^{(5)}=1$. 所以从 v_5 到 v_1 的最短路径为

$$
5\rightarrow 3\rightarrow 4\rightarrow 1
$$

7.2.2　最小生成树模型及 Kruskal 算法

一个连通的赋权图 $G(V,E)$，可能有很多个生成树，设 $T(V,E)$ 为图 G 的一个生成树，若把树 T 中各边的权数相加，则这个和数称为生成树 T 的权数. 在图 G 的所有生成树中，权数最小的生成树称为图 G 的最小生成树.

其中，树 $T(V,E_1)$ 为图 $G(V,E)$ 的最小生成树的充分必要条件是：对 $T(V,E_1)$ 以外的任意边 $(v_i,v_j)\in E$，都有

$$
\omega(v_i,v_j)\geqslant\max\{\omega(v_i,v_{i1}),\omega(v_{i1},v_{i2}),\cdots,\omega(v_{ik},v_j)\}
$$

其中，$v_iv_{i1}v_{i2}\cdots v_{ik}v_j$ 为生成树 $T(V,E_1)$ 中连接 v_i 和 v_j 的路. 故 $G(V,E)$ 的最小生成树 $T(V,E_1)$ 必然由那些权数较小的边组成，而且不会形成任何回路.

求一个连通赋权图的最小生成树方法为 Kruskal(克罗斯克尔) 算法，俗称“避圈法”. 设图 G 为由 m 个节点组成的连通赋权图，其最小生成树算法如下：

① 将图 G 中所有边按权数由小至大排列，将权数最小的一条边取为生

成树 T 中的边.

② 从剩下的边中按 ① 中排列选取下一条边,若该边与已经取进 T 中的边形成某个回路,则舍去该边;否则把该边取进 T 中.

③ 重复步骤 ②,直至恰有 $m-1$ 条边取进树 T 中为止. 这 $m-1$ 条边就组成了图 G 的最小生成树.

对于图 7-15,先将各边按权数由小至大排列为 $e_1(v_0,v_1)$,$e_2(v_2,v_3)$,$e_3(v_1,v_2)$,$e_4(v_0,v_2)$,$e_5(v_5,v_6)$,$e_6(v_3,v_4)$,$e_7(v_1,v_3)$,$e_8(v_4,v_5)$,$e_9(v_4,v_7)$,$e_{10}(v_0,v_5)$,节点数 $m=8$;然后顺次将 $e_1,e_2,e_3,e_4,e_5,e_6,e_7,e_8,e_9$ 取进 T 中(舍去 e_4,e_7),得最小生成树 $T=\{e_1,e_2,e_3,e_5,e_6,e_8,e_9\}$.

如果图 G 中节点个数较多、边较复杂,Kruskal 算法中对某一条边能否被取进生成树 T 中也较难于判断. 为了便于编程判断,我们采用"最小标号法":

先对图 G 中各节点以自然方式编号,如节点 $v_0,v_1,\cdots,v_7$ 对应的自然编号为 1,2,…,8,以后每一步对取进 T 中边的节点都要重新编号,即:若$(u_1,\cdots,u_r)$为 T 中任意一条路,则该路所经过的节点$(u_1,\cdots,u_r)$都重新标以它们中最小的标号,即

$$l(u_1)=l(u_2)=\cdots=l(u_r)=\min\{l(u_1),l(u_2),\cdots,l(u_r)\}$$

经过"最小标号法"重新编号后,就能判断下一条边 $e_k(v_{ki},v_{kj})$ 是否与已取进树 T 中的边构成回路,因而能决定边 $e_k(v_{ki},v_{kj})$ 是否被取进 T 中. 若 $l(v_{ki})=l(v_{kj})$,说明把边 $e_k(v_{ki},v_{kj})$ 取进 T 中会形成一个回路,因而应舍去 $e_k(v_{ki},v_{kj})$;若 $l(v_{ki})\neq l(v_{kj})$,说明至少有一个节点不在前面已取进 T 的节点中,故在 T 中加入边 $e_k(v_{ki},v_{kj})$ 后仍不会形成任何回路,因而应将边 $e_k(v_{ki},v_{kj})$ 取进 T 中.

例 7-11 表 7-3 给出世界六大城市之间的航线距离(英里),试确定连通这六大城市的最短总航线.

表 7-3 六大城市之间的航线距离

单位:英里

城市	伦敦	墨西哥城	纽约	巴黎	北京	东京
伦敦	0	5558	3469	214	5074	5059
墨西哥城	5558	0	2090	5725	7753	7035
纽约	3469	2090	0	3636	6844	6757
巴黎	214	5725	3636	0	5120	6053
北京	5074	7753	6844	5120	0	1307
东京	5059	7035	6757	6053	1037	0

已知六大城市之间的航线构成了一个无向赋权图,如图 7-18 所示.求最短总航线即求图 7-21 的最小生成树.

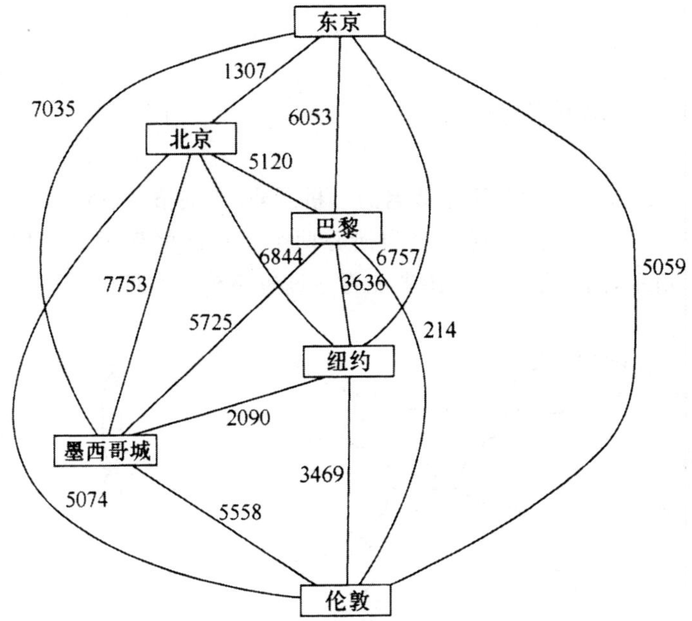

图 7-21　六大城市间航线距离

根据 Prim 算法编程或者直接调用 Matlab 中的 graphminspantree 函数,可得最小生成树由五条边构成:伦敦 ↔ 纽约;伦敦 ↔ 巴黎;伦敦 ↔ 东京;纽约 ↔ 墨西哥城;东京 ↔ 北京,得到的最小生成树如图 7-22 所示.

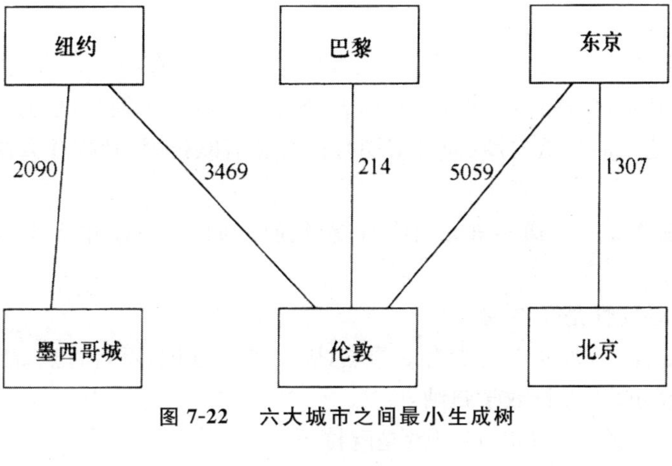

图 7-22　六大城市之间最小生成树

7.3 欧拉回路与中国邮递员问题

7.3.1 欧拉回路

欧拉(Euler)问题起源于著名的七桥游戏.普瑞格尔(Pergel)河从古城哥尼斯堡市中心流过,在河两岸与河心两个小岛之间架设有7座桥,如图7-23(a)所示,问题是一个旅游者能否通过每座桥一次且仅一次?

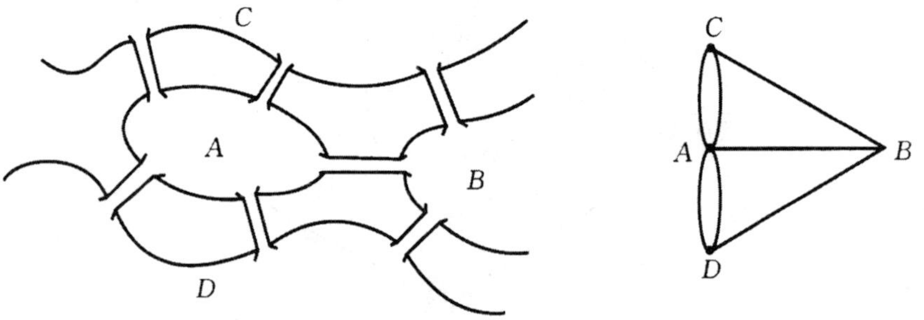

(a) (b)

图 7-23 七桥问题示意图

欧拉把两岸分别用C和D两点来表示,两岛分别用A和B两点来表示,当两块陆地之间有桥时.则在相应的两点之间连一条边(曲直长短无关紧要),于是得到图7-23中的(b)图.这样七桥问题就转化为判断在该图中是否存在一条过每条边的简单链.

定义 7.13 给定一个连通的多重无向图G,若存在一条简单链过G的每条边,则称这条链为欧拉链(简称E链).若存在一个简单圈,过G的每条边,则称这个圈为欧拉圈(简称E圈).图G若有欧拉圈,则称G为欧拉图(简称E图).

定理 7.2 连通多重无向图G是欧拉图当且仅当G中无奇点(次为奇数的点).

证:必要性是显然的.

充分性.不妨设G至少有3个点,因G是连通图,不含奇点,故$q(G) \geqslant 3$,对边数$q(G)$进行数学归纳:

1) 当$q(G)=3$时,G显然是欧拉图.

2) 设当$q(G) \leqslant n$时,结论成立.考察$q(G)=n+1$的情况,因G是不含

奇点的连通图，并且 $p(G) \geqslant 3$，故存在 3 个点 u、v、ω，使 (u,v)，$(\omega,v) \in E$. 从 G 中舍去边 (u,v)，(ω,v)，增加新边 (u,ω)，得到新的多重图 G'. $q(G')=n$，G' 不含奇点，且至多有两个分图. 若 G' 是连通的，由归纳假设，G' 有欧拉圈 C'，把 C' 中的边 (ω,u) 换成 (ω,v) 和 (u,v)，即得 G 中的欧拉圈. 若 G' 有两个分图 G_1 和 G_2. 设 v 在 C_1 中，由归纳假设，G_1、G_2 分别有欧拉圈 C_1、C_2，把 C_2 中的边 (u,ω) 换成 (u,v)，C_1 及 (v,ω)，即得 G 的欧拉圈.

定理 7.3　连通多重无向图 G 有欧拉链当且仅当 G 恰有两个奇点.

证：必要性是显然的.

充分性. 设 G 恰有两个奇点 u，v. 在 G 中增加一个新点 ω 及新边 (ω,v) 和 (ω,u). 得连通多重图 G'. 由定理 7.8，G' 有欧拉圈 C'，从 C' 中丢去 ω 及点 ω 的关联边 (ω,v) 和 (ω,u)，即得 G 中的一条连接 u，v 的欧拉链.

定理 7.2 和定理 7.3 提供了识别一个图是否能一笔画出的较为简单的方法. 欧拉图均能一笔画出，并且能回到出发的顶点；恰含有两个奇点的连通多重图也能一笔画出. 但不能回到出发的顶点. 而七桥问题中，有 4 个奇点，故旅游者不可能通过每座桥一次且仅一次.

例 7-12（多米诺骨牌对环链游戏）　多米诺骨牌对是两块正方形骨牌拼贴在一起形成的一个矩形块，每个正方形上刻有 0 和 1 ～ 6 个点，共 7 种. 每只骨牌对上的点数相异，试构造最大的骨牌对环链，使得其上每两个靠近的骨牌对靠近的点数一样，且骨牌对两两相异.

解：以 {0,1,2,3,4,5,6,} 为顶点集合构作 K_7，如图 7-24(a) 所示. 把此 K_7 的每条边视为一个骨牌对，边之端点即为骨牌对两端的点数. 于是可知不

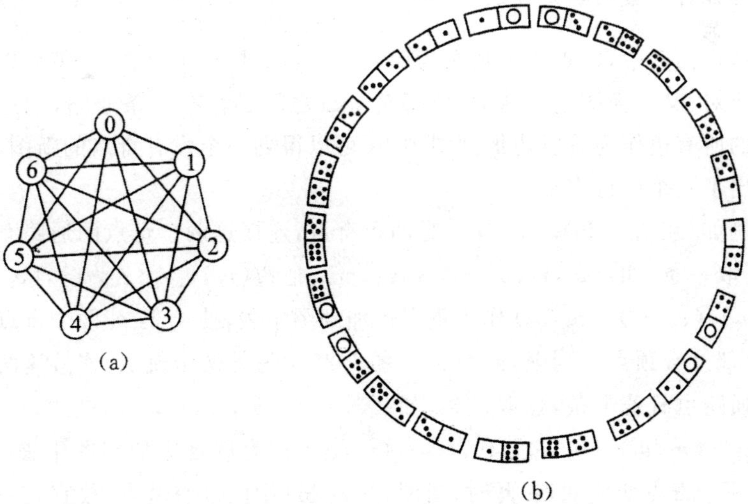

图 7-24　K_7 与相应的最大环链

同的骨牌对共计$C_7^2=21$种，最大骨牌对环链上骨牌对的个数不超过21个.由于K_7不含奇点，是欧拉图，它有欧拉圈 0123456053164204152630，相应的最大环链如图 7-24(b) 所示.这种最大环链不是唯一的，0123456036251402461350 也是K_7的一个欧拉圈，仿上可得与之相应的另一环链.

7.3.2 中国邮递员问题

假定图 7-25 是某邮递员负责的街道图，各边上的数字为距离(单位：千米)，此时也称它为该边上的权，并称这样的图为加权图.邮递员送信时，要走完他负责投递的全部街道，完成任务后回到邮局，问邮递员怎样走，才能使所走的路线最短?这是由中国数学家管梅谷教授于 1962 年首先提出的，故被称为"中国邮路问题".

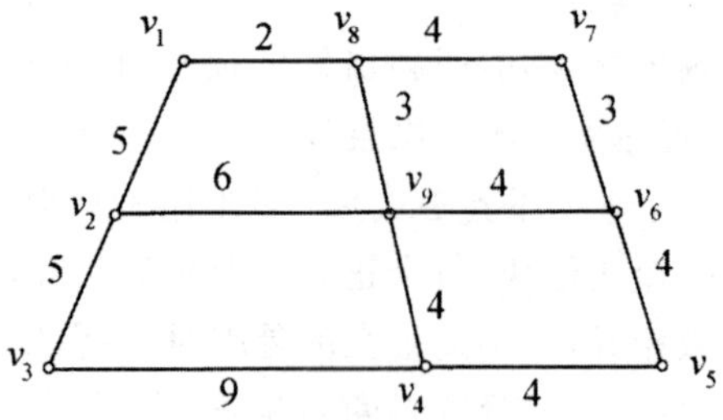

图 7-25 街道图

1.可行方案的确定方法

在任何图中，奇点的个数必为偶数，所以，如果图中有奇点，就可以把它们配成对；又因为图是连通的，故每对奇点之间必存在一条通路，把这条通路上的所有边作为重复边加到图中去，可以得到一个没有奇点的新图，这样就给出了一个可行方案.

例如，在图 7-26 中，v_2 与 v_4 是两个奇点，连接这两个奇点的通路有若干条，任取一条，如：$(v_2,v_1,v_8,v_7,v_6,v_5,v_4)$，把边$(v_2,v_1)$，$(v_1,v_8)$，$(v_8,v_7)$，$(v_7,v_6)$，$(v_6,v_5)$，$(v_5,v_4)$作为重复边加到图中去，使 v_2 与 v_4 两个奇点变成偶点(偶度数顶点).同理，v_6 与 v_8 是图 7-25 中另外两个奇点，连接这两个奇点的通路也有若干条，任取一条，如$(v_8,v_1,v_2,v_3,v_4,v_5,v_6)$，把边$(v_8,v_1)$，$(v_1,v_2)$，$(v_2,v_3)$，$(v_3,v_4)$，$(v_4,v_5)$，$(v_5,v_6)$作为重复边加到图中去，使 v_6 与 v_8 两个奇点变成偶点.此时，新图(图 7-26)中已没有奇点，故它是一个欧拉图，这是一个可行方案.对应与这个可行方案，重复边的总权数为

$$2\omega_{12}+\omega_{23}+\omega_{34}+2\omega_{45}+2\omega_{56}+\omega_{67}+\omega_{78}+2\omega_{81}=51$$

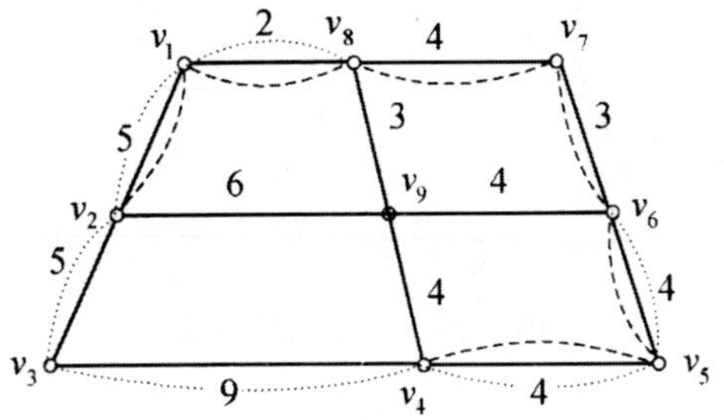

图 7-26　可行方案

2. 寻找最优可行方案

这实质上是一个比较不同的可行方案，使重复边的总权数不断降低的过程.

首先，从图 7-26 可以看出，(v_1,v_2) 上有两条重复边，若将它们从图中去掉，图中仍无奇点，即剩下的重复边还是一个可行方案，而重复边的总权数却有所下降. 同理，对于 (v_8,v_1)，(v_4,v_5)，(v_5,v_6) 上的重复边，也可做类似的处理.

一般情况下，若图中边 (v_i,v_j) 有两条或两条以上的重复边时，从中去掉偶数条，就可以得到一个总长度的较小的可行方案.

作为最优可行方案，显然应满足以下两个特点：

① 在最优可行方案中，图的每一边上最多有一条重复边. 据此，图 7-26 可以进行调整，重复边的总权数由 51 下降到 21.

② 在最优可行方案中，图 7-26 中每个圈上的重复边的总权数不大于该圈总权数的 1/2.

事实上，如果把图中某圈上的重复边去掉，而给原来没有重复边的边上加上重复边，图中仍没有奇点，因而，如果在某个圈上重复边的总权数大于该圈总权数的 1/2，像上面所说的那样做一次调整，将会得到一个总权数下降的可行方案.

在图 7-26 中，圈 (v_2,v_3,v_4,v_9,v_2) 的总长度为 24，但圈上重复边的总权数为 14，大于该圈的总长度的 1/2，因此，可做一次调整，以 (v_2,v_9) 及 (v_4,v_9) 上的重复边代替 (v_2,v_3) 及 (v_3,v_4) 上的重复边，如图 7-27 所示，使重复边的总长度下降为 17.

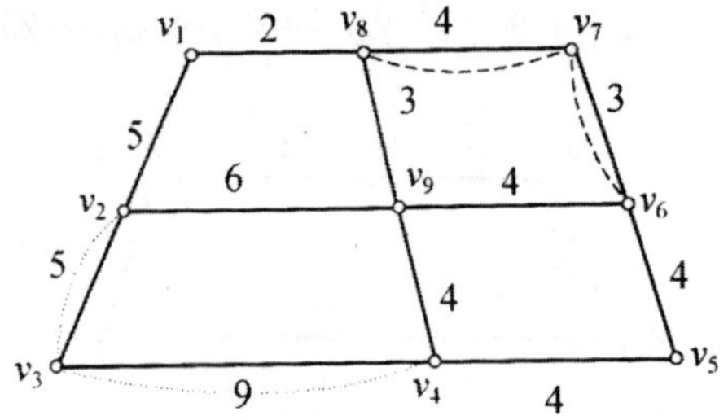

图 7-27　最优可行方案

例 7-13　求图 7-28 中图 G 的中国邮递员问题的解.

解:在图 G 中,添加边生成 Euler 图 G_1(图 7-28(a)),但这样添加的边并不能满足添加的边尽可能的小. 事实上,在圈(v_6,v_5,v_2,v_6)中,边(v_5,v_6)的长度大于圈长度的一半,因此,将(v_5,v_6)之间的加边去掉,改为边(v_6,v_2),(v_2,v_5). 构成图 G_2[图 7-29(b)]. 再考虑图 G_2,在圈(v_5,v_4,v_1,v_3,v_5)中,边(v_5,v_3)与边(v_3,v_1)的和大于圈的另一半,即边(v_5,v_4)与边(v_4,v_1)的和. 因此,在(v_5,v_3),(v_3,v_1)添加的边去掉,改为在边(v_5,v_4),(v_4,v_1)上添加边,得到 G^*. 可以证明此时 G^* 已满足算法的步骤 ①,使添加的边达到最小.

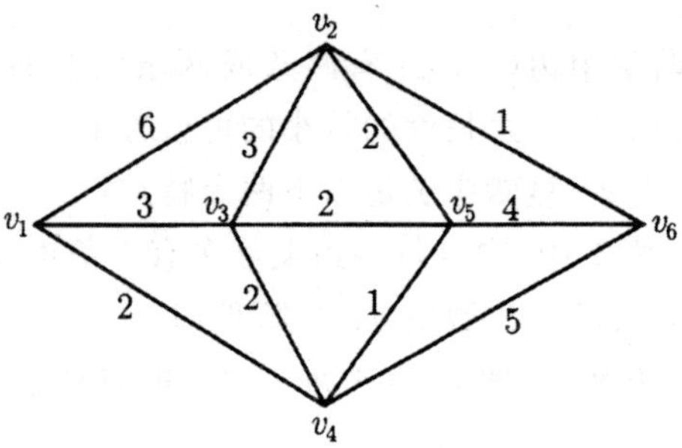

图 7-28　图 G

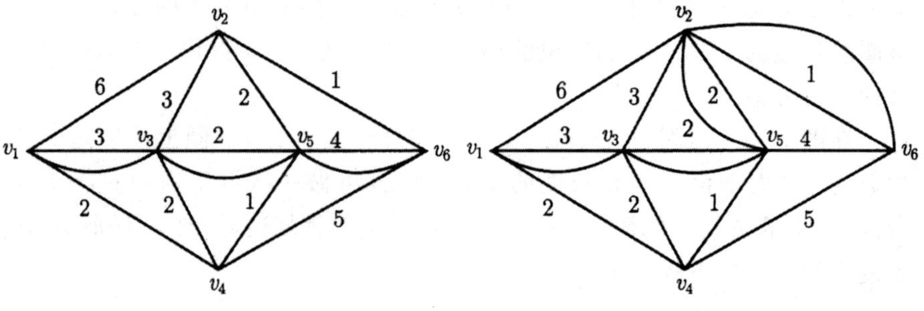

(a)　　　　(b)

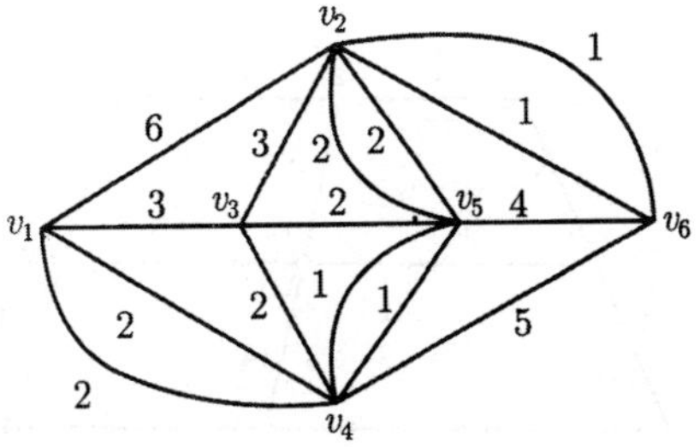

(c)

图 7-29　从图 G 到图 G^* 的计算过程

(a) 图 G_1;(b) 图 G_2;(c) 图 G^*

3. 判别最优方案的标准

从上面分析可知,一个最优方案一定是满足 ① 和 ② 两个特点的可行方案;反之,可以证明一个可行方案,若满足 ① 和 ② 两个特点,则可行方案一定是最优方案. 据此,对于给定的可行方案,检查它是否满足条件 ① 和 ②,若满足,所得方案即为最优方案;若不满足,则对于方案进行调整,直到条件 ① 和 ② 均得到满足为止.

例如,图 7-30 中,圈(v_1,v_2,v_9,v_6,v_7,v_8,v_1)中重复边的总权数是 17,而圈的权数是 24,不满足条件 ②,经调整后得图 7-31 重复边的总权数下降到 15. 检查图 7-31,满足条件 ① 和 ②,于是得到最优方案,即图 7-31 是一个欧拉图,此时邮递员可以从邮局出发走过图 7-29 图中每条路一次且仅一次,最后回到邮局. 这是邮递员的最佳邮递路线.

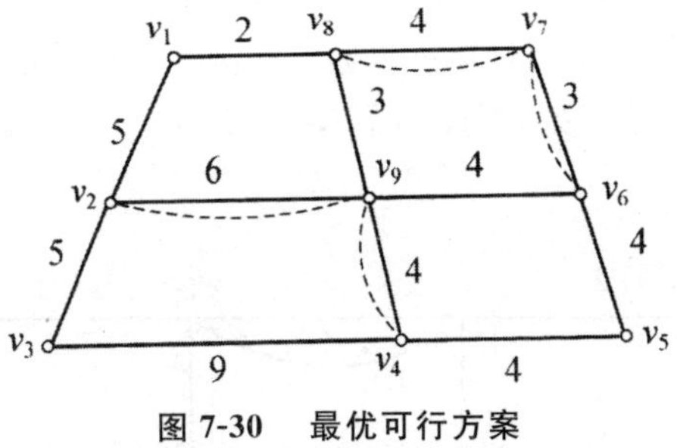

图 7-30　最优可行方案

以上所说的求最优路线的方法,通常称为奇偶点作业法,值得注意的是,此方法的主要困难在于检查条件 ②,它要求检查图中的每一个圈,当图中的点、边数较多时,圈的个数将会很多,如在本例所示的图 7-26 中,就有 13 个圈.

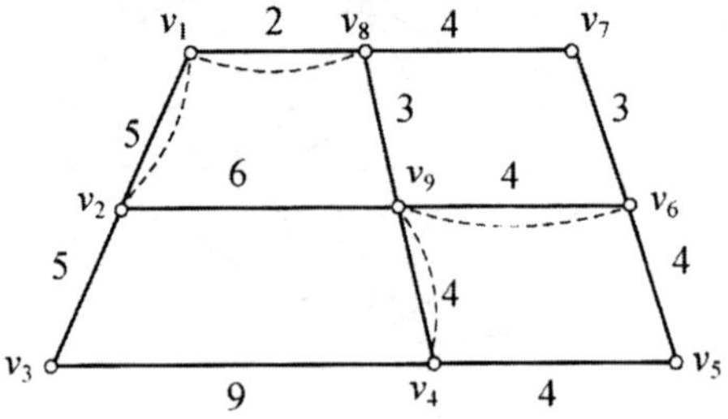

图 7-31　最优方案

例 7-14　求解图 7-32 所示网络中的最优邮递员回路.

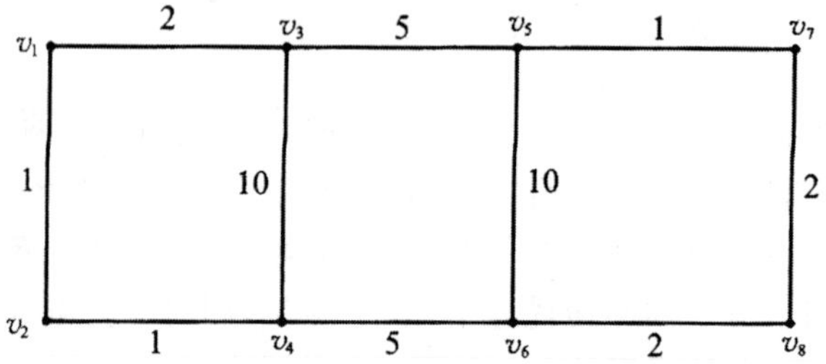

图 7-32　邮递员网络图

解:网络中有 4 个奇点 v_3、v_4、v_5、v_6,分成两对,不妨设 v_3 与 v_5 一对,v_4 与 v_6 一对,将(v_3,v_5) 和(v_4,v_6) 作为重复边加到图中去,得到欧拉图(图 7-33).考察圈(v_1,v_2,v_4,v_6,v_8,v_7,v_5,v_3,v_1),其中重复边上的总权为 10,而非重复边上的总权为 9,因而作调整,去掉(v_3,v_5) 和(v_4,v_6) 两条重复边,添加(v_1,v_2),(v_2,v_4),(v_6,v_8),(v_8,v_7),(v_7,v_5) 和(v_3,v_1) 六条重复边,得到新的欧拉图(图 7-34).可以验证,图 7-34 中所有圈上的重复边的总权小于非重复边的总权数,因此图 7-34 中的任一个欧拉圈就是邮递员的最优邮递路线.

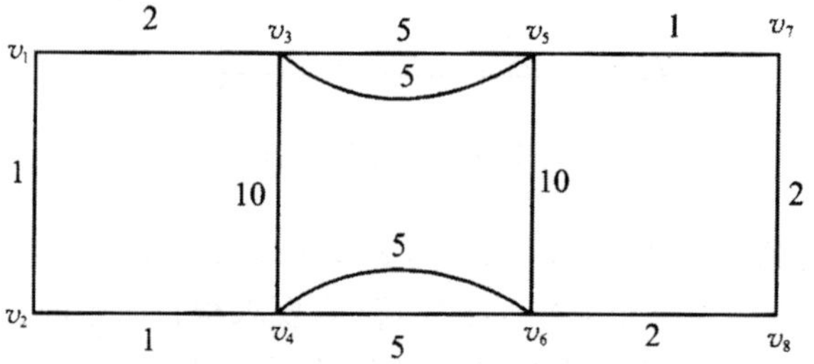

图 7-33　加入重复边后的欧拉图

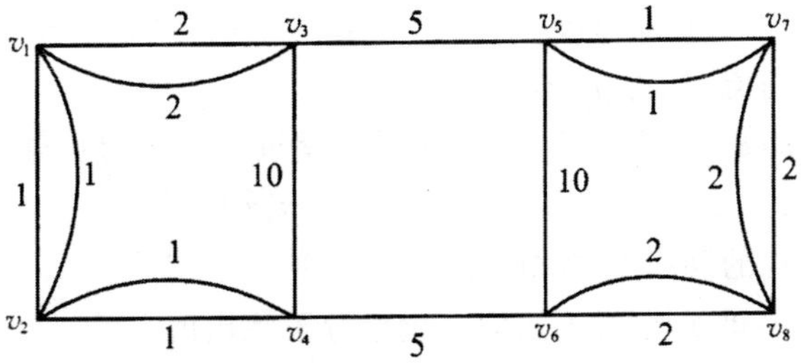

图7-34　新的欧拉图

值得注意的是，奇偶点图上作业法在求解网络规模较大的邮递员问题时，圈的检查易于遗漏．关于中国邮递员问题，已有其他比较好的算法，读者可参阅有关图论书籍．

7.4　最大流问题

7.4.1　定义与问题的描述

定义7.14　设 $G(V,E)$ 为有向图，如果在 V 中有两个不同的顶点子集 X 和 Y，而在边集 E 上定义一个非负权值 c，则称 G 为一个网络．

称 X 中的顶点为源，Y 中的顶点为汇，既非源又非汇的顶点称为中间顶点，称 c 为 G 的容量函数，容量函数在边 e 上的值称为容量．边 $e=(u,v)$ 的容量记为 $c(e)$ 或 $c(u,v)$．

在这里仅讨论单源单汇情况的网络．因为对于多源多汇问题，可以虚设一个源，它与所有源连接且容量为 ∞．同样，虚设一个汇，它与所有的汇连接且容量为 ∞．这样一个多源多汇问题就转化成单源单汇问题．

图7-35表示具有一个源 x，一个汇 y 和4个中间顶点 v_1,v_2,v_3,v_4 的网络．

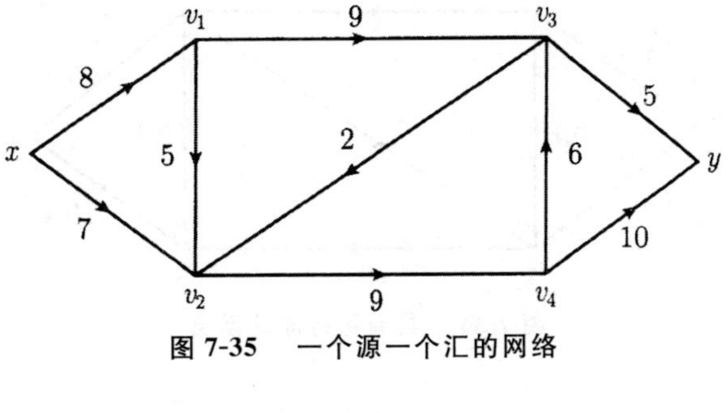

图7-35　一个源一个汇的网络

网络 G 中每一条边 (u,v) 有一个容量 $c(u,v)$，除此之外，对边 (u,v) 还有一个通过边的流，记为 $f(u,v)$.

显然，边 (u,v) 上的流量 $f(u,v)$ 不会超过该边上的容量 $c(u,v)$，即

$$0 \leqslant f(u,v) \leqslant c(u,v) \tag{7-2}$$

满足上式不等式的网络 G 为相容的.

对于所有中间顶点 u，流入的总量应等于流出的总量，即

$$\sum_{v \in V} f(u,v) = \sum_{v \in V} f(v,u)$$

一个网络 G 的流量值 f 定义为从源 x 流出的总流量，即

$$V(f) = \sum_{v \in V} f(x,v) \tag{7-3}$$

由上式可以看出，f 的流量值也为流入汇 y 的总流量.

设 V_1 和 V_2 是顶点集 V 的子集，用 (V_1,V_2) 表示起点在 V_1 中，终点在 V_2 中的边的集合. 用 $f(V_1,V_2)$ 表示 (V_1,V_2) 中边的流的总和，即

$$f(V_1,V_2) = \sum_{u \in V_1; v \in V_2} f(u,v) \tag{7-4}$$

特别地，取 $V_1 = v, V_2 = V$，可以得到

$$f(v,V) - f(V,v) = \begin{cases} V(f), v = x \\ 0, v \in V, v \neq x, v \neq y \\ -V(f), v = y \end{cases} \tag{7-5}$$

称满足式(7-5)的网络 G 为守恒的.

如果流 f 满足不等式(7-2)和式(7-5)，则称流 f 为可行的. 如果存在可行流 f^*，使得对所有的可行流 f 均有

$$V(f^*) \geqslant V(f)$$

则称 f^* 为最大流.

在图 7-36 所示的网络 G 中，每条边旁的第一个数为边的容量，第二个数为边的流量. 例如，$c(x,v_1) = 8, f(x,v_1) = 4, c(v_1,v_2) = 5, f(v_1,v_2) = 1, \cdots$.

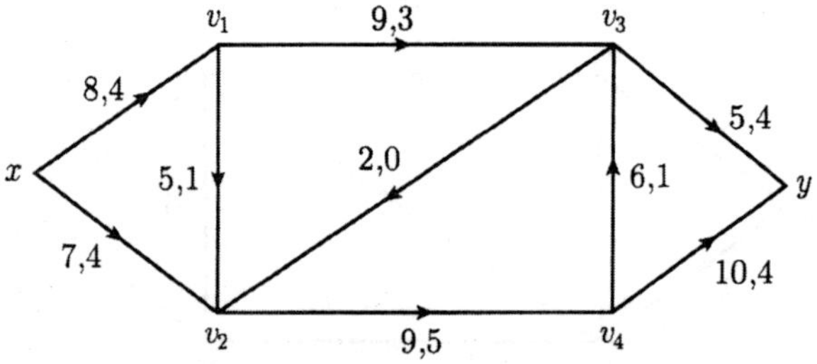

图 7-36　具有可行流的网络

不难验证，网络 G 满足条件(7-2)和(7-5)，因此，网络 G 的流 f 是可行流. 其流量值 $V(f)=8$.

如果一条边的流量等于该边的容量，即 $f(u,v)=c(u,v)$，则称边 (u,v) 为饱和边；否则，称为非饱和边. 对于任意的网络 G，至少存在一个可行流，因为对所有的边 (u,v)，由于 $f(u,v)=0$ 满足条件(7-2)和(7-5)，此时称它为零流.

定义 7.15　设 $G(V,E)$ 是具有单一源 x 和单一汇 y 的网络，V_0 是 V 的子集. V_0^c 是 V_0 的补集，若 $x\in V_0$，$y\in V_0^c$，则称形为 (V_0,V_0^c) 的边集合为网络 G 的割，记为 K 或 $K(V_0)$.

由定义 7.15 可知，网络 G 的一个割是分离源和汇的一个边集合.

将割 K 中所有边的容量之和称为割容量，记为 $c(K)$，即

$$c(K)=\sum_{(u,v)\in(V_0,V_0^c)}c(u,v)$$

如果存在一个割 K^*，使得对于所有割 K 均有 $c(K^*)\leqslant c(K)$，则称 K^* 为最小割.

在图 7-36 所示的网络 G 中，取 $V_0=\{x,v_1,v_2\}$，则 $V_0^c=\{v_3,v_4,y\}$，那么割 $K=\{(v_1,v_3),(v_2,v_4)\}$，其割容量为 18，相应的流量为 $f(V_0,V_0^c)=8$.

7.4.2　主要结果和算法

定理 7.4　设 f 是网络 $G(V,E)$ 上的可行流，V_0 是包含源 x，但不包含汇 y 的顶点集合，则

$$V(f)=f(V_0,V_0^c)-f(V_0^c,V_0)$$

证明：由式(7-5)，并注意到 $y\neq V_0$，因此有

$$\begin{aligned}&f(V_0,V)-f(V,V_0)\\&=f(x,V)-f(V,x)+f(V_0-\{x\},V)-f(V,V_0-\{x\})\\&=V(f)+0=V(f)\end{aligned}\tag{7-6}$$

将 $V=V_0\cup V_0^c$ 代入式(7-6)，并注意到 $V_0\cap V_0^c=\phi$，于是有

$$\begin{aligned}V(f)&=f(V_0,V)-f(V,V_0)\\&=f(V_0,V_0\cup V_0^c)-f(V_0\cup V_0^c,V_0)\\&=f(V_0,V_0)+f(V_0,V_0^c)-f(V_0,V_0\cap V_0^c)\\&\quad-[f(V_0,V_0)+f(V_0^c,V_0)-f(V_0\cap V_0^c,V_0)]\\&=f(V_0,V_0^c)-f(V_0^c,V_0)\end{aligned}$$

推论：设 f 是网络 $G(V,E)$ 上的可行流，对于任意割 $K(V_0,V_0^c)$ 均有

$$V(f)\leqslant cK$$

证明:对于任意的顶点集合 V_0 有 $f(V_0^c, V_0) \geqslant 0$,因此,

$$V(f) \leqslant f(V_0, V_0^c) = \sum_{u \in V_0, v \in V_0^c} f(u,v) \leqslant \sum_{u \in V_0, v \in V_0^c} c(u,v) = c(K)$$

定理 7.5 设 $G(V,E)$ 是网络,如果存在 G 上的可行流 f^* 和割 K^*,使得

$$V(f^*) = c(K^*)$$

则 f^* 为最大流,K^* 为最小割.

证明:设 f 是任意一个可行流,由以上推论得到

$$V(f) \leqslant c(K^*) = V(f^*)$$

因此,f^* 为最大流.类似地,可得到 K^* 为最小割.

定义 7.16 设 $G(V,E)$ 是一个网络,P 是相应的基础图中从源 x 到汇 y 的路,如果边 e 的方向与路同方向,则称边 e 为正向的;否则,称边 e 为反向的.如果路 P 中的所有边都满足

$$\begin{cases} f(e) < (e), e \text{ 为正向边} \\ f(e) > 0, e \text{ 为反向边} \end{cases}$$

则称 P 为可增广路.

例如,图 7-37 描述的是在图中从源到汇的一条无向路 $P = \{x,a,b,c,d,y\}$.在路中,边 (x,a),(a,b),(c,d),(d,y) 是正向边,(c,b) 是反向边.由于所有正向边的流量小于其容量,并且反向边的流量大于 0,则该路为可增广路.

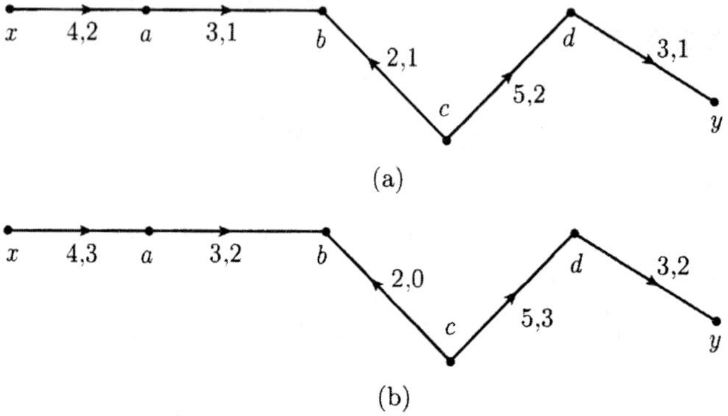

图 7-37 通过可增广路增加可行流的例子

(a) 初始图;(b) 增广路后的图

设 f 是网络 G 上的可行流,P 是一条无向路,定义

$$\varepsilon_1 = \min\{c(e) - f(e) \mid e \text{ 是 } P \text{ 中的正向边}\} \tag{7-7}$$

$$\varepsilon_2 = \min\{f(e) \mid e \text{ 是 } P \text{ 中的反向边}\} \tag{7-8}$$

$$\varepsilon = \min\{\varepsilon_1, \varepsilon_2\} \tag{7-9}$$

若 $\varepsilon > 0$，则称 P 为非饱和路；否则，称 P 为饱和路. 由定义可知，若 P 为可增广路，则 P 为从源 x 到汇 y 的非饱和路. 这样可以构造新的且具有更大流的流函数 f_ε 为

$$f_\varepsilon = \begin{cases} f(e) + \varepsilon, & e \text{ 为 } P \text{ 中的正向边} \\ f(e) - \varepsilon, & e \text{ 为 } P \text{ 中的反向边} \\ f(e), & \text{其他} \end{cases} \tag{7-10}$$

显然，f_ε 为可行流，并且满足

$$V(f_\varepsilon) = V(f) + \varepsilon > V(f)$$

定理 7.6　网络 G 中流 f 为最大流的充分必要条件是 G 中没有可增广路.

证明：必要性. 反证法. 若存在一条可增广路 P，则可按式(7-7) ～ 式(7-10) 构造出具有更大值的可行流 f_ε，这与 f 是最大流矛盾.

充分性. 设 G 中不包含可增广路. 设 V_0 是 G 中所有非饱和路与 x 连接起来的所有顶点的集合. 显然，$x \in V_0$. 由于 G 中没有可增广路，因此，$y \notin V_0$，即 $y \in V_0^c$. 这样得到一个割 $K(V_0, V_0^c)$. 下面将证明(V_0, V_0^c) 中的每条边均是饱和的，而(V_0^c, V_0) 中每条边的流量均为零.

考虑边 $e = (u,v)$，若 $u \in V_0$，$v \in V_0^c$ 且 x 到 u 存在一条非饱和路，若 $f(e) < c(e)$，则 $v \in V_0$，与 $v \in V_0^c$ 矛盾. 因此，$f(e) = c(e)$. 同理可证，若 $v \in V_0$，$u \in V_0^c$，则 $f(e) = 0$. 由定理 7.6 得到

$$V(f) = f(V_0, V_0^c) - f(V_0^c, V_0) = c(V_0, V_0^c) = c(K)$$

由定理 7.6 得到 f 是最大流.

定理 7.6 的证明本质上是构造性的，从它可以引出网络最大流的算法. 从一个已知流(如零流) 开始，递推地构造出一个其值不断增加的流的序列，并且终止于最大流. 在每一个新的流 f 作出后，如果存在 f 的可增广路，则用被称为标号程序的子程序来求出它. 若找到这样的一条路 P，则可以基于 P 构造出新的流 f_ε，并且取为这个序列的下一个流. 如果不存在 f 的可增广路，则由定理 7.6 知，f 就是最大流，算法终止.

为了叙述标号程序需要下述定义：设 T 是一棵树，如果 $x \in V(T)$，并且对于 T 中的每个顶点 v，在 T 中存在唯一一条 $\{x,v\}$ 的 f 非饱和路，则称树 T 为 G 中的 f 非饱和树.

寻找 f 的可增广路的过程必须包含 G 中 f 非饱和树 T 的生长过程. 最初，T 仅由顶点 x 组成. 在任一阶段都存在着生长树的两种方法.

① 设 $V_0 = V(T)$：若(V_0, V_0^c) 中存在 f 的非饱和边 $e = (u,v)$：即 $f(e) < c(e)$)，则将 e 和 v 都添加到 T 中去.

② 设 $V_0 = V(T)$：若 (V_0^c, V_0) 中存在 f 的非饱和边 $e = (u,v)$，即 $f(e) > 0$，则将 e 和 u 都添加到 T 中去.

显然，上述每一个程序都导致一棵扩大的 f 非饱和树. 于是或者 T 最后到达汇点 y，或者它在到达汇点 y 之前停止生长. 如果 T 到达汇点 y，则 T 中的 (x,y) 路就是所要的，f 可增广路；如果 T 在到达汇点 y 前停止生长，则 f 是最大流.

这个标号程序是生长 f 非饱和树 T 的一个系统方法. 在生长 T 的过程中，它分配给 T 的每个顶点 v 的标号 $\varepsilon(v) = \tau(P_v)$，其中 P_v 为 T 中唯一的 (x,v) 路. 这种标号的优越性在于，如果 T 到达汇点 y，则不仅有 f 的可增广路 P_v，而且还有可用来计算基于 P_v 的修改流的数值 $\tau(P_v)$. 这个标号程序从分配给源点 x 以标号 $\varepsilon(x) = \infty$ 开始，按下述法则继续：

① 若 $e = (u,v)$ 是 f 的非饱和边，其尾 u 已经标号，但其头还未标号，则 v 标为 $\varepsilon(v) = \min\{\varepsilon(u), c(e) - f(e)\}$.

② 若 $e = (v,u)$ 是 f 正边，其头 u 已经标号，但其尾还未标号，则 v 标为 $\varepsilon(v) = \min\{\varepsilon(u), f(e)\}$.

在上述各种情形中，称 v 为基于 u 而被标号. 检查已标号的顶点 u，并将所有能够基于 u 而被标号但尚未标号的顶点进行标号，这个标号程序一直继续到或者汇点 y 被标号，或者所有被标号的顶点都已被检查过，而没有更多的顶点可以被标号(这意味着 f 是最大流).

下面给出求最大流的算法.

算法 7.1(求最大流算法的标号算法)　在算法中，L 表示已标号的顶点集，S 表示已检查的顶点集，$L(u)$ 表示在检查 u 时与 u 相邻的标号顶点集.

① 置初始流 f，$f(e) = 0(\forall e \in E)$.

② 置 $L = \{x\}$，$S = \varnothing$，$\varepsilon(x) = \infty$，标 $\{x\}$ 为 $(x, +, \varepsilon(x) = \infty)$.

③ 如果 $L \backslash S = \varnothing$，则停止计算(得到最大流 f).

④ 检查 $u \in L \backslash S$，对于所有的 $v \in L(u)$，若 $e = (u,v)$ 是 f 的非饱和边，则令 $\varepsilon(v) = \min\{\varepsilon(u), c(e) - f(e)\}$，标 v 为 $(u, +, \varepsilon(v))$. 若 $e = (v,u)$ 是 f 正边，则令 $\varepsilon(v) = \min\{\varepsilon(u), f(e)\}$，标 v 为 $(u, -, \varepsilon(v))$. 置 $L = L \cup L(u)$.

⑤ 如果 $y \notin L$，则置 $S = S \cup \{u\}$，转 ③；否则，置 $v = y$.

⑥ 如果 v 的第二个标号为"+"(即标号为 $(u, +, \varepsilon(v))$)，则置 $f(u,v) = f(u,v) + \varepsilon(y)$，$v = u$；否则(即标号为 $(u, -, \varepsilon(v))$)，置 $f(u,v) = f(u,v) - \varepsilon(y)$，$v = u$.

⑦ 若 $v = x$，则去掉全部标记，转 ②；否则，转 ⑥.

例 7-15　求如图 7-36 所示的网络的最大流.

解：置 $L=\{x\}$，$S=\varnothing$，$\varepsilon(x)=\infty$，标 $\{x\}$ 为 $(x,+\infty)$. 此时，$L(x)=\{v_1,v_2\}$，其图形如图 7-38(a) 所示.

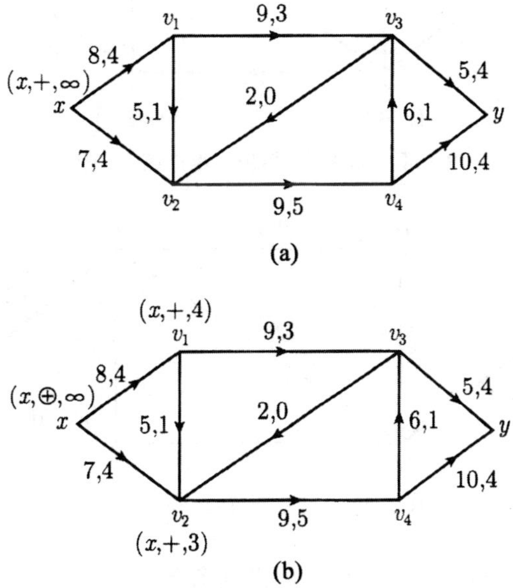

图 7-38　顶点 x 的标记过程

(a) 标记 x；(b) 与 x 相邻的点已标记，x 已检查

对顶点 v_1，由于 $c(x,v_1)=8$，$f(x,v_1)=4$，所以 $\varepsilon(v_1)=\min\{\infty,8-4\}=4$，标 v_1 为 $(x,+,4)$. 对顶点 v_2，由于 $c(x,v_2)=7$，$f(x,v_2)=4$，所以 $\varepsilon(v_2)=\min\{\infty,7-4\}=3$，标 v_2 为 $(x,+,3)$.

与 x 相邻的顶点均被标记，这样 x 已被检查过，置 $L=L\cup L(u)=\{x,v_1,v_2\}$，$S=S\cup\{x\}=\{x\}$（在图中，将“+”号用小圆圈圈起来，说明 x 已被检查过），如图 7-38(b) 所示.

继续上面的过程，顶点 v_3 的标记为 $(v_1,+,4)$，顶点 v_1 被检查过，得到 $L_1=\{x,v_1,v_2,v_3\}$，$S=\{x,v_1\}$. 顶点 v_4 标为 $(v_2,+,3)$，顶点 v_2 被检查过，得到 $L_2=\{x,v_2,v_4\}$，$S=\{x,v_1,v_2\}$. 汇 y 标为 $(v_4,+,3)$，得到 $L_2=\{x,v_2,v_4,y\}$，$S=\{x,v_1,v_2,v_4\}$. 此时，汇 y 被标记，则 L_2 是一条可增广路，如图 7-39 所示.

下面调整可行流. 由于汇 y 标记为 $(v_4,+,3)$，因此得到 $f(v_4,y)=4+3=7$. 顶点 v_4 的标记为 $(v_2,+,3)$，则 $f(v_2,v_4)=5+3=8$. 顶点 v_2 的标记为 $(x,+,3)$，则 $f(x,v_2)=4+3=7$. 此时，f 调整过程结束. 然后去掉全部标记，得到一个新的网络，如图 7-40 所示.

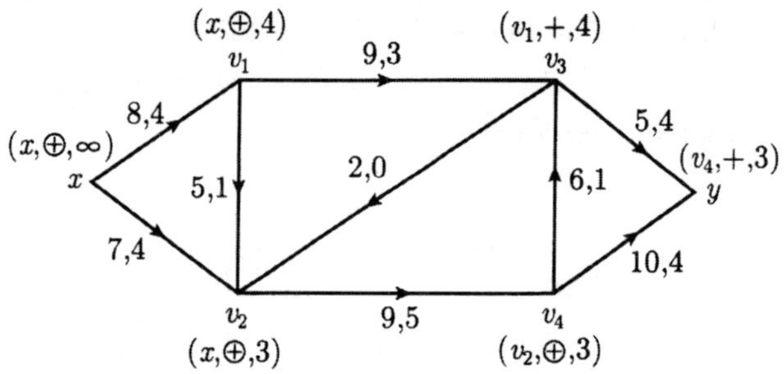

图 7-39　汇 y 被标记，得到可增广路 $\{x,v_2,v_4,y\}$

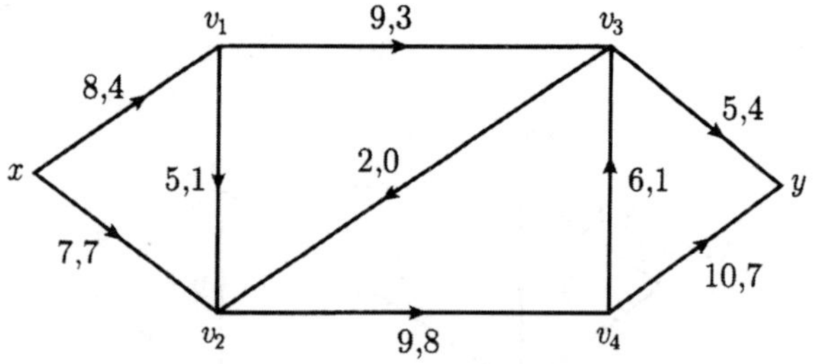

图 7-40　具有新可行流的网络

对图 7-40 所示的网络由算法可得到图 7-41.

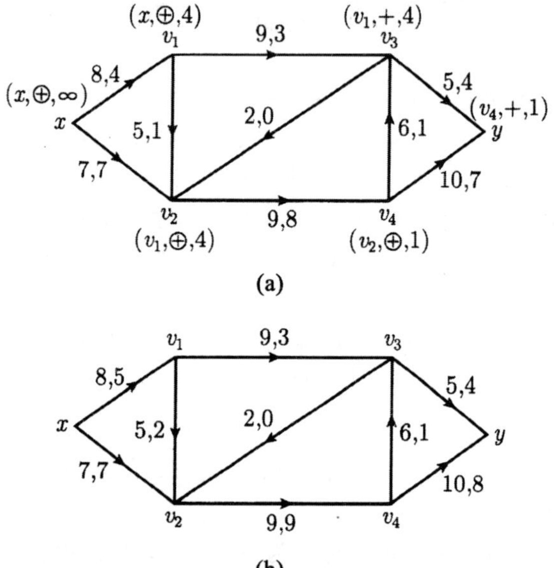

图 7-41　网络的标记和调整情况

(a) 汇 y 被标记，得到可增广路 $\{x,v_1,v_2,v_4,y\}$；(b) 调整 f 后的新网络

对图 7-41(b) 所示的网络由算法可得到图 7-42.

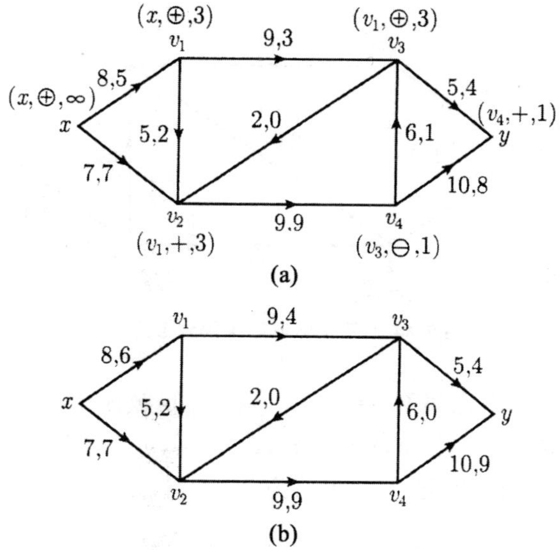

图 7-42　网络的标记和调整情况

(a) 汇 y 被标记，得到可增广路 $\{x, v_1, v_3, v_4, y\}$；(b) 调整 f 后的新网络

对图 7-42(b) 所示的网络由算法可得到图 7-43.

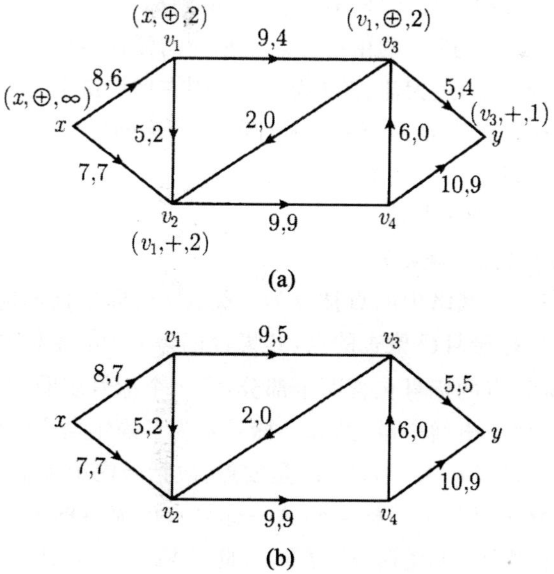

图 7-43　网络的标记和调整情况

(a) 汇 y 被标记，得到可增广路 $\{x, v_1, v_3, y\}$；(b) 调整 f 后的新网络

最后得到由图 7-44 所示的网络，此时，$L\backslash S=\varnothing$，得到最大流.

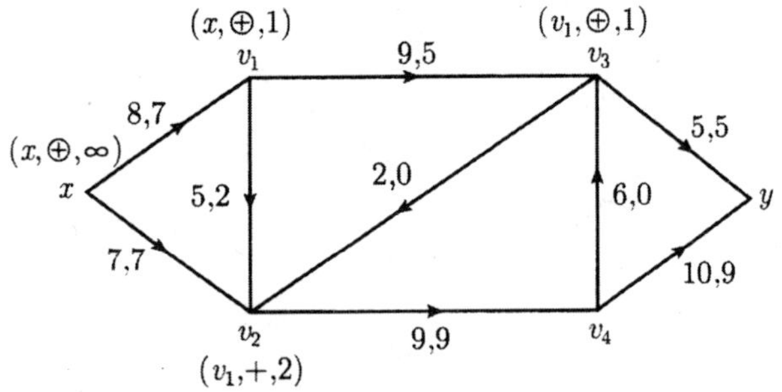

图 7-44　无法标记汇 y 得到最大流

在图 7-44 中，顶点集 $V_0=\{x,v_1,v_2,v_3\}$已被标号，顶点集 $V_0^c=\{v_4,y\}$ 未被标号，割 $K=(V_0,V_0^c)=\{(v_2,v_4),(v_3,y)\}$，割容量 $c(K)=14$，此时，网络的流也为 14. 因此，最大流值为 14. 同时，也得到了最小割 K.

7.4.3　寻找网络最大流的 Ford-Fulkerson 标号法

Ford-Fulkerson 算法的基本思想是：从网络 $D=(V,A,C)$ 的一个可行流 f 出发(若网络中没有给定 f，则可设 f 是零流)，由发点 v_s 开始，对网络 D 中的每个顶点按规则进行标号，若收点 v_t 得到标号，则可用反向追踪法在网络中找出一条从 v_s 到 v_t 的由标号点及相应的弧连接而成的增广链. 若无增广链，则 f 是所求的最大流；若有增广链，则在增广链上进行调整，改变流量. 得到新的可行流 f'，继续寻找相应于该可行流的增广链.

算法主要有以下几个步骤：

1) 给出一个初始可行流 f.

2) 标号过程(标号规则).

在这个过程中，网络中的点被分为三类：① 已标号且未检查的点，其集合记为 V_0；② 已标号且已检查的点，其集合记为 V_s；③ 未标号的点，其集合记为$\overline{V_s}$. 每个标号点的标号包含两个部分：第 1 个标号表明它的标号是从哪一点得到的，以便找出增广链；第 2 个标号是为了确定增广链的调整量 θ.

首先给 v_s 标号$(0,+\infty)$，因 v_s 是发点，故括号内第 1 个数字记为 0；括号内第 2 个数字表示从上一标号到这一标号点的流量的最大允许调整值，而 v_s 是发点，不限允许调整值，故为$+\infty$. 此时 $V_0=\{v_s\}$，$V_s=\varnothing$，$\overline{V_s}=V-(V_0\cup V_s)=\{v_2,v_3,\cdots,v_t\}$.

一般地，在 V_0 中任取一元素 v_i，检查 v_i 到$\overline{V_s}$ 中的点 v_j 的弧(v_i,v_j)，或

反向弧(v_j, v_i)：

① 对于弧(v_i, v_j)，若 $f_{ij} < c_{ij}$（即弧(v_i, v_j)非饱和），则给点 v_j 标号$(v_i, l(v_j))$，其中 $l(v_j) = \min\{l(v_i), c_{ij} - f_{ij}\}$，同时把 v_j 从$\overline{V_s}$中除去，归入 V_0.

② 对于弧(v_j, v_i)，若 $f_{ji} > 0$（即弧(v_j, v_i)非零），则给点 v_j 标号$(-v_i, l(v_j))$，其中 $l(v_j) = \min\{l(v_i), f_{ji}\}$，同时把 v_j 从$\overline{V_s}$中除去，归入 V_0.

经以上检查步骤后，将 v_i 从 V_0 中除去，归入 V_s.

重复上述步骤，一旦 v_t 被标上号，表明得到一条从 v_s 到 v_t 的由标号点及相应的弧连接而成的增广链 μ，转入调整过程；若所有标号都已检查过，而标号过程进行不下去时，表明该网络中不存在增广链，给定流量即为最大流，算法结束.

3) 调整过程. 首先按 v_t 及其他点的第 1 标号，利用“反向追踪”的方法，找出增广链 μ；令调整量 θ 是 $l(v_t)$，即 v_t 的第 2 个标号；令

$$f'_{ij} = \begin{cases} f_{ij} + \theta, (v_i, v_j) \in \mu^+ \\ f_{ij} - \theta, (v_i, v_j) \in \mu^- \\ f_{ij}, (v_i, v_j) \notin \mu \end{cases}$$

去掉所有的标号，对于新的可行流 $f' = f'_{ij}$，重新进入标号过程. 以图 7-45 为例说明上述增量算法.

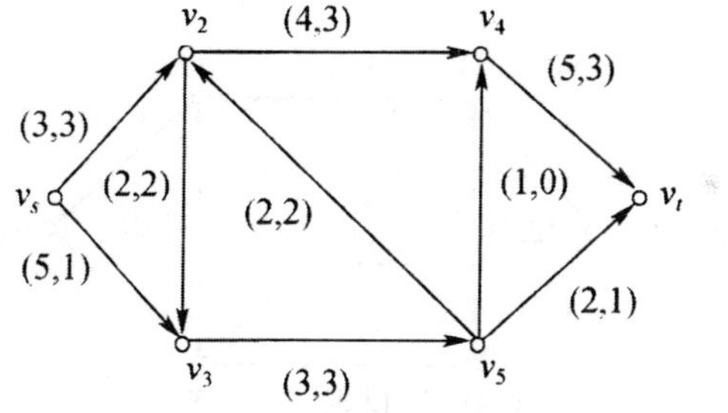

图 7-45　网络图

第 1 步，选一个初始流 f，如图 7-45 所示.

第 2 步，标号过程.

首先给 v_s 标以$(0, +\infty)$，此时 $V_0 = \{v_s\}$，$V_s = \varnothing$，$\overline{V_s} = \{v_2, v_3, v_4, v_5, v_t\}$.

检查 v_s：

对于 $v_2 \in \overline{V_s}$，弧(v_s, v_2)，$f_{s2} = c_{s2} = 3$，是正向饱和弧，所以对 v_2 不标号；

对于 $v_3 \in \overline{V_s}$，弧(v_s, v_3)，$f_{s3} < c_{s3}$ 加是正向非饱和弧，所以对 v_3 标号，$v_3(v_s, l(v_3))$，其中 $l(v_3) = \min\{l(v_s), c_{s3} - f_{s3}\} = \min\{+\infty, (5-1)\} = 4$；

对于$\overline{V_s}$ 中的其他点，与 v_s 无弧，所以对它们不标号.

此时，$V_s=\{v_s\}$，$V_0=\{v_3\}$，$\overline{V_s}=\{v_2,v_4,v_5,v_t\}$

检查 v_3：

对于 $v_2\in\overline{V_s}$，弧 (v_2,v_3)，$f_{23}=2$，是反向非零弧，所以对 v_2 标号，$v_2(-v_3,l(v_2))$，其中 $l(v_2)=\min\{l(v_3),f_{23}\}=\min\{4,2\}=2$；

弧 (v_3,v_5) 是正向饱和弧，所以对 v_5 不标号；

对于 $\overline{V_s}$ 中的其他点，与 v_3 无弧，所以对它们不标号.

此时，$V_s=\{v_s,v_3\}$，$V_0=\{v_2\}$，$\overline{V_s}=\{v_4,v_5,v_t\}$.

检查 v_2：

对于 $v_4\in\overline{V_s}$，弧 (v_2,v_4)，$f_{24}<c_{24}$，是正向非饱和弧，所以对 v_4 标号，$v_4(v_4,l(v_4))$，其中 $l(v_4)=\min\{l(v_2),c_{24}-f_{24}\}=\min\{2,(4-3)\}=1$；

对于 $v_5\in\overline{V_s}$，弧 (v_2,v_4)，$f_{52}=1$，是反向非零弧，所以对 v_5 标号，$v_5(-v_2,l(v_5))$，其中 $l(v_5)=\min\{l(v_2),f_{52}\}=\min\{1,1\}=1$；

对于 $\overline{V_s}$ 中的其他点，与 v_2 无弧，所以对它们不标号.

此时，$V_s=\{v_s,v_3,v_2\}$，$V_0=\{v_4,v_5\}$，$\overline{V_s}=\{v_t\}$.

检查 v_4：

弧 (v_4,v_t) 是正向非饱和弧，所以对 v_t 标号，$v_t(v_4,l(v_5))=v_t(v_4,1)$.

由于 v_t 已标号，故标号停止，如图 7-46 所示，转入调整过程.

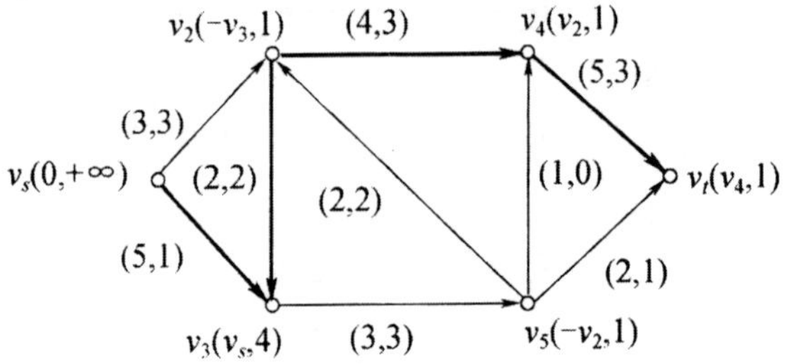

图 7-46　增量算法

第 3 步，调整过程.

按 v_t 及其他点的第 1 标号，利用“反向追踪”的方法，找出增广链 $\mu=(v_s,v_3,v_2,v_4,v_t)$（如图 7-47 中粗线所示），令调整量 $\theta=1$，即 v_t 的第 2 个标号；令

$$f'_{ij}=\begin{cases}f_{ij}+\theta,(v_i,v_j)\in\mu^+\\ f_{ij}-\theta,(v_i,v_j)\in\mu^-\\ f_{ij},(v_i,v_j)\notin\mu\end{cases}$$

去掉所有的标号，对于新的可行流 $f'=\{f'_{ij}\}$（图 7-47），重新进入标号过程.

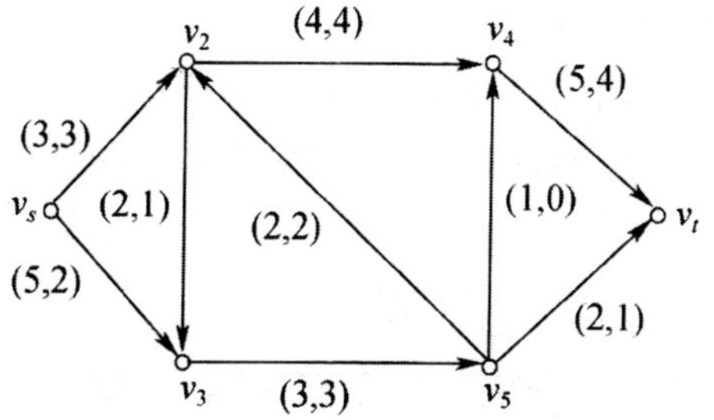

图 7-47　新可行流图

按照增量算法的前两个步骤，对图 7-47 中的各点重新编号，可得图 7-48.

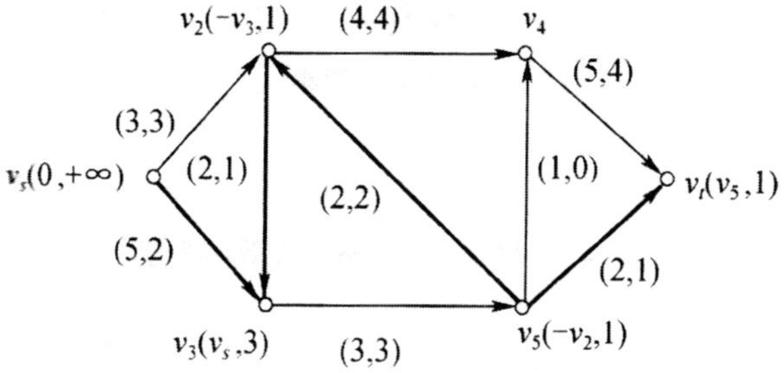

图 7-48　新增量网

按 v_t 及其他点的第 1 标号，利用“反向追踪”的方法，找出增广链 $\mu = \{v_3, v_2, v_5, t\}$（如图 7-48 中粗线所示），令调整量 $\theta = 1$，即 v_t 的第 2 个标号，令

$$f'_{ij} = \begin{cases} f_{ij} + \theta, (v_i, v_j) \in \mu^+ \\ f_{ij} - \theta, (v_i, v_j) \in \mu^- \\ f_{ij}, (v_i, v_j) \notin \mu \end{cases}$$

去掉所有的标号，对于新的可行流 $f' = \{f'_{ij}\}$（图 7-49），重新进入标号过程.

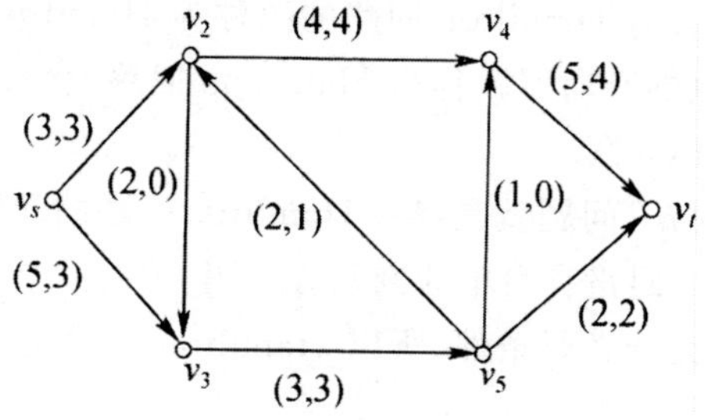

图 7-49　新可行流图

对图 7-49 中的各点重新编号，当 v_s、v_3 标号后，标号过程进行不下去了（图 7-50），表明该网络中不存在增广链，已有流量 $f=6$ 即为最大流，此时可以构造下列割集 $V=\{v_s,v_3\}$，$\overline{V_s}=\{v_2,v_4,v_5,v_t\}$，$C[V,\overline{V}]=3+3=6$，算法结束.

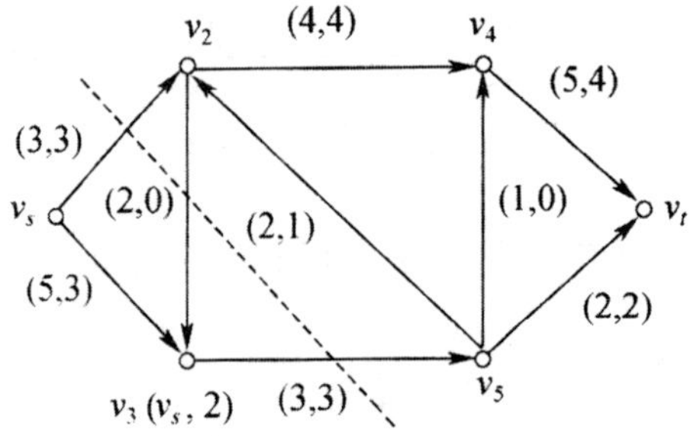

图 7-50　割集

7.5　Hamilton 回路模型

在 19 世纪，英国数学家 Hamilton 设计了一种名为周游世界的游戏. 他在一个实心的正十二面体的二十个顶点上标以世界著名的二十座城市的名字，要求游戏者沿十二面体的棱从一个城市出发，经过每座城市恰好一次，然后返回到出发点，即“绕行世界”.

正十二面体的顶点与棱的关系可以用平面上的图来表示：把正十二面体的顶

点与棱分别对应图的节点与边，就得到图 7-51. 于是，“周游世界”问题就相当于在图 7-51 中找一个回路，它通过图中每一个节点. 图 7-51 中按自然顺序用数字标示的节点就是这样的一个回路.

一般地，图 G 中一条回路称为 G 的一条 Hamilton 回路，如果该回路包含 G 的所有节点. 含有 Hamilton 回路的图称为 Hamilton 图. 对于有向图，包含 G 的每个顶点的有向回路称为 Hamilton 回路，含有 Hamilton 回路的有向图称为 Hamilton 图.

显然，“周游世界”问题就是寻找 Hamilton 回路的问题. 那么，判断一个图是否有 Hamilton 回路有简单的判别方法吗？遗憾的是直到现在还没有找到 Hamilton 图的充分必要条件，所以 Hamilton 问题是图论中一直悬而未解的问题.

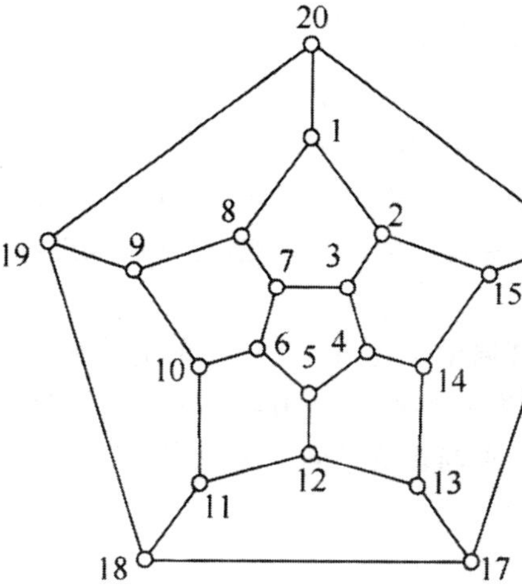

图 7-51　正十二面体平面图

1. 旅行售货员问题

设有 p 个城镇，已知每两个城镇之间的距离，一个售货员自某镇出发巡回售货，问这个售货员应该如何选择路线，能使每个城镇经过一次且仅一次，最后返回出发地，而使总的行程最短.

易见，旅行售货员问题就是在一个赋权图中找一个具有最小权的 Hamilton 回路(称为最优 Hamilton 回路). 然而，还没有一个求解最优 Hamilton 回路的有效算法，在此介绍一个较好的近似算法：最邻近算法，以及一个修改方法，以获得"相当好"(但不一定是最优) 的解.

设 $G(V,E)$ 是一个赋权图，规定：V 中任何三个节点 u,v,x 满足

$$\omega(u,v)+\omega(v,x)\geqslant\omega(u,x)$$

求近似最优 Hamilton 回路的最邻近算法：

① 任选一点 v_0 作起点，找一条与 v_0 关联且权数最小的边 e_1，e_1 的另一个端点记为 v_1，得一条路 v_0v_1.

② 设已选出路 $v_0v_1\cdots v_i$，在 $V\backslash\{v_0,v_1,\cdots,v_i\}$ 中取一个与 v_i 最近的相邻点 v_{i+1}，得 $v_0v_1\cdots v_iv_{i+1}$.

③ 若 $i+1<p(G)-1$，用 i 代 $i+1$ 返回 ②. 否则，停止，$v_0v_1\cdots v_{p-1}v_0$ 即一条近似最优的 Hamilton 回路. 其中，$p(G)$ 表示 G 中节点的个数.

用最邻近法求得的 Hamilton 回路一般不是最优的，但通过以下的修改，可获得更短的 Hamilton 回路. 修改方法：

设 $C=v_1v_2\cdots v_pv_1$ 是一条 Hamilton 回路，若存在 i,j 适合 $1<i+1<$

$j < p$,并且

$$\omega(v_i, v_j) + \omega(v_{i+1}, v_{j+1}) < \omega(v_i, v_{i+1}) + \omega(v_j, v_{j+1})$$

则 Hamilton 回路 $C_{ij} = v_1 v_2 \cdots v_i v_j v_{j-1} \cdots v_{i+1} v_{j+1} \cdots v_p v_{v_1}$(它是由 C 删去边 $v_i v_{i+1}$ 和功 $v_j v_{j+1}$,添加边 $v_i v_j$ 和 $v_{i+1} v_{j+1}$ 而得到的)的权和

$$\omega(C_{ij}) = \omega(C) - \omega(v_i, v_{i+1}) - \omega(v_j, v_{j+1}) + \omega(v_i, v_j) + \omega(v_{i+1}, v_{j+1}) < \omega(C)$$

因而 Hamilton 回路 C_{ij} 将是 C 的一个改进.这样的改进可以进行到不能进行为止.

除售货员问题外,邮局中负责到各个信箱取信的邮递员,以及去各个分局送邮件的汽车等都会类似地遇到这种问题.还有工件排序问题、竞赛参加者名次的排列等问题,看似与售货员问题无关,而实质上也可以归结为售货员问题来解决.

2. 工件排序问题

设某台机器必须加工多种工件 $J_1, J_2, \cdots, J_n$,在一种工件加工完毕之后,为了加工下一种工件机器必须调整.如果从工件 J_i 到工件 J_j 的调整时间为 t_{ij},求这些工件的一个排序,使整个机器的调整时间最短.

首先,构造具有 n 个节点的有向图 G,当 $i \neq j$ 时,有 $(v_i, v_j) \in E$.

其次,求 G 的有向 Hamilton 路 $(v_{i1}, v_{i2}, \cdots, v_{in})$,并且把工件相应地排列好.

如,假设有 6 个工件,调整矩阵是

$$\begin{bmatrix} 0 & 5 & 3 & 4 & 2 & 1 \\ 1 & 0 & 1 & 2 & 3 & 2 \\ 2 & 5 & 0 & 1 & 2 & 3 \\ 1 & 4 & 4 & 0 & 1 & 2 \\ 1 & 3 & 4 & 5 & 0 & 5 \\ 4 & 4 & 2 & 3 & 1 & 0 \end{bmatrix}$$

序列 $J_1 \to J_2 \to J_3 \to J_4 \to J_5 \to J_6$ 的调整时间是 13 个单位.为了找出一个较好的序列,构造有向图 G,如图 7-52 所示.$(v_1, v_6, v_3, v_4, v_5, v_2)$ 是 G 的有向 Hamilton 路,因而产生序列 $J_1 \to J_6 \to J_3 \to J_4 \to J_5 \to J_2$,它的调整时间只需 8 个单位.

3. 奥运火炬传递问题

2008 年北京奥运会组委会 2007 年 04 月 26 日在北京世纪坛宣布第 29 届奥运会火炬传递计划路线和火炬样式.火炬以中国传统祥云符号和纸卷轴为创意,火炬境外传递城市 19 个,境内传递城市和地区 116 个.北京奥组

委制定了路线编制的标准：即有利于展示地方特色、有利于最多数人的参与、有利于安全顺利的运行、有利于电视转播．现在请设计一条火炬传递路线，从北京（经度 116.4，纬度 39.93）出发，依次经过表 7-4 中的 19 个境外城市和 33 个境内城市，最后回到北京，使得总路线长度最短．表中负数表示南纬/西经．

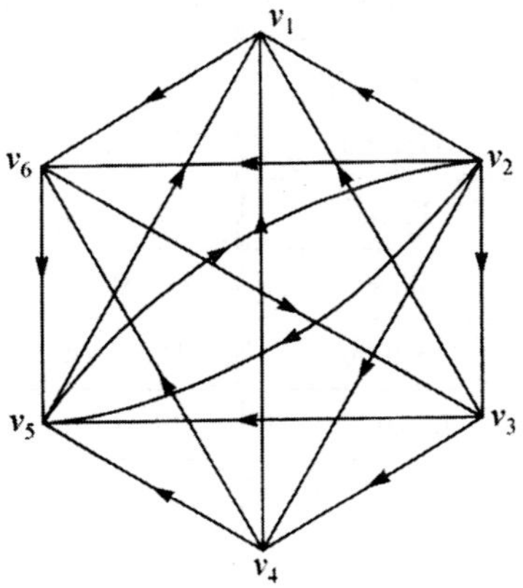

图 7-52　机器调整时间图

表 7-4　城市地理数据

经度	纬度	城市	经度	纬度	城市
76.92	43.32	Almaty	58.54	23.61	Muscat
29.0	41.1	Istanbul	73.06	33.72	Islamabad
30.32	59.93	Saint Petersburg	77.21	28.67	Delhi
−0.12	51.5	London	100.5	13.73	Bangkok
2.34	48.86	Paris	101.71	3.16	Kuala Lumpur
−122.44	37.76	San Francisco	106.83	−6.18	Jakarta
−58.37	−34.61	Buenos Aires	149.22	−35.28	Canberra
39.28	−6.82	Dar es Salaam	136.91	35.15	Nagoya
127.0	37.57	Seoul	114.48	38.05	Shijiazhuang
125.75	39.02	Pyongyang	113.67	34.75	Zhengzhou
106.69	10.78	Ho Chi Minh City	126.65	45.75	Harbin
117.2	39.13	Tianjin	114.27	30.58	Wuhan
91.0	29.6	Lasa	112.97	28.2	Changsha
114.15	22.28	Hongkong	125.35	43.87	Changchun

续表

经度	纬度	城市	经度	纬度	城市
87.58	43.8	Urumqi	118.78	32.05	Nanjing
102.7	25.05	Kunming	115.88	18.68	Nanchang
120.17	30.25	Hangzhou	123.45	41.8	Shenyang
106.58	29.57	Chongqing	111.64	40.82	Hohhot
110.32	20.05	Haikou	106.27	38.47	Yinchuan
117.28	31.85	Hefei	101.77	36.62	Xining
113.55	22.2	Macao	117.0	36.67	Ji'nan
119.3	26.08	Fuzhou	112.55	37.87	Taiyuan
103.68	36.05	Lanzhou	108.9	34.27	Xi'an
113.25	23.12	Guangzhou	121.47	31.23	Shanghai
108.32	22.82	Nanning	104.07	30.67	Chengdu
106.72	26.58	Guiyang	121.45	25.02	Taibei

(1)模型假设

假设地球为半径6367.5 km的球体，不考虑地表形态的影响，即火炬在两城市间传递路线为球面上以这两点为端点的圆心处于球心的圆弧.

(2) 问题分析

该问题可以看成是在球面上寻找最短 Hamilton 回路的问题. 即，在一个由题目数据给出的包括北京的 53 个城市作为节点的完全图上寻找一条最短的 Hamilton 回路.

本题中图的节点数量较多，又因为此问题属于旅行售货员问题，是图论中典型的NP完全问题，所以这里调用Mathematica函数结合不同的启发式算法来求该问题的近似解.

(3) 建模与求解

第一步，根据表 7-5 中给出的经纬度数据，以及地球半径计算出任意两城市 i 和 j，$i,j=1,2,\cdots,53$ 之间的球面距离.

第二步，将上述计算出来的距离作为 53 个节点完全图中边的权数，得到一个包含 53 个节点的无向赋权图.

第三步，调用 Mathematica 的 FindShortestTour 函数编程，采用 K-Opt 算法来计算该问题的近似最优解. 这里的 K-Opt 算法是一种基于“最邻近算法”的“途程改善法”. 算法执行过程中把尚未加入路径的 K 条节线暂时

取代如今路径中 K 条节线，并计算其总距离长，如果距离减少，则取代之，直到无法改善为止，K 通常为2或3.

(4) 结果和分析

采用2-Opt算法进行求解的结果如图7-53所示，总线路长度为84428.5 km，国内部分的火炬传递路线如图7-54所示；若改用3-Opt算法进行求解，则到如图7-54的结果，总长度为78191.4 km，国内部分传递线路如图7-55所示. 可以看出，随着途程改善法中 K 值的增大，近似最优解的效果变得更好.

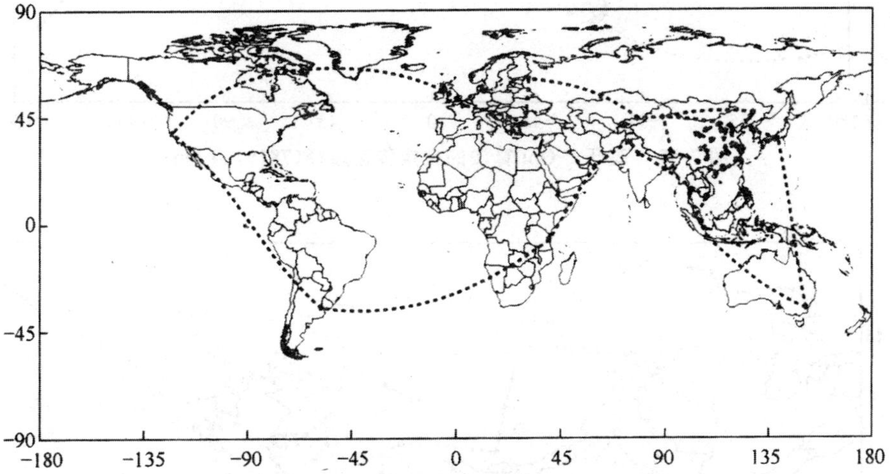

图7-53 基于2-Opt算法的火炬传递路径(84428.5 km)

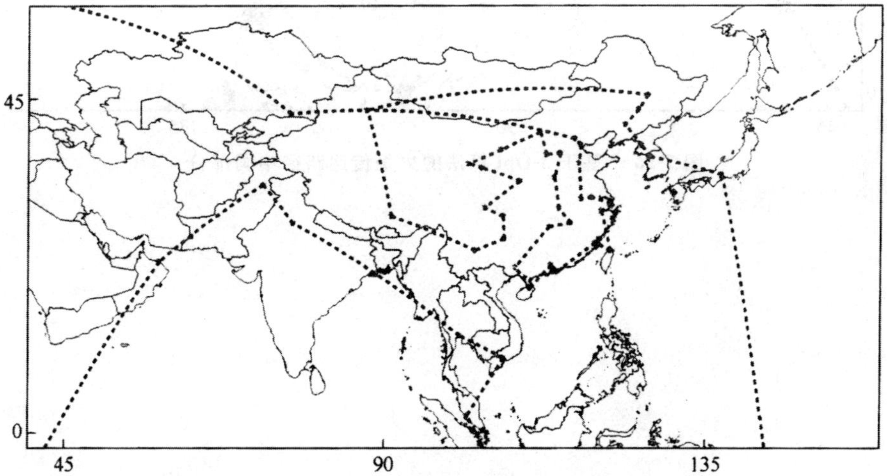

图7-54 基于2-Opt算法的火炬传递路径中国部分

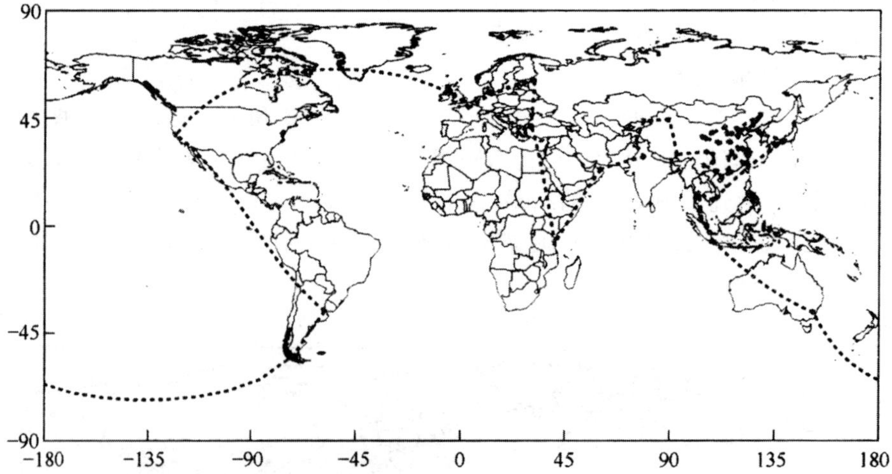

图 7-55　基于 3-Opt 算法的火炬传递路径(78191.4 km)

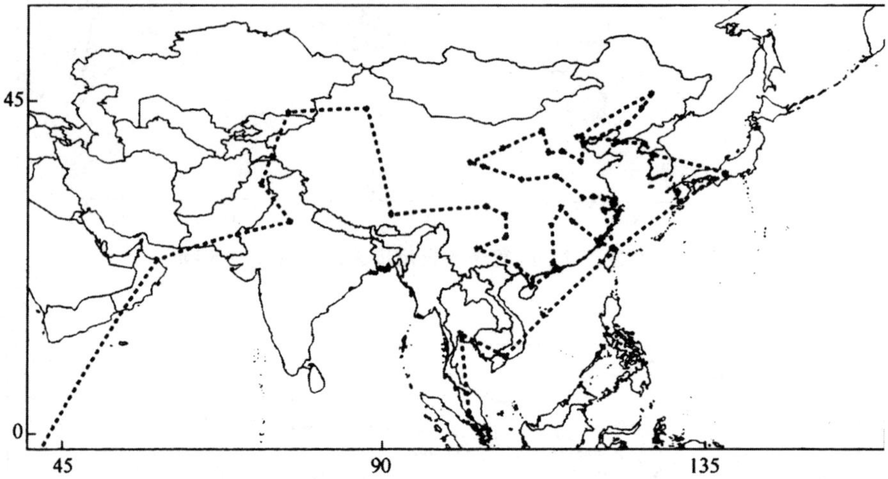

图 7-56　基于 3-Opt 算法的火炬传递路径中国部分

第 8 章　问题解决的其他方法建模

前面几章讲述了多种数学模型，并按照建立模型所应用的数学方法进行了分类，模型及方法均为数学建模中最常见的. 由于实际问题的复杂性，使得数学建模涉及了数学的众多方向，很难一一介绍，本章将介绍一些更复杂问题中的数学模型，包括插值与拟合模型、层次分析模型、模糊数学模型、灰色系统模型和马氏链模型.

8.1　插值与拟合模型

8.1.1　多项式插值方法

插值法是函数逼近的重要方法. 在科学实践和实验中，有时函数 $f(x)$ 不能直接写出表达式，而只能给出函数在若干点的函数值或导数值；或者即使能写出表达式，但过于复杂，没有明显的实用价值. 如何构造一个较简单的函数 $\varphi(x)$，使得 $\varphi(x)$ 在某些给定的点处与相应的函数值或导数值相等，这样的函数逼近问题称为插值问题，其中 $f(x)$ 称为被插函数，$\varphi(x)$ 称为插值函数.

由于代数多项式的计算、求导、积分简单易行，因此经常选取代数多项式作为插值函数类. 较常用的拉格朗日(Lagrange) 插值问题的提法是：给定函数 $y=f(x)$ 在 $n+1$ 个不同点 x_i 处的函数值 $y_i=f(x_i)(i=0,1,\cdots,n)$，构造一个次数不超过行的代数多项式 $p(x)$，满足

$$p(x_i)=f(x_i)(i=0,1,\cdots,n) \tag{8-1}$$

该问题的解 $p(x)$ 称为函数. $f(x)$ 的 n 次拉格朗日插值多项式，$x_i(i=0,1,\cdots,n)$ 称为插值节点，包含所有插值节点的最小区间称为插值区间，式(8-1) 称为插值条件. $n=1$ 时也称为线性插值，$n=2$ 时则称为抛物插值.

n 次拉格朗日插值问题的几何解释是：寻找一条次数不超过 n 的代数曲线 $y=p(x)$，使其通过曲线 $y=f(x)$ 的 $n+1$ 个点 $(x_i,f(x_i))(i=0,1,\cdots,n)$.

这里先说明拉格朗日插值问题解的存在性与唯一性：

设 $p(x)=c_0+c_1x+c_2x^2+\cdots+c_nx^n$，则系数 $c_i(i=0,1,\cdots,n)$ 满足线性方程组

$$\begin{cases} c_0+c_1x_0+c_2x_0^2+\cdots+c_nx_0^n=f(x_0) \\ c_0+c_1x_1+c_2x_1^2+\cdots+c_nx_1^n=f(x_1) \\ \vdots \\ c_0+c_1x_n+c_2x_n^2+\cdots+c_nx_n^n=f(x_n) \end{cases} \tag{8-2}$$

这是一个关于 $n+1$ 个未知量 $c_0,c_1,\cdots,c_n$ 的线性方程组，系数矩阵是一个方阵，其行列式为范德蒙(Vandermonde)行列式. 由于 $x_0,x_1,\cdots,x_n$ 互不相同，故该行列式不为零，从而方程组(8-2)的解存在且唯一，即 n 次拉格朗日多项式插值问题的解是存在且唯一的.

考虑到计算的稳定性，我们很少直接利用方程组(8-2)来确定插值多项式 $p(x)$，而是采用其他方法求解，如利用高次插值和低次插值递推关系的埃特金(Aitken)逐次线性插值法. 不难得出，高次插值和低次插值存在如下递推关系：

记 $p_{j,j+k+1}(x)$ 为函数 $f(x)$ 关于节点 $x_j,x_{j+1},\cdots,x_{j+k+1}$ 的 $k+1$ 次拉格朗日插值多项式，则

$$p_{j,j+k+1}(x)=\frac{(x-x_j)p_{j+1,j+k+1}(x)+(x_{j+k+1}-x)p_{j,j+k}(x)}{x_{j+k+1}-x_j} \tag{8-3}$$

其中，$p_{j,j}(x)=f(x_j)(j=0,1,\cdots,n-k-1;k=0,1,\cdots,n-1)$.

式(8-3)表明，将两个 k 次拉格朗日插值多项式 $p_{j,j+k}(x)$，$p_{j+1,j+k+1}(x)$ 作简单的组合，便得到 $k+1$ 次拉格朗日插值多项式 $p_{j,j+k+1}(x)$. 如果将 $(x_j,p_{j,j+k}(x))$，$(x_{j+k+1},p_{j+1,j+k+1}(x))$ 看成平面上两个“点”，则式(8-3)可视为过此两点的“直线”方程. 式(8-3)常称为埃特金逐次线性插值公式.

表 8-1　埃特金逐次线性插值(箭头表示计算方向)

	$k=0$	$k=1$	$k=2$	$k=3$	$k=4$
x_0	$f(x_0)$				
x_1	$f(x_1)$	$p_{0,1}(x)$			
x_2	$f(x_2)$	$p_{1,2}(x)$	$p_{0,2}(x)$		
x_3	$f(x_3)$	$p_{2,3}(x)$	$p_{1,3}(x)$	$p_{0,3}(x)$	
x_4	$f(x_4)$	$p_{3,4}(x)$	$p_{2,4}(x)$	$p_{1,4}(x)$	$p_{0,4}(x)$

值得一提的是，在实际应用中. 高次插值多项式如七次以上的多项式很少被采用. 这是因为，一方面，节点的增多固然使插值函数 $p(x)$ 在更多点处

与 $f(x)$ 相等，但在两个插值节点之间. $p(x)$ 不一定能很好地逼近 $f(x)$，差异可能非常大；另一方面，从计算误差来看，函数值 $f(x_j)$ 的较小误差可能引起高次多项式系数较大的误差.

作为拉格朗日插值问题的延伸，我们简要介绍一下基于最小二乘法的曲线拟合问题：给定函数 $y=f(x)$ 在 $n+1$ 个不同点 x_i 处的函数值 $y_i=f(x_i)(i=0,1,\cdots,n)$，要求构造一个次数不超过 m 的代数多项式 $p(x)$，满足

$$y_i=f(x_i)(i=0,1,\cdots,n) \tag{8-4}$$

当 $m=n$ 时，该问题就(8-4)的次数不超过 $m<n$ 的多项式 $p(x)$ 完全可能不存在. 因此通常转而寻求下列不相容方程组的最小二乘解

$$\begin{cases} c_0+c_1x_0+c_2x_0^2+\cdots+c_mx_0^m=f(x_0) \\ c_0+c_1x_1+c_2x_1^2+\cdots+c_mx_1^m=f(x_1) \\ \vdots \\ c_0+c_1x_n+c_2x_n^2+\cdots+c_mx_n^m=f(x_n) \end{cases} \tag{8-5}$$

最小二乘逼近方法的本质是：寻求多项式 $p(x)$，使得表达式

$$\sum_{i=0}^{n}[p(x_i)-f(x_i)]^2$$

取得最小值.

由线性代数知识，当 $m<n$ 时，上述关于 $c_i(i=0,1,\cdots,n)$ 的线性方程组(8-5)的系数矩阵的秩为 $m+1$，从而可以证明其最小二乘解是唯一的，而存在性也是显然的.

8.1.2　样条逼近方法

1. 一元函数的样条逼近方法

样条函数的名称正式出现于 1946 年，它对于描述飞机、船舶、汽车等的外形非常有效. 样条逼近方法是函数插值与逼近的一个通用的、基本的方法. 广泛应用于数值微商、数值积分、微分方程和积分方程的数值解等方面. 而且，样条函数有许多特殊性质，如在一定意义下的最佳逼近性，B 样条拟合的局部性以及样条函数的力学意义、最佳控制意义等. 总之，样条函数方法应用的广泛性和有效性具有坚实的理论基础.

下面我们先介绍一次样条函数的概念：

对于区间 $[a,b]$ 的给定分划 $\pi=\{x_i\}_1^k$：$a=x_0<x_1<\cdots<x_k<x_{k+1}=b$. 定义在 $[a,b]$ 上的函数 $s(x)$ 具有如下性质：

①$s(x)$ 在每一子区间 (x_i, x_{i+1}) $(i = 0, 1, \cdots, k)$ 上是次数不超过 3 的多项式.

②$s(x) \in C^2[a, b]$，即 $s(x)$ 在区间 $[a, b]$ 上具有连续的二阶导数，则函数 $s(x)$ 称为三次样条函数，简称三次样条. 区间 $[a, b]$ 的内部分划点 x_i $(i = 0, 1, \cdots, k)$ 称为样条节点. 基于分划 π 的区间 $[a, b]$ 上的全体三次样条函数构成的集合是一个线性空间，记为 $S_4(\pi)$.

常见的三次样条插值问题有如下 3 种基本类型：

第一型样条插值问题：求 $s(x) \in S_4(\pi)$. 满足

$$\begin{cases} s(x_i) = y_i (i = 0, 1, \cdots, k+1) \\ s'(a) = y'_0, s'(b) = y'_{k+1} \end{cases} \tag{8-6}$$

第二型样条插值问题：求 $s(x) \in S_4(\pi)$，满足

$$\begin{cases} s(x_i) = y_i (i = 0, 1, \cdots, k+1) \\ s''(a) = y''_0, s''(b) = y''_{k+1} \end{cases} \tag{8-7}$$

第三型样条插值问题（周期型样条）：求 $s(x) \in S_4(\pi)$，满足

$$\begin{cases} s(x_i) = y_i (i = 0, 1, \cdots, k+1) \\ s^{(j)}(b) = s^{(j)}(a) (j = 0, 1, 2) \end{cases} \tag{8-8}$$

当被插函数及其一、二阶导数是以 $b - a$ 为周期时，就可考虑周期型样条逼近.

不难证明，上述三类插值问题的解均存在且唯一，任一 $s(x) \in S_4(\pi)$ 可以唯一地表示为

$$s(x) = \alpha_0 + \alpha_1 x + \alpha_2 x^2 + \alpha_3 x^3 + \frac{\sum_{i=1}^{k} \beta_i (x - x_i)_+^3}{6} \quad (a \leqslant x \leqslant b) \tag{8-9}$$

其中

$$\beta_i [s'''(x_i)] \quad (i = 0, 1, \cdots, k) \tag{8-10}$$

记号 $[g(x_i)] = g(x_i + 0) - g(x_i - 0)$，即 $g(x)$ 在 x_i 处左右极限的跳跃量；记号

$$(x - x_i)_+^3 = \begin{cases} (x - x_i)^3, x \geqslant x_i \\ 0, x < x_i \end{cases}$$

从理论上讲，我们可以直接根据式(8-9)来求解上述三类样条插值问题. 但实际构造插值样条函数时，由式(8-9)确定的关于待定系数的线性方程组系数矩阵的稀疏性差且常常是病态的，故需另辟蹊径. 常用的方法有三弯矩方法和三转角方法，下面介绍三弯矩插值法.

设 $s(x) \in S_4(\pi)$ 为某一类型插值问题的解. 记 $s''(x_i) = M_i (i = 0, 1,$

$\cdots, k+1)$. 视 M_i 为基本未知量. 注意到 $s''(x)$ 为分段一次函数,故

$$s''(x) = M_{j-1}\frac{x_j - x}{h_{j-1}} + M_j \frac{x - x_{j-1}}{h_{j-1}} (x_{j-1} \leqslant x \leqslant x_j) \qquad (8\text{-}11)$$

其中,$h_{j-1} = x_j - x_{j-1}$.

将式(8-11)积分两次,使其满足插值条件:

$$s(x_{j-1}) = y_{j-1}, s(x_j) = y_j$$

得

$$s(x) = M_{j-1}\frac{(x_j - x)^3}{6h_{j-1}} + M_j\frac{(x - x_{j-1})^3}{6h_{j-1}} + \left(y_{j-1} - \frac{M_{j-1}h_{j-1}^2}{6}\right)\frac{x_j - x}{h_{j-1}}$$
$$+ \left(y_j - \frac{M_j h_{j-1}^2}{6}\right)\frac{x - x_{j-1}}{h_{j-1}} \quad (x_{j-1} \leqslant x \leqslant x_j) \qquad (8\text{-}12)$$

将式(8-12)求导数,又得

$$s'(x) = -M_{j-1}\frac{(x_j - x)^2}{2h_{j-1}} + M_j\frac{(x - x_{j-1})^2}{2h_{j-1}} + \frac{y_j - y_{j-1}}{2h_{j-1}}$$
$$- \frac{M_j - M_{j-1}}{6}h_{j-1} (x_{j-1} \leqslant x \leqslant x_j) \qquad (8\text{-}13)$$

利用式(8-13),注意到 $s(x) \in S_4(\pi)$,即要求

$$s'(x_j^-) = s'(x_j^+) (j = 1, 2, \cdots, k)$$

经整理,得方程组

$$\mu_j M_{j-1} + 2M_j + \lambda_j M_{j+1} = d_j \quad (j = 0, 1, \cdots, k) \qquad (8\text{-}14)$$

其中

$$\mu_j = \frac{h_{j-1}}{h_{j-1} + h_j}, \lambda_j = 1 - \mu_j$$

对第一型插值,利用边界条件又导出两个方程式

$$\begin{cases} 2M_0 + M_1 = 6\left(\dfrac{y_1 - y_0}{h_0} - y_0'\right)h_0^{-1} \\ M_k + 2M_{k+1} = 6\left(y_{k+1}' - \dfrac{y_{k+1} - y_k}{h_k}\right)h_k^{-1} \end{cases} \qquad (8\text{-}15)$$

对第二型插值,利用边界条件直接得

$$M_0 = y_0'', M_{k+1} = y_{k+1}'' \qquad (8\text{-}16)$$

对第三型插值,利用周期性条件又导出

$$\begin{cases} M_{k+1} = M_0 \\ \lambda_{k+1}M_1 + \mu_{k+1}M_k + 2M_{k+1} = d_{k+1} \end{cases} \qquad (8\text{-}17)$$

其中

$$\lambda_{k+1} = h_0(h_0 + h_k)^{-1}, \mu_{k+1} = 1 - \lambda_{k+1}$$

$$d_{k+1} = 6\left(\frac{y_1 - y_0}{h_0} - \frac{y_{k+1} - y_k}{h_k}\right)(h_0 + h_k)^{-1}$$

利用上述方程组，分别可求出一、二、三型样条插值的 $M_0,\cdots,M_{k+1}$，然后再利用式(8-12)便可得插值样条 $s(x)$ 的分段表达式. 在材料力学中，M_i 是与梁的弯矩成比例的量，在每一方程中最多出现 3 个相邻的 M_i，因此上述方程称为三弯矩方程.

从思想范畴来说，样条函数属于分段光滑函数通过一些关键点连接起来的分段多项式. 可以将三次样条进一步推广到分段高次多项式情形，且各连接点的光滑性要求可以不同：

对于区间 $[a,b]$ 的给定分划

$$\pi = \{x_i\}_1^k \text{"} a = x_0 < x_1 < \cdots < x_{k+1} = b$$

及给定的非负整数组 $r = (r_1,\cdots,r_k)$，$0 \leqslant r_i \leqslant m$.

若函数 $s(x)$ 具有下列性质：

① 在每一子区间 (x_i,x_{i+1}) $(i = 0,1,\cdots,k)$ 上，它是 x 的次数不超过 $m-1$ 的多项式.

② 在 x_i 的邻域内，$s(x) \in C^{m-1-r_i}$，即

$$[s^{(j)}(x_i)] = 0 (j = 1,2,\cdots,m-1-r_i; i = 1,2,\cdots,k) \quad (8\text{-}18)$$

则称 $s(x)$ 为分划 π 上以 r 为"亏度矢"的 m 阶多项式样条函数，x_i 称为样条节点，r_i 称为节点的重数. 如果 $r_i = 0$，则式(8-18)说明以 x_i 为连接点的相邻两个 m 阶多项式实际上是同一 m 阶多项式，这时也称 x_i 退化为非节点.

在样条插值的软件实现中，分段多项式在每一个子区间上常常表示为关于子区间左端点的幂和形式. 例如，三次样条 $s(x)$ 在子区间 $[x_j,x_{j+1}]$ 上表达式为

$$s(x) = a + b(x - x_j) + c(x - x_j)^2 + d(x - x_j)^3 \quad (8\text{-}19)$$

常见的另一种样条描述方式是 B 样条方法，由于涉及函数空间理论及 B 样条概念，较为复杂，在此不再详述.

2. 二元函数的双三次样条逼近方法

随着计算机的广泛应用，二元函数或曲面的分片光滑逼近日益成为函数逼近的一个重要研究领域. 下面我们简要介绍基于双三次样条的曲面逼近方法.

设 $R:[a,b]\times[c,d]$ 是 xoy 面上的一个矩形区域，对其作如下分划

$$\Delta x: a = x_0 < x_1 < \cdots < x_n = b$$

$$\Delta y: c = y_0 < y_1 < \cdots < y_m = d$$

由此导出 R 上的一个矩形分割 Δ，分为 $m \times n$ 个子矩形

$$R_{ij}: [x_{i-1},x_i]\times[y_{j-1},y_j]$$

子矩形的两条邻边长分别记为

$$h_i = x_i - x_{i-1}\,(i = 1,2,\cdots,n)$$

$$g_j = y_j - y_{j-1}\,(j = 1,2,\cdots,m)$$

子矩形的顶点$(x_i,y_i)(i = 1,2,\cdots,n;j = 1,2,\cdots,m)$统称为分割 Δ 的节点,总共有$(m+1)\times(n+1)$ 个节点.

设函数 $S(x,y)$ 定义在 R 上且满足:

① 在每个子矩形 $R_{ij}\,(i = 1,2,\cdots,n;j = 1,2,\cdots,m)$上,$S(x,y)$ 是一个关于 x 和 y 都是三次多项式函数,即

$$S(x,y) = \sum_{k=0}^{3}\sum_{l=0}^{3} b_{kl}^{ij}\,(x - x_{i-1})^k\,(y - y_{j-1})^t \tag{8-20}$$

② 在整个R上,$S(x,y)$的偏导数$\frac{\partial^{\alpha+\beta}}{\partial x^\alpha \partial y^\beta}(\alpha,\beta = 0,1,2)$都是连续的. 则称 $S(x,y)$ 为双三次样条函数. 如果对于给定数组$\{s_{ij}\}(i = 1,2,\cdots,n;j = 1,2,\cdots,m)$,双三次样条函数 $S(x,y)$ 还满足插值条件:

$$S(x_i,y_j) = s_{ij}\,(i = 1,2,\cdots,n;j = 1,2,\cdots,m)$$

则称 $S(x,y)$ 为插值双三次样条函数.

实际上,双三次样条函数是由两个一元三次样条函数产生的,对于任意给定的 $y_0 \in [c,d]$,$S(x,y_0)$是关于 x 的三次样条函数. 同样,对于任意给定的 $x_0 \in [a,b]$,$S(x_0,y)$是关于 y 的三次样条函数.

理论上可以证明,矩形区域R上关于分割 $\triangle$ 的双三次样条函数的全体构成一个$(m+3)\times(n+3)$维线性空间. 现有插值条件$(m+1)\times(n+1)$个,要完全确定双三次样条函数,类似于一元三次样条,还需添加$2(m+1)+2(n+1)+4$ 个边界条件. 常用的边界条件如下:

① 矩形区域尺的 4 条边界上所有节点处的一阶偏导数:

$$\begin{cases} p_{\alpha j} = S'_x(x_\alpha,y_j)\,(j = 1,2,\cdots,m;\alpha = 0,n) \\ q_{i\beta} = S'_y(x_i,y_\beta)\,(i = 1,2,\cdots,n;\beta = 0,m) \end{cases} \tag{8-21}$$

② 矩形区域 R 的 4 个顶点处的混合偏导数:

$$r_{\alpha\beta} = S''_{xy}(x_\alpha,y_\beta)(\alpha = 0,n;\beta = 0,m) \tag{8-22}$$

不难证明,存在唯一的双三次样条函数满足给定的插值条件及上述边界条件. 在实际应用中,我们更关心如何求出插值双三次样条函数的具体表达式.

根据前面对$S(x,y)$的描述,$S(x,y)$限制在单个子矩形R_{ij}上时为双三次多项式,记R_{ij} 四个顶点上的函数值为 $s_{ij},s_{i-1,j},s_{i,j-1},s_{i-1,j-1}$,两个方向的一阶偏导数为 $p_{i-1,j-1},p_{i-1,j},p_{i,j-1},p_{ij}$ 和 $q_{i-1,j-1},q_{i-1,j},q_{i,j-1},q_{ij}$ 以及混合偏导数为 $r_{i-1,j-1},r_{i-1,j},r_{i,j-1},r_{ij}$,即给定了四阶方阵

$$[C]_{ij} = \begin{bmatrix} s_{i-1,j-1} & s_{i-1,j} & q_{i-1,j-1} & q_{i-1,j} \\ s_{i,j-1} & s_{ij} & q_{i,j-1} & q_{ij} \\ p_{i-1,j-1} & p_{i-1,j} & r_{i-1,j-1} & r_{i-1,j} \\ p_{i,j-1} & p_{ij} & r_{i,j-1} & r_{ij} \end{bmatrix}$$

又记

$$[(x-x_{i-1})]^{\mathrm{T}} = [(x-x_{i-1})^3,(x-x_{i-1})^2,(x-x_{i-1}),1]$$

$$[(y-y_{i-1})]^{\mathrm{T}} = [(y-y_{i-1})^3,(y-y_{i-1})^2,(y-y_{i-1}),1]$$

易验证，R_{ij} 上的双三次多项式可以唯一地写成

$$S(x,y) = (x-x_{i-1})[A(h_i)][C]_{ij}[A(g_j)]^{\mathrm{T}}[(y-y_{i-1})]^{\mathrm{T}}(x,y) \in R_{ij}$$

其中，符号 T 表示矩阵的转置，$[A(h_i)]$ 为 4×4 矩阵

$$[A(h_i)] = \begin{bmatrix} 2/h_i^3 & -2/h_i^3 & 1/h_i^3 & 1/h_i^3 \\ -3/h_i^3 & 3/h_i^3 & -2/h_i^3 & -1/h_i^3 \\ 0 & 0 & 1 & 0 \\ 1 & 0 & 0 & 0 \end{bmatrix}$$

可以导出

$$s_{ij} = S(x_i,y_i), p_{ij} = S'_x(x_i,y_i), q_{ij} = S'_y(x_i,y_i), r_{ij} = S'_{xy}(x_i,y_i)$$

满足前面条件. 这样，$S(x,y)$ 在子矩形 R_{ij} 上的表示完全取决于矩阵 $[C]_{ij}$，对 $[C]_{ij}$，左上角 4 个元素 s_{ij}，由插值条件直接给出，剩下的 12 个元素则通过边界条件求得.

首先，固定 $y = y_j (j = 1,2,\cdots,m)$，则 $S(x,y_i)$ 为一元三次样条函数. 如仍记

$$S(x_i,y_i) = s_{ij}, S'_x(x_i,y_i) = p_{ij}, S'_y(x_i,y_i) =, q_{ij} S'_{xy}(x_i,y_i) = r_{ij}$$

由一元三次样条插值中的三转角方程，有

$$\lambda_i p_{i-1,j} + 2p_{ij} + \mu_i p_{i+1,j} = 3\left[\lambda_i \frac{s_{ij} - s_{i-1,j}}{h_i} + \mu_i \frac{s_{i+1,j} - s_{ij}}{h_{i+1}}\right]$$

$$(i = 1,2,\cdots,n-1)$$

其中，$\lambda_i = \dfrac{h_{i+1}}{h_i + h_{i+1}}, \mu_i = \dfrac{h_i}{h_i + h_{i+1}}$.

在边界上，我们已知 $p_{0,j}$ 和 $p_{n,j}$，由此即可解出 $p_{ij} (i = 0,1,\cdots,n)$. 分别对 $j = 0,1,\cdots,m$，求解三转角方程就可求出 R 的所有节点 (x_i,y_i) 处沿 x 方向的一阶偏导数 $p_{i,j} (i = 0,1,\cdots,n; j = 0,1,\cdots,m)$.

其次，固定 $x = x_i (i = 0,1,\cdots,n)$，$S(x_i,y)$ 也是三次样条函数. 由边界条件 q_{i0} 的 q_{im} 及三转角方程：

$$\lambda_j^* q_{i,j-1} + 2q_{ij} + \mu_j^* q_{i,j+1} = 3\left[\lambda_j^* \frac{s_{ij} - s_{i,j-1}}{g_j} + \mu_j^* \frac{s_{i,j+1} - s_{ij}}{g_i}\right]$$

$$(j = 1,2,\cdots,m-1)$$

其中，$\lambda_j^* = \dfrac{g_{j+1}}{g_j + g_{j+1}}$，$\mu_j^* = \dfrac{g_j}{g_j + g_{j+1}}$. 即可解出 R 上所有节点 (x_i, y_i) 处沿 y 方向的一阶偏导数 $q_{i,j}$ $(i = 0,1,\cdots,n; j = 0,1,\cdots,m)$.

最后，我们来求解 r_{ij}. 在 R 的两条边界 $y = y_0$ 和 $y = y_m$ 上，函数 $S'_y(x, y_0)$ 和 $S'_y(x, y_m)$ 是关于 x 的三次样条函数，它们在各节点 x_i 处的函数值（即 $S(x, y_0)$ 和 $S(x, y_m)$ 关于 y 的一阶偏导数值）$S'_y(x_i, y_0) = q_{i0}$，$S_y(x_i, y_m) = q_{im}$ 可求出，同样可导出 $S'_y(x, y_0)$ 和 $S'_y(x, y_m)$ 关于 x 的三转角方程

$$\lambda_j r_{i-1,\beta} + 2r_{i\beta} + \mu_i r_{i+1,\beta} = 3\left[\lambda_i \frac{q_{i\beta} - p_{i-1,\beta}}{h_i} + \mu_i \frac{q_{i+1,\beta} - q_{i\beta}}{h_{i+1}}\right]$$

$$(i = 1,2,\cdots,m-1; \beta = 0, m)$$

而边界条件 $r_{0,\beta}$ 和 $r_{n,\beta}(\beta = 0, m)$ 已知，由此即可解出边界上的 r_{i0} 和 r_{ij} $(j = 1,\cdots,m)$. 然后固定 $x = x_i$，同理，函数 $S'_x(x_i, y)$ 是关于 y 的三次样条函数，$S'_x(x_i, y_j) = p_{ij}$，则由 $S'_x(x_i, y)$ 关于 y 的三转角方程

$$\lambda_j^* r_{i,j-1} + 2r_{ij} + \mu_j^* r_{i,j+1} = 3\left[\lambda_j^* \frac{p_{ij} - p_{i,j-1}}{g_j} + \mu_j^* \frac{p_{i,j+1} - p_{ij}}{g_i}\right]$$

$$(j = 1,2,\cdots,m-1)$$

求出的 r_{i0} 和 r_{im} 就可以解出 r_{ij} $(j = 1,2,\cdots,m-1)$. 这样就可确定出 R 的所有节点 (x_i, y_j) 处的二阶混合偏导数 r_{ij} $(i = 0,1,\cdots,n; j = 0,1,\cdots,m)$.

至此，所有的 s_{ij}，p_{ij}，q_{ij} 和 r_{ij} 均已求得，就可得到 $S(x,y)$ 在每个子矩形 R_{ij} 上的表达式.

8.1.3　水道测量数据分析模型

1. 水道测量数据

表 8-2 给出了在以码为单位的直角坐标为 X，Y 的水面一点处以英尺（1 英尺 = 0.3048 m）计的水深 Z. 水深数据是在低潮时测得的.

表 8-2　低潮时的水道测量数据

X/码	Y/码	Z/码	X/码	Y/码	Z/码
129.0	7.5	4	157.5	−6.5	9
140.0	141.5	8	107.5	−81.0	9
108.5	28.0	6	77.0	3.0	8

续表

X/码	Y/码	Z/码	X/码	Y/码	Z/码
88.0	147.0	8	81.0	56.5	8
185.5	22.5	6	162.0	84.0	4
195.0	137.5	8	117.5	−38.5	9
105.5	85.5	8	162.0	−66.5	9

船的吃水深度为5英尺.在矩形区域(75,200)×(50,150)内哪些地方船要避免进入?

2.基本假设

题目给出的信息很少.除了14个位置的水深其他一无所知,题目要求找出水深不到5英尺的区域.为了讨论的方便.我们认为下面两个假设是合理的:

① 讨论区域的海底曲面是光滑的.

② 水深是一个按区域来划分的变量,在某个位置的水深与其周围区域的水深是相互依赖的,但这种依赖作用随距离的增大而减小.

因为只从14个已知数据点无法直接恢复曲面.还必须从已知点出发.推测出相邻区域位置上的水深值,这就是我们给出这一假设的目的.

3.问题分析

根据假设,海底曲面是连续光滑的,不存在山崖、峡谷等突变地形.很自然的想法是用某种光滑的拟合曲面去逼近已知的14个数据,如两维Lagrange插值、双三次样条函数等.但要应用数学中这些经典的拟合方法,我们必须知道$X-Y$平面里一个规则划分,即一个矩形格子划分的节点上的水深值,而我们只知14个随机分布的数据点.所以必须由假设②给每一个格点分配一个水深值.另一方面,为了画出一个曲面,实际上我们采用的仍是“以直代曲”的方法,只要格点的密度足够大,用直线连接各相邻格点的数据点,即可大致反映曲面的形状.因此,也可以直接将涉及的区域进行分割,利用假设②设法求出各格子节点的水深值而略去用光滑曲面拟合的过程.通过对拟合曲面求等值线,即可得深度小于5英尺的区域.

4.水道测量数据的IDW解法

先由已知数据推测出讨论区域的规则分割节点上的水深值,这里我们采用 IDW(inverse distance weighting) 方法[1].

① 首先扩大讨论区域为(75,200) × (−50,150),作 5 × 5 的正规等距分割.

X,Y 方向的节点步长分别为 25 码和 50 码,记节点位置及其水深值为 (X_i, Y_i) 和 Z_{ij} $(i = 0,1,\cdots,5; j = 0,1,\cdots,5)$.

② 通常认为每个已知点对推测点的影响反比于它们的距离的某种形式,这里我们用距离的 p 次方.

设已知点 (x_i, y_i) 的值为 z_i $(i = 1,\cdots,N)$,推测点 (x,y) 的值为 z. 则

$$z = \sum_{i=1}^{N} C_i \cdot z_i \tag{8-23}$$

其中,$C_i = K/D_i^p$,$1/K = \sum_{i=1}^{N} 1/D_i^p$,$D_i$ 为点 (x,y) 和点 (x_i, y_i) 之间的距离,这里的 K 起着规范化的作用.

用 IDW 推测出的未知点的值,显然在已知点的值的范围之内,因此,只有靠近已知点的附近才会出现极值情况. 上式中的 p 反映了未知点对已知点的偏倚情况,p 越大,表示未知点的值受近距离点的值的影响越大(相对于远距离点). 在此,$(x_i, y_i)z_i$ $(i = 1,\cdots,14)$ 都已给定,由上式就可计算出分割节点 (X_i, Y_i) 处的水深值 Z_{ij} $(i = 0,1,\cdots,5; j = 0,1,\cdots,5)$(表 8-3),其中 $p = 3$.

表 8-3　Z_{ij} 值

单位:英尺

i \ j	0	1	2	3	4	5
0	8.73	8.32	8.00	7.97	7.77	7.99
1	8.94	8.78	6.87	7.22	7.92	7.99
2	8.88	8.91	4.21	6.38	7.37	7.95
3	8.79	8.79	8.54	5.82	4.88	7.97
4	8.75	8.80	7.91	5.80	4.77	7.85
5	8.52	8.31	6.61	6.06	6.49	7.97

[1] IDW 方法是地球科学中常用的计算机插值技术,最早可见于 20 世纪 60 年代的地质轮廓描述和矿产探测的有关文献中. IDW 的基本思想是估计已知数据点对推测点的影响,假定推测点的值为周围已知点的值的线性组合.

③ 取自然边界条件，求插值双三次样条函数 $z(x,y)$. 根据前面的讨论，可求得分割节点上的一阶偏导数 p_{ij} 和 q_{ij} 混合偏导数 $r_{ij}(i,j=0,1,\cdots,5)$ 分别如表 8-4、表 8-5、表 8-6 所示. 最后可得到三次样条拟合的海底曲面如图 8-1 所示，其等值线图如图 8-2 所示，其中黑色或阴影斜线部分就是水深不大于 5 英尺的区域，轮船应避免进入.

表 8-4　p_{ij} 值

i \ j	0	1	2	3	4	5
0	0	0	0	0	0	0
1	0.0060	−0.0189	−0.1266	−0.0405	0.0064	−0.0013
2	−0.0059	−0.0048	0.0517	−0.0287	−0.0737	0.0006
3	−0.0004	0.0016	0.1200	−0.0128	−0.0764	−0.0034
4	−0.0080	−0.0148	−0.0879	0.0104	0.0674	0.0008
5	0	0	0	0	0	0

表 8-5　q_{ij} 值

i \ j	0	1	2	3	4	5
0	0	−0.0105	−0.0018	−0.0033	0.0011	0
1	0	−0.0256	−0.0219	0.0196	0.0067	0
2	0	−0.0610	−0.0362	0.0539	0.0100	0
3	0	0.0040	−0.0308	−0.0589	0.0470	0
4	0	−0.0048	−0.0313	−0.0501	0.0433	0
5	0	−0.0217	−0.0278	−0.0022	0.0292	0

表 8-6　r_{ij} 值

i \ j	0	1	2	3	4	5
0	0	0	0	0	0	0
1	0	−0.0017	−0.0010	0.0022	0	0

续表

i \ j	0	1	2	3	4	5
2	0	0.0009	−0.0001	−0.0021	0.0011	0
3	0	0.0018	0.0001	−0.0032	0.0009	0
4	0	−0.0012	0.0001	0.0025	−0.0008	0
5	0	0	0	0	0	0

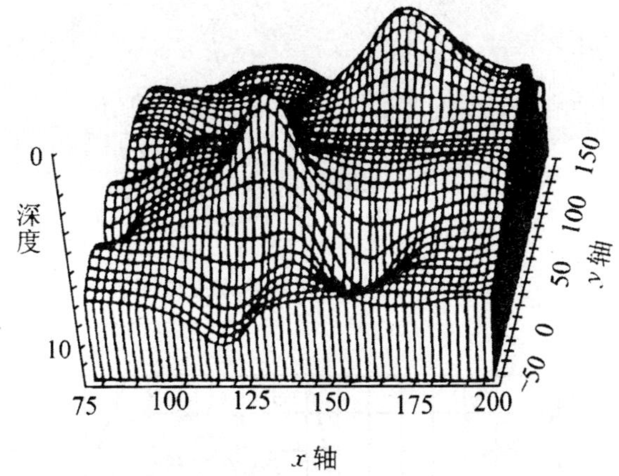

图 8-1　双三次样条拟合海底曲面

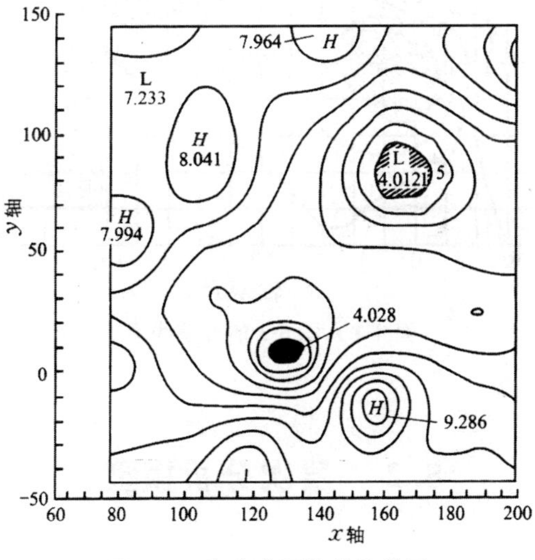

图 8-2　海底曲面的等值线图

从计算的简单性来看，当分割足够细时，如节点步长为 2 码时，经 IDW 算出的节点水深值就足以描述海底曲面的形状，而不再需要进行双三次样条拟合，图 8-3 和图 8-4 就是分割步长为 2 码时的 IDW 方法算出的海底曲面与等值线图.

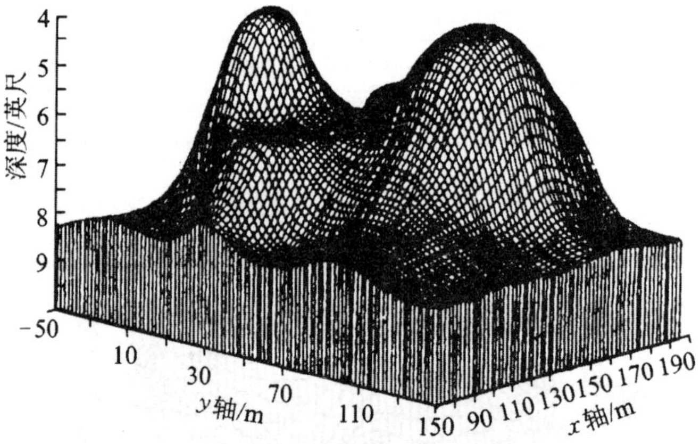

图 8-3　完全 IDW 拟合海底曲面

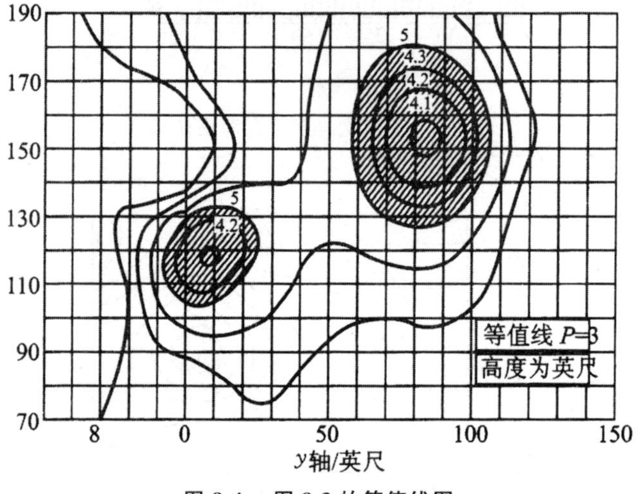

图 8-4　图 8-3 的等值线图

8.2　层次分析模型

层次分析法是对复杂问题作出决策的一种简单易行的方法，它适用于那些错综复杂且难于定量分析的问题. 例如,购物,研究单位如何合理选择科研课题,面对竞争对手如何作出最佳经营策略以及如何对社会团体、研究机构、期刊进行排名等问题. 层次分析法对这些问题提供了一个有力且有效的工具. 这个由美国运筹学家 Saaty 首创的方法,目前已广泛应用于决策分析、技术评价、政策分析、规划、预测估计、关联分析、资源分配、评价和选拔人才、冲突解决等方面.

8.2.1 层次分析法的基本原理与步骤

运用层次分析进行决策时,大体上分为四个步骤:

① 建立递阶层次结构模型.

② 构造出各层次中的所有判断矩阵.

③ 层次单排序及一致性检验.

④ 各层次总排序及一致性检验.

下面分别说明这四个步骤的实现方法.

1. 递阶层次结构的建立

应用层分析法分析决策问题时,首先要把问题条理化、层次化,构造出一个有层次的结构模型. 其次,在这个模型下,复杂问题被分解为元素的组成部分. 这些元素又按其属性及关系形成若干层次. 上一层次的元素作为准则对下一层次有关元素起支配作用.

例如,可建立就业选择、旅游地点选择问题的递阶层次结构模型如图 8-5 所示.

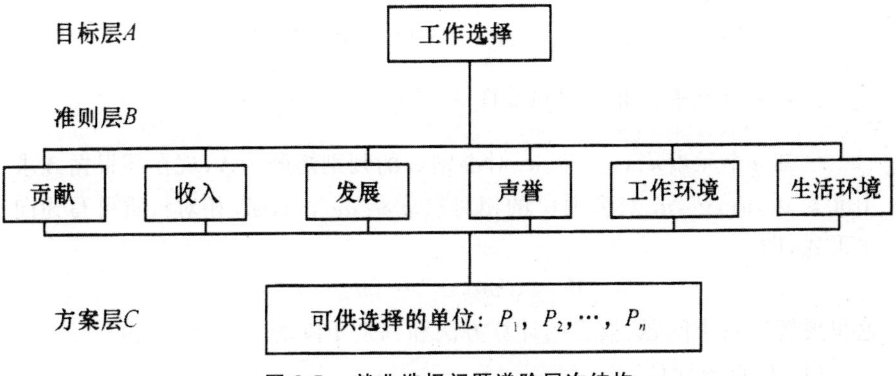

图 8-5 就业选择问题递阶层次结构

层次可以分为 3 类：

① 最高层. 这一层次只有一个元素，一般它是分析问题的预定目标或理想结果，因此也称为目标层.

② 中间层. 这一层次包含了为实现目标所涉及的中间环节，它可以由若干个层次组成，包括所需考虑的准则、子准则，因此也称为准则层.

③ 最底层. 这一层次包括了实现目标可供选择的各种措施、决策方案等，因此也称为措施层或方案层.

例 8-1　度假旅游地的选择.

解：假设有 P_1、P_2、P_3 三个旅游地供你选择，你会根据诸如景色、费用、饮食、居住及旅途条件等一些准则详尽地比较这三个旅游地，于是可把旅游地的选择分为三个层次. 其层次结构如图 8-6 所示.

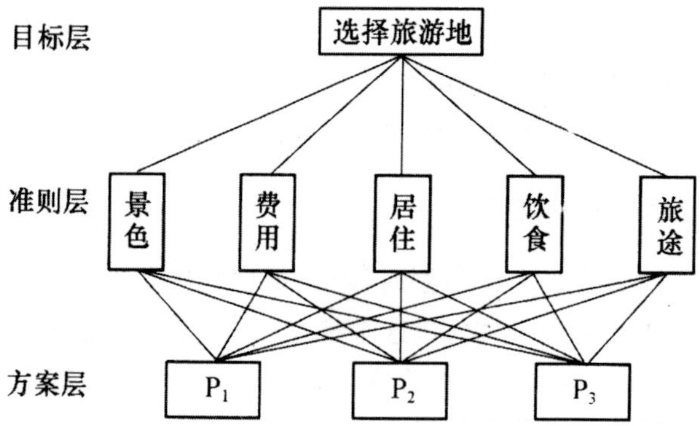

图 8-6　选择旅游地的层次结构

最高层即目标层：选择旅游地.

中间层即准则层：景色、费用、居住、饮食、旅旅途五个准则.

最底层即方案层：有 P_1、P_2、P_3 三个供选择地点.

2. 对排序权重计算及判别矩阵一致性检验

已知 n 个元素 $u_1,u_2,\cdots,u_n$ 对准则 C 的判别矩阵为 $\boldsymbol{A}$，现在要根据 $\boldsymbol{A}$ 求出元素 $u_1,u_2,\cdots,u_n$ 对准则 C 的相对权重 $\omega_1,\omega_2,\cdots,\omega_n$. 相对权重可写为向量形式，即

$$\boldsymbol{W}=(w_1,w_2,\cdots,w_n)^{\mathrm{T}}$$

这里要解决两个问题：权重的计算方法和判别矩阵的一致性检验的方法.

(1) 权重的计算

计算权重常用的方法有特征根法、和法、根法、对数最小二乘法等.

① 特征根法. 设想把一块单位质量的大石头 O 砸成 n 块小石头 $u_1,u_2,\cdots,$

u_n，如果精确地量出它们的质量 $w_1, w_2, \cdots, w_n$，在作两两比较时，令 $a_{ij}=w_i/w_j$，得

$$\boldsymbol{A}=\begin{bmatrix}\frac{w_1}{w_1} & \frac{w_1}{w_2} & \cdots & \frac{w_1}{w_n}\\ \frac{w_2}{w_1} & \frac{w_2}{w_2} & \cdots & \frac{w_2}{w_n}\\ \vdots & \vdots & & \vdots\\ \frac{w_n}{w_1} & \frac{w_n}{w_2} & \cdots & \frac{w_n}{w_n}\end{bmatrix}$$

显然这些比较是一致的，可用向量 $\boldsymbol{W}=(w_1, w_2, \cdots, w_n)^{\mathrm{T}}$ 表示 n 块小石头 $u_1, u_2, \cdots, u_n$ 对大石头 O 的权重，且 $\sum_{i=1}^{n} w_i=1$. 显然，$\boldsymbol{A}$ 的各个列向量与 $\boldsymbol{W}$ 仅相差一个比例因子. 所以 $\boldsymbol{A}$ 的各列均为 $\boldsymbol{A}$ 的对应于 n 的特征向量，而 $\boldsymbol{W}$ 是 $\boldsymbol{A}$ 的对应于特征值 n 的归一化的特征向量.

如果得到的比较判别矩阵 $\boldsymbol{A}$ 是一致的，取 $\boldsymbol{A}$ 的对应于特征值 n 的归一化特征向量 $\boldsymbol{W}=(w_1, w_2, \cdots, w_n)^{\mathrm{T}}$ 作为 $u_1, u_2, \cdots, u_n$ 对上层元素 C 的权向量. 而且显然有

$$\boldsymbol{A}=\begin{bmatrix}\frac{w_1}{w_1} & \frac{w_1}{w_2} & \cdots & \frac{w_1}{w_n}\\ \frac{w_2}{w_1} & \frac{w_2}{w_2} & \cdots & \frac{w_2}{w_n}\\ \vdots & \vdots & & \vdots\\ \frac{w_n}{w_1} & \frac{w_n}{w_2} & \cdots & \frac{w_n}{w_n}\end{bmatrix}$$

如果 $\boldsymbol{A}$ 不一致，则在不一致程度容许范围内，把对应 $\boldsymbol{A}$ 的最大特征值的归一化特征向量 $\boldsymbol{W}$ 作为权向量. 即

$$\boldsymbol{AW}=\lambda_{\max}\boldsymbol{W} \tag{8-24}$$

这就是特征根法.

② 和法. 当 $\boldsymbol{A}$ 一致时，$\boldsymbol{A}$ 的几个列向量归一化后均为 $\boldsymbol{A}$ 的权向量，因此，可取判别矩阵 n 个列向量的归一化后的算术平均值近似作为权向量，即

$$w_i=\frac{1}{n}\sum_{k=1}^{n}\frac{a_{ij}}{\sum_{kn}^{n}a_{ij}}, i=1,2,\cdots,n \tag{8-25}$$

③ 根法(几何平均法). $\boldsymbol{A}$ 的各行向量采用几何平均，再归一化后为 $\boldsymbol{A}$ 的权向量，即

$$w_i = \frac{\left(\prod_{j=1}^{n} a_{ij}\right)^{\frac{1}{n}}}{\left(\prod_{j=1}^{n} a_{kj}\right)^{\frac{1}{n}}}, i = 1,2,\cdots,n \tag{8-26}$$

④ 对数最小二乘法.用拟合方法确定权向量$\boldsymbol{W} = (w_1, w_2, \cdots, w_n)^{\mathrm{T}}$使$w_i/w_j$逼近$a_{ij}$,为此,要求残差平方和达到最小,即

$$\min \sum_{1 \leqslant i < j \leqslant n} [\ln a_{ij} - \ln(w_i/w_j)]^2 \tag{8-27}$$

这种方法称为最小二乘法.

(2) 一致性检验

在计算单一准则下相对权向量时,还必须对判别矩阵$\boldsymbol{A}$进行一致性检验,因为一个一致性较差的判别矩阵可能会导致决策上的失误.下面给出判别一致性的方法,并通过数量关系来刻划正的互反矩阵$\boldsymbol{A}$不一致的程度.

n阶一致性矩阵的最大特征根为n,另外还可以证明正互反矩阵具有如下性质:

定理 8.1 对于正矩阵$\boldsymbol{A}$($\boldsymbol{A}$的元素为正),有

①$\boldsymbol{A}$的最大特征根是单正根λ.

②λ对应正的特征向量$\boldsymbol{W}$($\boldsymbol{W}$的所有分量为正数).

③ $\lim\limits_{k \to \infty} \frac{\boldsymbol{A}^k \boldsymbol{e}}{\mathrm{e}^{\mathrm{T}} \boldsymbol{A} \boldsymbol{e}} = \boldsymbol{W}$.

其中,$\boldsymbol{e} = (1,1,\cdots 1)^{\mathrm{T}}$,$\boldsymbol{W}$是对应λ的归一化特征向量.

定理 8.2 n阶正互反矩阵$\boldsymbol{A}$的最大特征值$\lambda_{\max} \geqslant n$;且当$\lambda_{\max} = n$时$\boldsymbol{A}$是一致的.

由此可知,$\boldsymbol{A}$一致的充分必要条件是$\lambda_{\max}$,因此可以用$(\lambda_{\max} - n)$来衡量$\boldsymbol{A}$的不一致程度.

一致性指标:设n阶正互反矩阵$\boldsymbol{A}$的最大特征值为$\lambda_{\max}$,令$CI = \frac{\lambda_{\max} - n}{n - 1}$,称$CI$为$\boldsymbol{A}$的一致性指标.

当$CI = 0$时,$\boldsymbol{A}$为一致矩阵,CI越大,$\boldsymbol{A}$的不一致程度越严重.

表 8-7 给出了 1 ~ 15 阶正互反矩阵用 1000 个样本计算得到的随机一致性指标.

表 8-7 随机一致性指标础的数值

n	1	2	3	4	5	6	7
RI	0	0	0.58	0.89	1.12	1.26	1.36

续表

n	9	10	11	12	13	14	15
RI	1.46	1.49	1.52	1.54	1.56	1.58	1.59

一致性比率：

$$CR = \frac{CI}{RI} \tag{8-28}$$

式中，RI 为一致性指标值.

一致性检验的步骤：

① 计算一致性指标明 CI.

② 查出对应随机一致性指标尺 RI.

③ 计算一致性比率 CR.

若 $CR < 0.1$，则认为判别矩阵的一致性是可以接受的，否则认为判别矩阵的一致性是不能接受的，应修改判别矩阵.

3. 对目标层的总排序权重及组合一致性检验

(1) 总排序权重(组合权向量)

设 $\boldsymbol{W}^{(k-1)} = (\boldsymbol{w}_1^{(k-1)}, \boldsymbol{w}_2^{(k-1)}, \cdots, \boldsymbol{w}_{n_{k-1}}^{(k-1)})^{\mathrm{T}}$ 表示第$(k-1)$层上 n_{k-1} 个元素对总目标的排序权重向量，有 $\boldsymbol{P}_j^{(k)} = (\boldsymbol{P}_{1j}^{(k)}, \boldsymbol{P}_{2j}^{(k)}, \cdots, \boldsymbol{P}_{n_k j}^{(k)})^{\mathrm{T}}$ 表示第 k 层上 n_k 个元素对$(k-1)$层上第 j 个元素的排序权重向量，其中不受 j 元素支配的元素的权重取为 0. 矩阵 $\boldsymbol{P}_j^{(k)} = (\boldsymbol{P}_1^{(k)}, \boldsymbol{P}_2^{(k)}, \cdots, \boldsymbol{P}_{n_{k-1}}^{(k)})^{\mathrm{T}}$ 是 $n_k \times n_{k-1}$ 阶矩阵，它表示第 k 层上元素对第$(k-1)$层上各元素的权重排列，那么第 k 层上元素对目标的总排序 $\boldsymbol{W}^{(k)}$ 为

$$\boldsymbol{W}^{(k)} = (\boldsymbol{w}_1^{(k)}, \boldsymbol{w}_2^{(k)}, \cdots, \boldsymbol{w}_{n_k}^{(k)})^{\mathrm{T}} = P^{(k)}\boldsymbol{W}^{(k-1)}$$

或

$$\sum_{j=1}^{n_k-1} \boldsymbol{P}_{ij}^{(k)} \boldsymbol{W}_j^{(k-1)}, i = 1, 2, \cdots, n$$

并且一般公式为

$$\boldsymbol{W}^{(k)} = \boldsymbol{P}^{(k)} \boldsymbol{P}^{(k-1)} \cdots \boldsymbol{P}^{(3)} \boldsymbol{W}^{(2)}, k = 3, 4, \cdots, s$$

其中 $\boldsymbol{W}^{(2)}$ 是第二层上元素对目标的总排序向量，也是单准则下的排序向量.

(2) 总的一致性检验(组合一致性检验)

自上到下逐层检验. 若已求得 k 层上元素对于$(k-1)$层上第 j 个元素的一致性指标 $CI_j^{(k)}$，随机一致性指标 $RI_j^{(k)}$，$(k-1)$层对目标层的总一致性比率 $CR^{(k-1)}$，$j = 1, 2, \cdots, n_{k-1}$，则第 k 层综合指标为

$$CI^{(k)}=(CI_1^{(k)},CI_2^{(k)},\cdots,CI_{n_{k-1}}^{(k)})\boldsymbol{W}^{(k-1)}$$
$$RI^{(k)}=(RI_1^{(k)},RI_2^{(k)},\cdots,RI_{n_{k-1}}^{(k)})\boldsymbol{W}^{(k-1)}$$
$$CR^{(k)}=CR^{(k-1)}+\frac{CI^{(k)}}{RI^{(k)}},K=3,4,\cdots,s$$

若$CR^{(k)}<0.1$，则认为层次结构在第k层水平以上的所有判断具有一致性.

8.2.2　层次分析法的应用

这里主要讨论层次分析法在系统安全性评价中的应用.

1.问题的提出

某集团公司的热处理弹簧厂是一个大型热处理作业系统，按照工艺的不同情况，可把该系统分成“加热炉”“冷却槽”“淬火机”“起重搬运机”和“表面处理”五个子系统，其中加热炉又分为盐熔炉、箱式电阻炉、井式电阻炉、油熔炉和铅熔炉；冷却槽分为硝盐槽、碱熔槽、机油槽和盐水槽；淬火机分为高频表面淬火机和火焰表面淬火机；起重搬运机分为吊车和电瓶车；表面处理分为喷砂清理、喷丸清理和化学清理.根据系统安全原理，每个子系统均由人、机和环境系统组成的，这些系统又有各自的评价指标和决策方案.对该系统进行正确的安全性评价将对保证该厂的安全生产、保证产品质量、保证设备和人身安全都有着非常重要的意义.

2.模型的建立

在对系统进行深入分析的基础上，按工艺和技术的不同要求，根据系统安全原理和AHP方法，将有关的各因素按照不同的属性自上而下的分成若干层，并建立层次结构模型(图8-7).

3.模型求解

为了进行层次分析，对有关专家进行广泛调查，根据调查结果从层次结构的第2层开始直到最下层，对属于上一层同一因素的诸因素进行两两比较，构造比较判断矩阵.

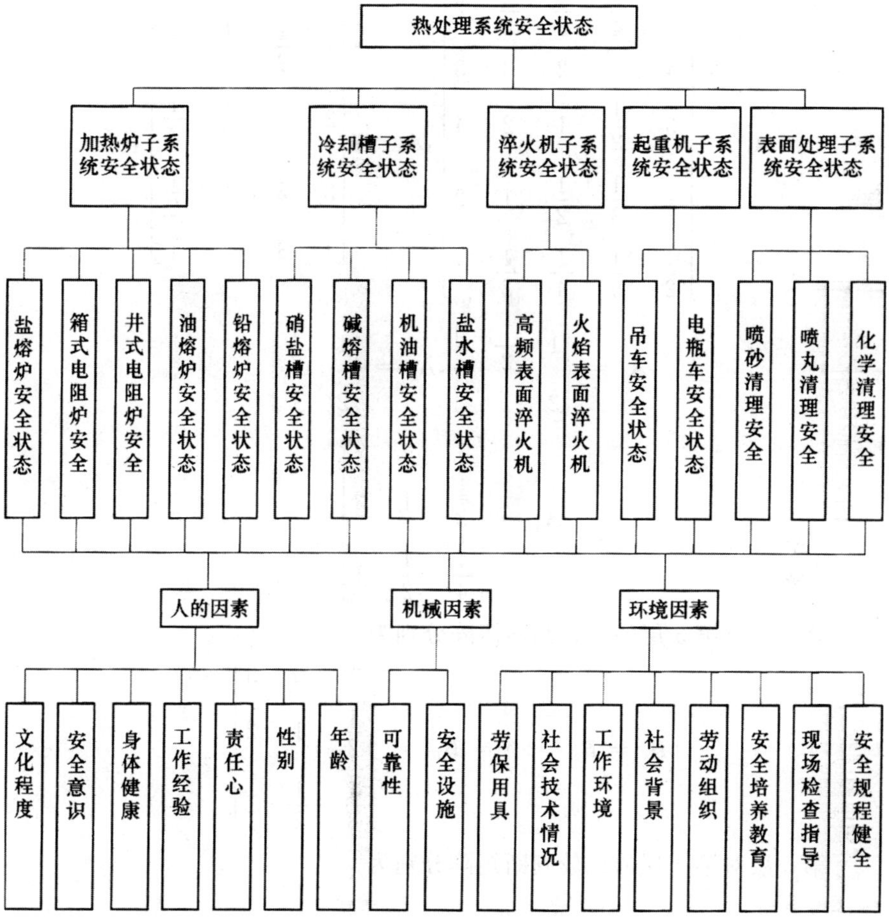

图 8-7　热处理系统安全性评价层次结构

第 2 层对第 1 层的比较判断矩阵为

$$\boldsymbol{A}=\begin{bmatrix}1 & \frac{1}{2} & 2 & 3 & \frac{1}{3}\\ 2 & 1 & 3 & 4 & \frac{1}{2}\\ \frac{1}{2} & \frac{1}{3} & 1 & 2 & \frac{1}{4}\\ \frac{1}{3} & \frac{1}{4} & \frac{1}{2} & 1 & \frac{1}{5}\\ 3 & 2 & 4 & 5 & 1\end{bmatrix}$$

第 3 层对第 2 层的比较判断矩阵分别为

$$A_1=\begin{bmatrix}1&\frac{1}{4}&\frac{1}{3}&\frac{1}{2}&2\\4&1&2&3&5\\3&\frac{1}{2}&1&2&4\\2&\frac{1}{3}&\frac{1}{2}&1&2\\\frac{1}{2}&\frac{1}{5}&\frac{1}{4}&\frac{1}{2}&1\end{bmatrix},A_2=\begin{bmatrix}1&\frac{1}{2}&\frac{1}{3}&\frac{1}{4}\\2&1&\frac{1}{2}&\frac{1}{3}\\3&2&1&\frac{1}{2}\\4&3&2&1\end{bmatrix},$$

$$A_3=\begin{bmatrix}1&\frac{1}{2}\\2&1\end{bmatrix},A_4=\begin{bmatrix}1&\frac{1}{2}\\2&1\end{bmatrix},$$

$$A_5=\begin{bmatrix}1&2&4\\\frac{1}{2}&1&2\\\frac{1}{4}&\frac{1}{2}&1\end{bmatrix}$$

第 4 层对第 3 层的比较判断矩阵分别为

$$B_1=B_2=\cdots=B_{16}=\begin{bmatrix}1&2&3\\\frac{1}{2}&1&2\\\frac{1}{3}&\frac{1}{2}&1\end{bmatrix}$$

第 5 层对第 4 层的比较判断矩阵分别为

$$C_1=\begin{bmatrix}1&\frac{1}{2}&2&3&4&5&6\\2&1&3&4&5&6&7\\\frac{1}{2}&\frac{1}{3}&1&2&3&4&5\\\frac{1}{3}&\frac{1}{4}&\frac{1}{2}&1&2&3&4\\\frac{1}{4}&\frac{1}{5}&\frac{1}{3}&\frac{1}{2}&1&2&3\\\frac{1}{5}&\frac{1}{6}&\frac{1}{4}&\frac{1}{3}&\frac{1}{2}&1&2\\\frac{1}{6}&\frac{1}{7}&\frac{1}{5}&\frac{1}{4}&\frac{1}{3}&\frac{1}{2}&1\end{bmatrix},C_2=\begin{bmatrix}1&2\\\frac{1}{2}&1\end{bmatrix},$$

$$C_3 = \begin{bmatrix} 1 & 1 & 1 & 2 & 3 & 4 & 5 & 6 \\ 1 & 1 & 1 & 2 & 3 & 4 & 5 & 6 \\ 1 & 1 & 1 & 2 & 3 & 4 & 5 & 6 \\ \frac{1}{2} & \frac{1}{2} & \frac{1}{2} & 1 & 2 & 3 & 4 & 5 \\ \frac{1}{3} & \frac{1}{3} & \frac{1}{3} & \frac{1}{2} & 1 & 2 & 3 & 4 \\ \frac{1}{4} & \frac{1}{4} & \frac{1}{4} & \frac{1}{3} & \frac{1}{2} & 1 & 2 & 3 \\ \frac{1}{5} & \frac{1}{5} & \frac{1}{5} & \frac{1}{4} & \frac{1}{3} & \frac{1}{2} & 1 & 2 \\ \frac{1}{6} & \frac{1}{6} & \frac{1}{6} & \frac{1}{5} & \frac{1}{4} & \frac{1}{3} & \frac{1}{2} & 1 \end{bmatrix}$$

对上述比较判别矩阵进性单层一致性检验，而且还进行了层次总排序的一致性检验，经过一致性检验，各层次的比较判断矩阵均满足一致性条件，而且算得第 5 层对第 1 层的一致性检验指标为 $CR = 0.0681$. 满足一致性要求.

算得各层诸因素对第 1 层的总排序权向量为

$$w^{(2)} = [0.1662, 0.2669, 0.1060, 0.0399, 0.4210]^T$$

$$\begin{aligned} w^{(3)} = [&0.0165, 0.0699, 0.0439, 0.0247, 0.0112, 0.0255, \\ &0.0427, 0.0740, 0.1247, 0.0353, 0.0707, 0.0133, \\ &0.0266, 0.2406, 0.1203, 0.0601]^T \end{aligned}$$

$$w^{(4)} = [0.129, 0.2970, 0.1634]^T$$

$$\begin{aligned} w^{(5)} = [&0.1295, 0.1912, 0.0856, 0.0559, 0.0365, 0.0242, \\ &0.0168, 0.1980, 0.0990, 0.0356, 0.0356, 0.0356, \\ &0.0221, 0.0143, 0.0094, 0.0063, 0.0045]^T \end{aligned}$$

4. 结果分析

从计算结果可以看出，这一结果是符合实际情况的，它为热处理作业系统安全提供了管理决策，为制定管理方案提供了理论依据，企业领导可根据计算结果制定安全管理方案. 并且，如果对决策层指标进行量化，则能定量估算该厂总体安全状态. 估算值 $S = \sum_{i=1}^{17} w_i^{(5)} D_i$，其中 $D = [D_1, D_2, \cdots, D_{17}]^T$ 是决策层指标向量.

8.3 模糊数学模型

模糊数学模型在实际中的应用几乎涉及国民经济的各个领域,涉及理、农、医等众多学科.尤其是在文化、经济与任的数学方法中,是用定量描述不确定现象规律性的一门数学学科.

8.3.1 模糊聚类模型

聚类分析是数据挖掘技术中的一种重要的方法,可以作为一个独立的工具来获得数据分析情况.由于事物本身在很多情况下都带有模糊性,所以把模糊数学方法引入聚类分析,能使其分类更切合实际.本节介绍模糊聚类的常用方法.

1. 模糊聚类分析的步骤

模糊聚类分析方法一般可分成两种:一是给予模糊关系上的模糊聚类法,称为系统聚类分析法,另一种称为非系统聚类,这种方法也称为逐步聚类法.这里着重介绍系统聚类分析法.

系统聚类分析法常见的步骤有如下 4 步:

(1) 选定统计指标

指标也就是与所考虑问题相关的一些属性或因子,即在聚类时应当考虑的因素.聚类分析效果关键在于要把统计指标选择得合理,也就是统计指标应该有明确的实际意义,有较强的分辨性和代表性,也即是要有一定的普遍意义.

(2) 统计指标数据的标准化

标准化(或称正规化)可以这样进行:

$$X = \frac{x' - \overline{x'}}{c}$$

式中,x' 为原始数据,$\overline{x'}$ 为原始数据的平均值,c 为原始数据的标准差.

若把标准化数据压缩到[0,1]闭区间,可用极值标准化公式:

$$X = \frac{x' - x'_{\min}}{x'_{\max} - x'_{\min}}$$

当 $x' = x'_{\max}$ 时,则 $x = 1$;$x' = x'_{\min}$ 时,则 $x = 0$.

(3) 标定

即算出衡量被分类对象间相似程度计量 $r_{ij}(i,j=1,2,\cdots,n;n$ 为被分类对象的个数). 从而确定论域 U 上的相似关系

$$\underset{\sim}{\boldsymbol{R}}=\begin{bmatrix} r_{11} & r_{12} & \cdots & r_{1n} \\ r_{21} & r_{22} & \cdots & r_{2n} \\ \vdots & \vdots & & \vdots \\ r_{n1} & r_{n2} & \cdots & r_{nn} \end{bmatrix}$$

计算统计量 r_{ij} 的方法很多,常用的有 12 种,以下介绍其中主要的 3 种:

(1) 欧氏距离法

$$r_{ij}=\sqrt{\frac{1}{m}\sum_{k=1}^{m}(x_{ik}-x_{jk})^2}$$

式中,x_{ik} 为第 i 个分类对象,第 k 个指标的值;x_{jk} 为第 j 个分类对象,第 k 个指标的值.

(2) 相关系数法

$$r_{ij}=\frac{\sum_{k=1}^{m}(x_{ik}-\overline{x_i})(x_{jk}-\overline{x_j})}{\sqrt{\sum_{k=1}^{m}(x_{ik}-\overline{x_i})^2}\cdot\sqrt{\sum_{k=1}^{m}(x_{jk}-\overline{x_j})^2}}$$

式中

$$\overline{x_i}=\frac{1}{m}\sum_{k=1}^{m}x_{ik},\overline{x_j}=\frac{1}{m}\sum_{k=1}^{m}x_{jk}$$

(3) 夹角余弦法

$$r_{ij}=\frac{\sum_{k=1}^{m}x_{ik}x_{jk}}{\sqrt{\sum_{k=1}^{m}x_{ik}^2}\cdot\sqrt{\sum_{k=1}^{m}x_{jk}^2}}$$

(4) 聚类

要聚类,$\underset{\sim}{\boldsymbol{R}}$ 必须是一个模糊等价关系才行,而相似矩阵 $\underset{\sim}{\boldsymbol{R}}$ 在一般情况下并不能满足,为此要对它进行改造,下一部分我们来介绍这些.

2. 在模糊等价关系之下聚类

从第二部分知道模糊关系尽必须是模糊等价关系才能聚类. 这里结合实例介绍在模糊等价关系之下如何进行聚类. 为此要用到两个有关定理.

定理 8.3　若模糊关系矩阵尽是模糊等价关系,则对于任意的 $\lambda\in[0,1]$,所截得的 λ 截矩阵 $\boldsymbol{R}_{\lambda_2}$ 也是等价关系.

定理 8.4 若 $0 \leqslant \lambda_1 \leqslant \lambda_2 \leqslant 1$ 则 $\boldsymbol{R}_{\lambda_2}$，所分出的每一类必是 $\boldsymbol{R}_\lambda$ 的某一类的子类，并称之为 $\boldsymbol{R}_{\lambda_2}$ 的分类法是 $\boldsymbol{R}_\lambda$ 的分类法的"加细".

例 8-2 设论域 $U = \{x_1, x_2, x_3, x_4, x_5\}$ 关系：

$$\underset{\sim}{\boldsymbol{R}} = \begin{bmatrix} 1 & 0.48 & 0.62 & 0.41 & 0.47 \\ 0.48 & 1 & 0.48 & 0.41 & 0.47 \\ 0.62 & 0.48 & 1 & 0.41 & 0.47 \\ 0.41 & 0.41 & 0.41 & 1 & 0.41 \\ 0.47 & 0.47 & 0.47 & 0.41 & 1 \end{bmatrix}$$

其自反性和对称性是显然的，又经验证可知它满足：$\underset{\sim}{\boldsymbol{R}} \circ \underset{\sim}{\boldsymbol{R}} \subseteq \underset{\sim}{\boldsymbol{R}}$ 尽则根据定义 $\underset{\sim}{\boldsymbol{R}}$ 是一个模糊等价关系.

解：现根据不同的水平 λ 进行分类：

1）当 $0.62 < \lambda \leqslant 1$ 时

$$\boldsymbol{R}_\lambda = \begin{bmatrix} 1 & 0 & 0 & 0 & 0 \\ 0 & 1 & 0 & 0 & 0 \\ 0 & 0 & 1 & 0 & 0 \\ 0 & 0 & 0 & 1 & 0 \\ 0 & 0 & 0 & 0 & 1 \end{bmatrix}$$

亦即为单位矩阵，此时共分为 5 类：$\{x_1\}$，$\{x_2\}$，$\{x_3\}$，$\{x_4\}$，$\{x_5\}$，也就是每一个元素为一类，这是"最细"的分类.

2）当 $0.48 < \lambda \leqslant 0.62$ 时

$$\boldsymbol{R}_\lambda = \begin{bmatrix} 1 & 0 & 0 & 0 & 0 \\ 0 & 1 & 0 & 0 & 0 \\ 1 & 0 & 1 & 0 & 0 \\ 0 & 0 & 0 & 1 & 0 \\ 0 & 0 & 0 & 0 & 1 \end{bmatrix}$$

（即 $\leqslant 0.48$ 的元素都变为 0，> 0.48 的变为 1）此时，x_1，x_3 归并，其余保持，即分为 4 类：$\{x_1, x_3\}$，$\{x_2\}$，$\{x_4\}$，$\{x_5\}$.

3）当 $0.47 < \lambda \leqslant 0.48$ 时

$$\boldsymbol{R}_\lambda = \begin{bmatrix} 1 & 1 & 1 & 0 & 0 \\ 1 & 1 & 1 & 0 & 0 \\ 1 & 1 & 1 & 0 & 0 \\ 0 & 0 & 0 & 1 & 0 \\ 0 & 0 & 0 & 0 & 1 \end{bmatrix}$$

此时分为 3 类，即：$\{x_1, x_2, x_3\}$，$\{x_4\}$，$\{x_5\}$.

4）当 $0.41 < \lambda \leqslant 0.47$ 时

$$R_\lambda = \begin{bmatrix} 1 & 1 & 1 & 0 & 1 \\ 1 & 1 & 1 & 0 & 1 \\ 1 & 1 & 1 & 0 & 1 \\ 0 & 0 & 0 & 1 & 0 \\ 1 & 1 & 1 & 0 & 1 \end{bmatrix}$$

此时分为 2 类，即：$\{x_1, x_2, x_3, x_4\}, \{x_5\}$.

5) 当 $0 < \lambda \leqslant 0.41$ 时，此时 R_λ 的元素全是 1，也就是全称矩阵，故只能分为 1 类，即“最粗”的分类：$\{x_1, x_2, x_3, x_4, x_5\}$.

总结上述分析结果，得到一个动态聚类图(图 8-8)，如下：

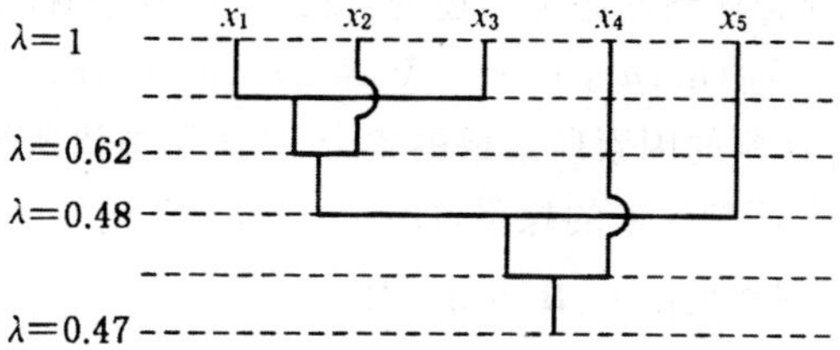

图 8-8　动态聚类图

8.3.2　模糊综合评判模型

复杂系统中，对某一事物进行评价，常需要考虑多个因素，各因素间又有不同的层次，要取得良好的评价效果，就需要有相应的评价方法. 常用的评价方法有：评分法，综合评分法(加法评分法、加权加法评分法、修正加权加法评分法、乘积评分法)，优劣值法等. 我们在这里只介绍模糊综合评判的方法.

1. 单因素的模糊评价

模糊性的产生，在于概念本身就没有明确的涵义，以及客观事物实际往往处于亦此亦彼的中介状态，使得难以确定一个事物是否属于这个概念. 例如：某类服装处于受欢迎状况隶属度介于[0,1]之间，当隶属度等于 0 时，表明该服装不受欢迎，当隶属度等于 1 时表明它 100% 受欢迎；当隶属度为 0.9 时，表明受欢迎的程度为 90%，即很受欢迎.

在市场调研中，可以利用隶属度进行单因素的模糊评价，其关键在于隶属度的确定. 这一般可采用模糊统计法，其资料来源为市场调研资料，具体方法如下：

观察某事物 x 在多大程度处于状态 A，隶属的程度即隶属度 $\mu(x)$ 的统计表达式为 $\mu_A(x)=\lim\limits_{n\to\infty}(x$ 属于 A 的次数 $/n)$，其中 n 为总统计次数.

2. 模糊综合评判

综合评判就是对受多个因素制约的事物或对象作出一个总的评价，这是在日常生活和科研工作中经常遇到的问题. 例如，对学生的评价应该考虑到各门功课的成绩，但绝不能忽略品行和健康. 由于从多方面对事物进行评价难免带有模糊性和主观性，采用模糊数学的方法进行综合评判将使结果尽量客观，从而取得更好的实际效果.

一般的模糊综合评判问题可表述为：设给定的两个有限论域(即集合)：

$$U=\{u_1,u_2,\cdots,u_n\},V=\{v_1,v_2,\cdots,v_m\}$$

其中，U 表示综合评判的因素所组成的集合，V 表示评语所组成的集合.

另设 $\underset{\sim}{\boldsymbol{A}}$ 为 U 上评判因素的权重，即：$\underset{\sim}{\boldsymbol{A}}=\{a_1,a_2,\cdots,a_n\}$，记 $\underset{\sim}{\boldsymbol{R}}$ 为模糊评判矩阵，则综合评判结果 $\underset{\sim}{\boldsymbol{B}}$ 为：$\underset{\sim}{\boldsymbol{B}}=\underset{\sim}{\boldsymbol{A}}\circ\underset{\sim}{\boldsymbol{R}}$.

其中"$\circ$"为模糊合成运算，关于模糊合成运算有很多定义，读者可参阅有关的模糊数学书籍.

例 8-3 设对某商店出售的一种服装进行评判，为简单起见，只考虑 3 个主要因素，即花色式样、耐穿程度及价格，并由此来组成评判因素论域：

$$U=\{\text{花色式样}(u_1),\text{耐穿程度}(u_2),\text{价格}(u_3)\}.$$

再确定评语的论域：

$$V=\{\text{很欢迎}(v_1),\text{比较欢迎}(v_2),\text{不太欢迎}(v_3),\text{不欢迎}(v_4)\}.$$

单就因素 u_1，即花色式样，请较多顾客评判后，设有其中 20% 表示"欢迎"，70% 表示"比较欢迎"，10% 表示"不太欢迎"，没有人表示"不欢迎"，则对花色式样(u_1)的评价即为：(0.2,0.7,0.1,0).

同理，设对耐穿程度(u_2)的评价为：(0,0.4,0.5,0.1)；对价格(u_3)的评价为：(0.2,0.3,0.4,0.1). 于是便可以写出评价矩阵 $\underset{\sim}{\boldsymbol{R}}$ 为

$$\underset{\sim}{\boldsymbol{R}}=\begin{bmatrix}0.2 & 0.7 & 0.1 & 0\\0 & 0.4 & 0.5 & 0.4\\0.2 & 0.3 & 0.4 & 0.1\end{bmatrix}$$

不同的顾客由于职业、性别、年龄、爱好、经济状况等的差异，对上述服装的 3 个因素所给予的权重也不同. 设某类顾客对 3 个因素的权重分别为 0.2,0.5,0.3. 即有

$$\underset{\sim}{\boldsymbol{A}}=(0.2,0.5,0.3)$$

则由此可得此类顾客对上述服装的综合评判结果为：

$$\underset{\sim}{B} = \underset{\sim}{A} \circ \underset{\sim}{R} = (0.2, 0.5, 0.3) \circ \begin{bmatrix} 0.2 & 0.7 & 0.1 & 0 \\ 0 & 0.4 & 0.5 & 0.4 \\ 0.2 & 0.3 & 0.4 & 0.1 \end{bmatrix}$$

$$= [(0.2 \wedge 0.2) \vee (0.5 \wedge 0) \vee (0.3 \wedge 0.2), (0.2 \wedge 0.7) \vee (0.5 \wedge 0.4) \, (0.3 \wedge 0.3), (0.2 \wedge 0.1) \vee (0.5 \wedge 0.5) \vee (0.3 \wedge 0.4) \vee (0.2 \wedge 0) \vee (0.5 \wedge 0.1) \vee (0.3 \wedge 0.1)]$$

$$= [0.2 \vee 0 \vee 0.2, 0.2 \vee 0.4 \vee 0.3, 0.1 \vee 0.5 \vee 0.3, 0 \vee 0.1 \vee 0.1]$$

$$= (0.2, 0.4, 0.5, 0.1)$$

其中,运算符号“∧”表示取小,“∨”表示取大,因“不太欢迎”所占的比重最大,为 0.5;故由最大隶属原则可知综合评判的结果为“不太欢迎”.

例 8-4　产品质量的综合评判.

解:对同一个产品质量问题先使用单层模糊综合评判,再使用双层模糊综合评判.

(1) 单层模糊综合评判.

因素集:$U = \{u, u_2, u_3, u_4, u_5, u_6, u_7, u_8\}$.

评判集:$V = \{v_1, v_2, v_3, v_4\}$,其中 v_1 表示一级,v_2 表示二级,v_3 表示等外,v_4 表示废品.

权重向量:$\boldsymbol{A} = (0.1, 0.12, 0.07, 0.07, 0.16, 0.1, 0.1, 0.1, 0.18)$.

评判矩阵:由专家、客户、质量检查员组成的评判小组,先打分并作简单处理得到如下的综合评判矩阵.

$$\underset{\sim}{R} = \begin{bmatrix} 0.36 & 0.24 & 0.13 & 0.27 \\ 0.20 & 0.32 & 0.25 & 0.23 \\ 0.40 & 0.22 & 0.26 & 0.12 \\ 0.30 & 0.28 & 0.24 & 0.18 \\ 0.26 & 0.36 & 0.12 & 0.20 \\ 0.22 & 0.42 & 0.16 & 0.10 \\ 0.38 & 0.24 & 0.08 & 0.20 \\ 0.34 & 0.25 & 0.30 & 0.11 \\ 0.24 & 0.28 & 0.30 & 0.18 \end{bmatrix}$$

计算综合评判

$$\underset{\sim}{B} = \underset{\sim}{A} \circ \underset{\sim}{R} = (0.18, 0.18, 0.18, 0.18)$$

结果显示,无论是一级、二级、等外、废品的隶属度都是 0.18,对这个具体问题而言模糊变换无法给出答案,可以采用其他方法.例如,加权平均,也可以采用双层模糊综合评判.

(2) 双层模糊综合评判.

因素集:

$$U=\{U_1,U_2,U_3\}$$
$$U_1=\{u_1,u_2,u_3\}$$
$$U_2=\{u_4,u_5,u_6\}$$
$$U_3=\{u_7,u_8,u_9\}$$

评判集:$V=\{v_1,v_2,v_3,v_4\}$,v_1 表示一级;v_2 表示二级;v_3 表示等外;v_4 表示废品.

第一层权重向量:

$$\underset{\sim}{\boldsymbol{A}}_1=(0.30,0.42,0.28)$$
$$\underset{\sim}{\boldsymbol{A}}_2=(0.20,0.50,0.30)$$
$$\underset{\sim}{\boldsymbol{A}}_3=(0.30,0.30,0.40)$$

第一层评判矩阵:

$$\underset{\sim}{\boldsymbol{R}}_1=\begin{bmatrix}0.36 & 0.24 & 0.13 & 0.27\\0.20 & 0.32 & 0.25 & 0.23\\0.40 & 0.22 & 0.26 & 0.12\end{bmatrix}$$

$$\underset{\sim}{\boldsymbol{R}}_2=\begin{bmatrix}0.30 & 0.28 & 0.24 & 0.18\\0.26 & 0.42 & 0.12 & 0.20\\0.22 & 0.42 & 0.16 & 0.10\end{bmatrix}$$

$$\underset{\sim}{\boldsymbol{R}}_3=\begin{bmatrix}0.38 & 0.24 & 0.08 & 0.20\\0.34 & 0.25 & 0.30 & 0.11\\0.40 & 0.28 & 0.30 & 0.18\end{bmatrix}$$

根据第一层评判,有

$$\underset{\sim}{\boldsymbol{B}}_1=\underset{\sim}{\boldsymbol{A}}_1\times\underset{\sim}{\boldsymbol{R}}_1=(0.30,0.32,0.26,0.27)$$
$$\underset{\sim}{\boldsymbol{B}}_2=\underset{\sim}{\boldsymbol{A}}_2\times\underset{\sim}{\boldsymbol{R}}_2=(0.26,0.36,0.20,0.20)$$
$$\underset{\sim}{\boldsymbol{B}}_3=\underset{\sim}{\boldsymbol{A}}_3\times\underset{\sim}{\boldsymbol{R}}_3=(0.40,0.28,0.30,0.20)$$

第二层评判矩阵:将一层评判结果组合起来形成二级评判矩阵

$$\underset{\sim}{\boldsymbol{R}}=\begin{bmatrix}\boldsymbol{B}_1\\\boldsymbol{B}_2\\\boldsymbol{B}_3\end{bmatrix}=\begin{bmatrix}0.30 & 0.32 & 0.26 & 0.27\\0.26 & 0.36 & 0.20 & 0.20\\0.40 & 0.28 & 0.30 & 0.20\end{bmatrix}$$

第二层权重分配:因素集 $U=\{U_1,U_2,U_3\}$的权重分配为$\underset{\sim}{\boldsymbol{A}}=(0.2,0.35,0.45)$.

第二层评判,有

$$\underset{\sim}{\boldsymbol{B}} = \underset{\sim}{\boldsymbol{A}} \times \underset{\sim}{\boldsymbol{R}} = (0.40, 0.35, 0.30, 0.30)$$

按最大隶属度原则，此产品属一级品.

8.4　灰色系统模型

灰色系统理论是研究解决灰色系统分析、建模、预测、决策和控制的理论，是运用数学方法解决信息不完备系统的理论和方法. 应用灰色系统理论可以进行关联分析、优势分析、灰色预测、灰色决策、灰色控制和灰色规划等.

8.4.1　灰系统与灰色生成

基于信息思维，自然现象往往是灰的. 灰色现象里含有已知的、未知的与非确知的种种信息，含有含糊不清的机理，存在数据不足的现象. 少数据与少信息带来的不确定性，称为灰色不确定性. 灰色系统理论是研究少数据不确定性的理论.

定义 8.1(灰色生成)　对原始序列 $\boldsymbol{X}^{(0)} = (x^{(0)}(1), x^{(0)}(2), \cdots, x^{(0)}(n))$ (n 是大于 1 的自然数)，按某种要求进行的数据变换，称为灰色生成.

定义 8.2(初值生成)　对原始序列 $\boldsymbol{X}^{(0)} = (x^{(0)}(1), x^{(0)}(2), \cdots, x^{(0)}(n))$，$x^{(0)}(1) \neq 0$. 记 $y(k) = x^{(0)}(k)/x^{(0)}(1)(k = 1, 2, \cdots, n)$，称 $\boldsymbol{Y} = (y(1), y(2), \cdots, y(n))$ 为 $\boldsymbol{X}^{(0)}$ 的初值生成序列.

初值生成一般用于数据的无量纲化.

定义 8.3(一次累加生成)　对原始序列 $\boldsymbol{X}^{(0)} = (x^{(0)}(1), x^{(0)}(2), \cdots, x^{(0)}(n))$ 作

$$x^{(1)}(k) = x^{(0)}(1) + x^{(0)}(2) + \cdots + x^{(0)}(k)(k = 1, 2, \cdots, n)$$

得到序列 $\boldsymbol{Z} = (z(2), z(3), \cdots, z(n))$，我们称 $\boldsymbol{Z}$ 为 $\boldsymbol{X}^{(1)}$ 的一次均值生成.

反过来，对于数据 $\boldsymbol{X}^{(1)} = \{x^{(1)}(1), x^{(1)}(2), \cdots, x^{(1)}(n)\}$，由公式

$$x^{(0)}(k) = x^{(1)}(1) + x^{(1)}(2) + \cdots + x^{(1)}(k-1)(k = 1, 2, \cdots, n), x^{(1)}(0) = 0$$

得到的序列 $\boldsymbol{X}^{(0)} = (x^{(0)}(1), x^{(0)}(2), \cdots, x^{(0)}(n))$ 为 $\boldsymbol{X}^{(1)}$ 的一次累减(还原)生成序列，记作为 $\boldsymbol{X}^{(0)} = \mathrm{IAGO}\boldsymbol{X}^{(1)}$.

一次累加生成一般用于波动的序列建模前的数据处理，而一次累减生成用于模型得到的预测值的还原处理.

灰色生成中还有多次累加(减) 生成、均值生成、广义累加(减) 生成、压缩映射生成等.

8.4.2 关联分析模型

关联分析是系统分析的一个重要方面.实际系统中的现象往往很复杂,涉及的因素很多,在这些因素中哪些是主要的、哪些是次要的,哪些需要利用和发展、哪些需要抑制和避免,哪些是潜在的、哪些是明显的,都得通过系统的关联分析才能加以明确.另外,各因素间的关联性如何、关联程度如何量化等也是系统分析的关键和起点.关联分析方法克服了以往回归分析等方法中的一些缺欠,能够对系统动态发展趋势进行量化比较,即对系统各个时期有关统计数据进行几何关系的比较.

例 8-5 某饲养专业户主要饲养家猪和家兔,其在1977—1983年的总收入与养猪、养兔收入的历史统计数据如表8-8所示.试分析饲养专业户的总收入与养猪收入和养兔收入的关系.

表 8-8 饲养专业户收入资料表

年份	1977	1978	1979	1980	1981	1982	1983
总收入	18	20	22	40	44	48	60
养猪收入	10	15	16	24	38	40	50
养兔收入	3	2	12	10	22	18	20

解:为了便于比较,先将三种收入数据制成图8-9,其中横轴为年份、纵轴为收入,各点间以线段连接,称此种曲线为序列曲线.从收入曲线图可以看出,总收入曲线与养猪收入曲线的增长趋势比较接近,而与养兔收入曲线的增长趋势相差较远.因此,判断对于该饲养专业户总收入影响较大的是养猪收入,而不是养兔收入.

由上例可见,如果序列曲线几何形状越接近,变化斜率越相近,则发展趋势就越接近,从而关联程度就越大.这种直观分析对简单的问题可以解决,但对于复杂一些的问题就难于进行,下面给出一种通用的方法来判断关联程度的大小.

定义 8.4 假设 $x_j(j=0,1,2,\cdots)$ 为系统的多个因素,因素个数需经过深入分析才能确定.选取其中一个因素 x_0 作为比较基准,x_0 可以表示为数列,称为基准数列:

$$x_0=\{x_0(k)\mid k=1,2,\cdots,n\}=\{x_0(1),x_0(2),\cdots,x_0(n)\}$$

其中,k 表示时刻,$x_0(k)$ 表示因素 x_0 在 k 时刻的观察值.设另有 m 个需要与基准因素比较的因素数列，称为比较数列：

$$x_i = \{x_i(k) \mid k = 1,2,\cdots,n\} = \{x_0(1), x_0(2), \cdots, x_0(n)\}, i = 1,2,\cdots,m$$

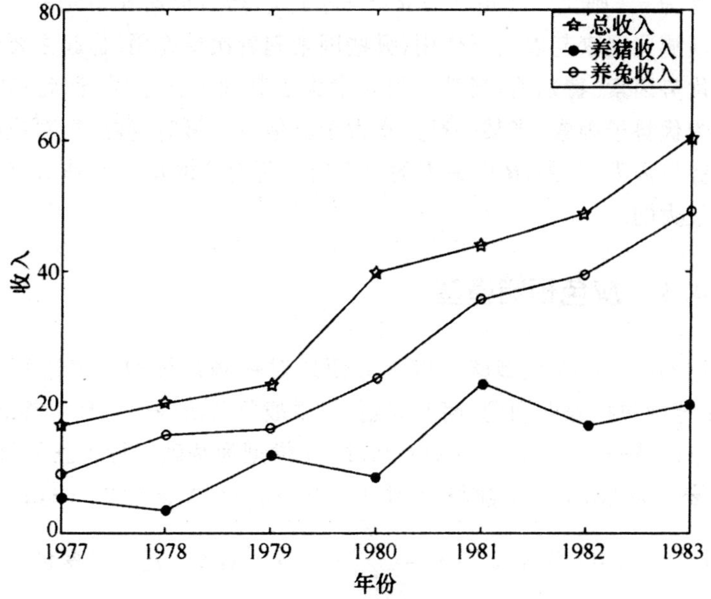

图 8-9 三种收入序列曲线图

则比较数列对基准数列在时刻 k 的关联系数定义为

$$\xi_i(k) = \frac{\min\limits_i \min\limits_k |x_0(k) - x_i(k)| + \rho \min\limits_i \min\limits_k |x_0(k) - x_i(k)|}{|x_0(k) - x_i(k)| + \rho \min\limits_i \min\limits_k |x_0(k) - x_i(k)|}$$

其中，$\rho \in [0,\infty)$称为分辨系数.

一般来说，$\rho \in [0,1)$，且 ρ 越大，分辨率也越高，关联系数越大；反之，ρ 越小，分辨率越低，关联系数也越小. 关联系数描述了比较数列与基准数列在某一时刻的关联程度.

定义 8.5 称 $r_i = \dfrac{1}{n}\sum\limits_{k=1}^{n} \xi_i(k)$ 为比较数列 x_i 对基准数列 x_0 的关联度.

关联度是比较数列与基准数列在各个时刻的关联系数的平均值.

8.4.3 优势分析模型

当基准因素不止一个时，优势分析可以从多个基准因素中找出起主要作用的基准因素.

设要研究的 m 个因素(也叫母因素)的基准数列为 $Y_1, Y_2, \cdots, Y_m$，待比较的 n 个数列(也叫子因素数列)为 $X_1, X_2, \cdots, X_n$，那么，每一个基准数列

对应于 n 个比较数列都有 n 个关联度. 为了判断出哪些因素起主要作用,哪些因素起次要作用,可以构造关联度矩阵 $\boldsymbol{R}$. 设比较数列 X_j 对基准数列 Y_i 的关联度为 r_{ij},则关联度矩阵为 $\boldsymbol{R}=(r_{ij})_{m\times n}$. 然后根据 $\boldsymbol{R}$ 中元素的大小就可以判断哪些因素起着主要作用,哪些因素起着次要作用. 称起主要作用的因素为优势因素. 特别地,当某一列元素大于其他列元素时,称此列对应的子因素为优势子因素;当某一行元素大于其他行元素时,称此行对应的母因素为优势母因素. 另外,$\boldsymbol{R}$ 中最大的元素所在行对应的母因素是所有母因素中影响最大的.

8.4.4 灰色预测模型

利用 GM$(1,N)$ 模型就可以很方便地对一些系统的未来进行灰色预测,适用范围包括农业问题、商业问题、军事战争及治理生态环境等. 下面以较为简单的特殊情况 $N=1$,即 GM$(1,1)$ 模型为基础进行灰色预测分析.

令 $\boldsymbol{x}^{(0)}$ 为 GM(1,1) 建模序列,$\boldsymbol{x}^{(0)}=(x^{(0)}(1),x^{(0)}(2),\cdots,x^{(0)}(n))$,$\boldsymbol{x}^{(1)}$ 为 $\boldsymbol{x}^{(0)}$ 的 AGO 序列,$\boldsymbol{x}^{(1)}(k)=\sum\limits_{m=1}^{k}x^{(0)}(m)$,对 $\boldsymbol{x}^{(1)}$ 建立单变量的一阶微分方程 GM(1,1) 模型

$$\frac{\mathrm{d}\boldsymbol{x}^{(1)}}{\mathrm{d}t}+a\boldsymbol{x}^{(1)}=b$$

其中的 a,b 是待辨识系数. 对上式进行离散化,并用灰导数 $x^{(0)}(m)$ 代替 $\frac{\mathrm{d}\boldsymbol{x}^{(1)}}{\mathrm{d}t}$ 在 $t=m$ 处的值,$\boldsymbol{x}^{(1)}$ 的均值序列 $z^{(1)}(z^{(1)}(k)=0.5(x^{(1)}(k)+x^{(1)}(-1)))$ 代替 $\frac{\mathrm{d}\boldsymbol{x}^{(1)}}{\mathrm{d}t}$ 的背景值,得到 $\frac{\mathrm{d}\boldsymbol{x}^{(1)}}{\mathrm{d}t}+a\boldsymbol{x}^{(1)}=b$ 的白化方程

$$x^{(0)}(k)+az^{(1)}(k)=b\quad(k=2,3,\cdots,n)$$

$$\Uparrow\qquad\quad\Uparrow\quad\Uparrow\qquad\quad\Uparrow$$

灰导数 发展系数 白化背景值 灰作用量

$$\begin{cases}C=\sum\limits_{k=2}^{n}z^{(1)}(k)\\D=\sum\limits_{k=2}^{n}x^{(0)}(k)\\E=\sum\limits_{k=2}^{n}z^{(1)}(k)x^{(0)}(k)\\F=\sum\limits_{k=2}^{n}(z^{(1)}(k))^2\end{cases}$$

应用最小二乘法，从而可以求得辨识系数 a,b：

$$\begin{cases} a = \dfrac{CD-(n-1)E}{(n-1)F-C^2} \\ b = \dfrac{DF-CE}{(n-1)F-C^2} \end{cases}$$

将 a,b 带入 $\dfrac{\mathrm{d}\boldsymbol{x}^{(1)}}{\mathrm{d}t}+a\boldsymbol{x}^{(1)}=b$，可以得到 GM(1,1) 的白化响应函数 $x^{(1)}(k+1)$ 的预测值 $\tilde{x}^{(1)}(k+1)$

$$\tilde{x}^{(1)}(k+1)=\left[x^{(0)}(1)-\frac{b}{a}\right]\mathrm{e}^{-ak}+\frac{b}{a}$$

对 $\tilde{x}^{(1)}$ 进行一次累减生成得到 $x^{(0)}(k+1)$ 的预测值 $\tilde{x}^{(0)}(k+1)$

$$\tilde{x}^{(0)}(k+1)=\tilde{x}^{(1)}(k+1)-\tilde{x}^{(1)}(k),k=1,2,\cdots n$$

其中 $\tilde{x}^{(1)}(1)=\tilde{x}^{(0)}(1)$. 这样可以使用相对残差 $e(k+1)$

$$e(k+1)=\frac{x^{(0)}(k+1)-\tilde{x}^{(0)}(k+1)}{x^{(0)}(k+1)}\times 100\%$$

来定义平均残差、预测精度等.

例 8-6　珠海市城镇居民人均住房面积的预测问题.

表 8-9 给出 2001—2008 年珠海市城镇居民人均住房面积的历史统计数据，请用灰色预测的方法，预测珠海市城镇居民在 2009 年人均住房面积.

表 8-9　珠海市城镇居民人均住房面积的历史统计数据

年份	2001	2002	2003	2004	2005	2006	2007	2008
城镇人均民住面积 /m^2	17.65	24	25	26.3	26	27.32	30.7	28.57

解：首先取表 8-9 的历史统计数据为原始数据

$$\begin{aligned}\boldsymbol{x}^{(0)}&=(x^{(0)}(1),x^{(0)}(2),\cdots,x^{(0)}(8))\\&=(17.65,24,25,26.37,26.27.32,30.7,28.57)\end{aligned}$$

(1) 级别检验

1) 求级比 $\sigma(k)$，$\sigma(k)=x^{(0)}(k-1)/x^{(0)}(k)$. 于是

$$\begin{aligned}\sigma&=(\sigma(2),\sigma(3),\cdots,\sigma(8))\\&=(0.7354,0.9600,0.9480,1.0142,0.9517,0.8899,1.0746)\end{aligned}$$

2) 级别判断. 若原序列数据数目 $n=8$，则其级比 $\sigma(k)$ 的覆盖为 $\sigma(2)=0.7354$ 外，其他各点的级比均落入此区间，而 $\sigma(2)$ 的值一般不必考虑，因为 GM(1,1) 的指数律是从 $k\geqslant 3$ 算起的，所以可以用原始数据 $x^{(0)}$ 作 GM(1,1) 模型.

(2) 数据生成

$x^{(0)}$ 的 AGO 序列 $x^{(1)}$ 为 $x^{(1)}(k)=\sum_{m=1}^{k}x^{(0)}(m)$,则

$$x^{(1)}(1)=x^{(0)}(1)=17.65$$

$$x^{(1)}(2)=\sum_{m=1}^{2}x^{(0)}(m)=x^{(0)}(1)+x^{(0)}(2)=17.65+24=1=41.65$$

$$x^{(1)}(3)=\sum_{m=1}^{3}x^{(0)}(m)=x^{(1)}(2)+x^{(0)}(3)=41.65+25=66.65$$

$$x^{(1)}(4)=\sum_{m=1}^{4}x^{(0)}(m)=x^{(1)}(3)+x^{(0)}(4)=66.65+26.37=92.02$$

$$x^{(1)}(5)=\sum_{m=1}^{5}x^{(0)}(m)=x^{(1)}(4)+x^{(0)}(5)=92.02+26=119.02$$

$$x^{(1)}(6)=\sum_{m=1}^{6}x^{(0)}(m)=x^{(1)}(5)+x^{(0)}(6)=119.02+27.32=146.34$$

$$x^{(1)}(7)=\sum_{m=1}^{7}x^{(0)}(m)=x^{(1)}(6)+x^{(0)}(7)=146.34+27.32=177.04$$

$$x^{(1)}(8)=\sum_{m=1}^{8}x^{(0)}(m)=x^{(1)}(7)+x^{(0)}(8)=177.04+28.57=205.61$$

所以,$\boldsymbol{x}^{(1)}=(17.65,4165,66.65,92.02,119.02,146.34,177.04,205.61)$,$\boldsymbol{x}^{(1)}$ 的均值序列 $\boldsymbol{z}^{(1)}$ 为

$$z^{(1)}(k)=0.5(x^{(1)}(k)+x^{(1)}(k-1))$$

则

$$z^{(1)}(2)=0.5(x^{(1)}(2)+x^{(1)}(1))=0.5(41.65+17.65)=29.65$$

$$z^{(1)}(3)=0.5(x^{(1)}(3)+x^{(1)}(2))=0.5(66.65+41.65)=54.15$$

$$z^{(1)}(4)=0.5(x^{(1)}(4)+x^{(1)}(3))=0.5(92.02+66.65)=79.34$$

$$z^{(1)}(5)=0.5(x^{(1)}(5)+x^{(1)}(4))=0.5(119.02+92.02)=105.02$$

$$z^{(1)}(6)=0.5(x^{(1)}(6)+x^{(1)}(5))=0.5(146.34+119.02)=132.68$$

$$z^{(1)}(7)=0.5(x^{(1)}(7)+x^{(1)}(6))=0.5(177.04+146.35)=161.69$$

$$z^{(1)}(8)=0.5(x^{(1)}(8)+x^{(1)}(7))=0.5(205.61+177.04)=191.33$$

所以

$$\begin{aligned}\boldsymbol{z}^{(1)}(k)&=(z^{(1)}(2),z^{(1)}(3),\cdots,z^{(1)}(8))\\&=(29.65,54.15,79.34,105.52,132.68,161.69,191.33)\end{aligned}$$

(3) 求中间参数 C、D、E、F

$$\begin{aligned}C&=\sum_{k=2}^{8}z^{(1)}(k)\\&=29.65+54.15+79.34+105.52+132.68+161.69+191.33\end{aligned}$$

$$= 754.36$$

$$D = \sum_{k=2}^{8} x^{(0)}(k) = x^{(1)}(8) - x^{(1)}(1) = 187.96$$

$$E = \sum_{k=2}^{8} z^{(1)}(k) x^{(0)}(k)$$

$$= 29.65 \times 24 + 54.15 \times 25 + 79.34 \times 26.37 + 105.52 \times 26$$

$$+ 132.68 \times 27.32 + 161.69 \times 30.7 + 191.33 \times 28.57$$

$$= 20956.06$$

$$F = \sum_{k=2}^{8} (z^{(1)}(k))^2$$

$$= 29.65^2 \times 54.15^2 \times 79.34^2 \times 105.52^2 \times 132.68^2 \times 161.69^2 \times 191.33^2$$

$$= 101595.46$$

(4) 计算 GM(1,1) 参数 a,b

记

$$\Delta_a = C * D - (n-1) * E$$

$$= 754.36 \times 187.96 - (8-1) \times 20956.06$$

$$= -4902.91$$

$$\Delta = (n-1)F - C^2$$

$$= (8-1) \times 101595.46 - 754.36 \times 20956.06$$

$$= 3287469.24$$

$$\Delta_b = DF - CE$$

$$= 187.96 \times 101595.46 - 745.36 \times 20956.06$$

$$= 3287469.24$$

则

$$a = \frac{\Delta_a}{\Delta} = \frac{-4902.91}{155606.69} = -0.315$$

$$b = \frac{\Delta_b}{\Delta} = \frac{3287469.24}{155606.69} = 21.1268$$

(5)GM(1,1) 模型

GM(1,1) 定义型

$$x^{(0)}(k) + az^{(1)}(k) = b \Rightarrow x^{(0)}(k) - 0.315 z^{(1)}(k) = 21.1268$$

GM(1,1) 白化响应式

$$\tilde{x}^{(1)}(k+1) = \left(x^{(0)}(1) - \frac{b}{a}\right) e^{-ak} + \frac{b}{a}$$

其中 $x^{(0)}(1) = 17.65, \frac{b}{a} = -67.0692$,则可以得出

$$\widetilde{x}^{(1)}(k+1)=84.7192e^{-17.65k}-67.0692$$
$$\widetilde{x}^{(0)}(k+1)=\widetilde{x}^{(1)}(k+1)-\widetilde{x}^{(1)}(k)$$

从而得出GM(1,1)模型如上,其中$\widetilde{x}^{(0)}(k+1)(k=8,9,\cdots)$为珠海市未来城镇居民住房面积预测值.

(6)模型结果的检验

1)残差检验.

残差值:$\Delta(k)=x^{(0)}(k)-\widetilde{x}^{(0)}(k)$.

残差相对值:$\varepsilon(k)=\dfrac{x^{(0)}(k)-\widetilde{x}^{(0)}(k)}{x^{(0)}(k)}\times 100\%$.

平均残差:$\varepsilon(\text{avg})=\dfrac{1}{n-1}\sum\limits_{k=2}^{8}|\varepsilon(k)|\times 100\%(n=8)$.

平均精度:$p^0=(1-\varepsilon(\text{avg}))\times 100\%$.

则残差检验值如表8-10所示.

表8-10　残差检验计算

取值	$\widetilde{x}^{(0)}(k)$	$x^{(0)}(k)$	$\Delta(k)$	$\varepsilon(k)\%$
$k=2$	24.6850	24.00	−0.6580	−2.7417%
$k=3$	23.7124	25.00	1.2876	5.1540%
$k=4$	26.0444	26.37	0.3256	1.2347%
$k=5$	25.9420	26.00	0.0580	0.2230%
$k=6$	27.4195	27.32	−0.0995	−0.3642%
$k=7$	31.9540	30.70	−1.2540	−4.0847%
$k=8$	31.1290	28.57	2.5590	8.9569%

$\varepsilon(\text{avg})=1.1969\%$,$p^0=98.8031\%\Rightarrow p^0>90\%$(合格).

2)级比偏差检验.

级比偏差

$$\rho(k)=1-u\sigma(k),u=\frac{1-0.5a}{1+0.5a}=\frac{1-0.5\times(-0.315)}{1+0.5\times(-0.315)}=1.3739$$

$$\begin{aligned}\sigma&=(\sigma(2),\sigma(3),\cdots,\sigma(n))\\&=(0.7354,0.9600,0.9480,1.0142,0.9517,0.8899,1.0746)\end{aligned}$$

则有

$k=2,\rho(2)=1-u\sigma(2)=1-1.3739\times 0.7354=-0.0104=-1.04\%$

类似地,有

$$\rho(3)=-31.89\%,\rho(4)=-30.25\%,\rho(5)=-39.34\%$$
$$\rho(6)=-30.75\%,\rho(7)=-22.26\%,\rho(8)=-139.88\%$$

即

$$\begin{aligned}\rho &= (\rho(2),\rho(3),\cdots,\rho(8))\\ &=(-1.04\%,-31.89\%,-30.25\%,-39.34\%,\\ &\quad -30.75\%,-22.26\%,-139.88\%)\end{aligned}$$
$$\rho(\mathrm{avg})=-49.067\%\Rightarrow\rho(\mathrm{avg})<10\%(\text{合格})$$

注意，$\rho(\mathrm{avg})$ 中不计 $\rho(2)=-1.04\%$ 这点.

(7) 预测结果

基于白化响应式

$$\widetilde{x}^{(1)}(k+1)=84.7192\mathrm{e}^{-17.65k}-67.0692$$
$$\widetilde{x}^{(0)}(k+1)=\widetilde{x}^{(1)}(k+1)-\widetilde{x}^{(1)}(k)$$

令 $k=8$ 代入白化响应式，则 $\widetilde{x}^{(0)}(9)-\widetilde{x}^{(1)}(8)=31.8532$，从而得到 2009 年珠海市城镇人均住房面积的预测值为 31.8532 m^2.

8.5　马氏链模型

马氏链模型在经济、社会、生态、遗传等许多领域中有着广泛的应用，值得提出的是，虽然它解决随机转移过程的工具，但是一些确定性系统的状态转移问题也能用马氏链模型处理.

8.5.1　健康与疾病

人寿保险公司对受保人的健康状况特别关注，他们欢迎年轻力壮的人投保，患病者和高龄人则需付较高的保险金，甚至被拒之门外. 人的健康状态随着时间的推移会发生转变，保险公司要通过大量数据对状态转变的概率作出估计，才可能确定不同人的保险金和理赔金数额，下面分两种情况进行讨论.

1) 粗略地把人的健康状况分为健康和疾病两种状态. 假定对某一年龄段的人，今年健康、明年保持健康状态的概率为 0.8，即明年转为疾病状态的概率为 0.2；而今年患病、明年转为健康状态的概率为 0.7，即明年保持疾病状态的概率为 0.3.

用随机变量 X_n 表示第 n 年的状态，$X_n=1$ 表示健康，$X_n=2$ 表示疾病，$n=0,1,2,\cdots$. 用 $a_i(n)$ 表示第 n 年处于状态 i 的概率，$i=1,2$，即 $a_i(n)=$

$P(X_n = i)$. 用 p_{ij} 表示已知今年处于状态 i，来年处于状态 j 的概率，$i,j = 1,2$，即 $p_{ij} = P(X_{n+1} = j \mid X_n = i)$. $a_i(n)$ 称为状态概率，p_{ij} 称为状态转移概率. 这种状态及基转移情况可以用图 8-10 表示.

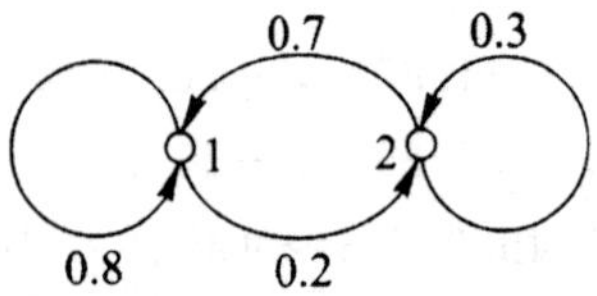

图 8-10　种状态及其转移概率

显然，第 $n+1$ 年的状态 X_{n+1} 只取决于第 n 年的状态 X_n 和转移概率 p_{ij}，而与以前的状态 $X_{n-1}, X_{n-2}, \cdots$ 无关，即状态转移具有无后效性. 第 $n+1$ 年的状态概率可由全概率公式得到

$$\begin{cases} a_1(n+1) = a_1(n)p_{11} + a_2(n)p_{21} \\ a_2(n+1) = a_1(n)p_{12} + a_2(n)p_{22} \end{cases}$$

由前 $p_{11} = 0.8, p_{12} = 0.2, p_{21} = 0.7, p_{22} = 0.3$，投保人开始时处于健康状态，即 $a_1(0) = 1, a_2(0) = 0$，利用上式立即可以算出以后各年他处于两种状态的概率 $a_1(n), a_2(n), n = 1,2,\cdots$，如表 8-11.

表 8-11　投保人开始处于健康状态时两种状态概率的变化

n	0	1	2	3	4	$\cdots$	∞
$a_1(n)$	1	0.8	0.78	0.778	0.7778	$\cdots$	7/9
$a_2(n)$	0	0.22	0.22	0.222	0.2222	$\cdots$	2/9

表中最后一列是根据计算数值的趋势猜测的.

如果投保人开始时处于疾病状态，即 $a_1(0) = 0, a_2(0) = 1$，类似地可得表 8-12.

表 8-12　投保人开始处于疾病状态时两种状态概率的变化

n	0	1	2	3	4	$\cdots$	∞
$a_1(n)$	0	0.7	0.77	0.777	0.7777	$\cdots$	7/9
$a_2(n)$	1	0.3	0.23	0.223	0.2223	$\cdots$	2/9

显然表中最后一列和表 8-11 相同.

可以将众多投保人处于两种状态的比例，视为典型的投保人处于两种状态的概率，比如若健康人占 3/4，病人占 1/4，则可设初始状态概率为 $a_1(0)=0.75, a_2(0)=0.25$，读者计算一下就会发现 $n\to\infty$ 时 $a_1(n), a_2(n)$ 的趋向也和表 8-8、表 8-9 相同.

可以看到，对于给定的状态转移概率，$n\to\infty$ 时状态概率 $a_1(n), a_2(n)$ 趋向于稳定值，该值与初始状态无关，这是一种主要的马氏链类型的重要性质.

2) 把人的死亡作为第 3 种状态，用 $X_n=3$ 表示. 今年健康、明年可能因突发疾病或偶然事故而死亡，今年患病、明年更可能转为死亡，而一旦死亡当然就不能再转为健康或疾病状态. 将 3 种状态的转移表示为图 8-11.

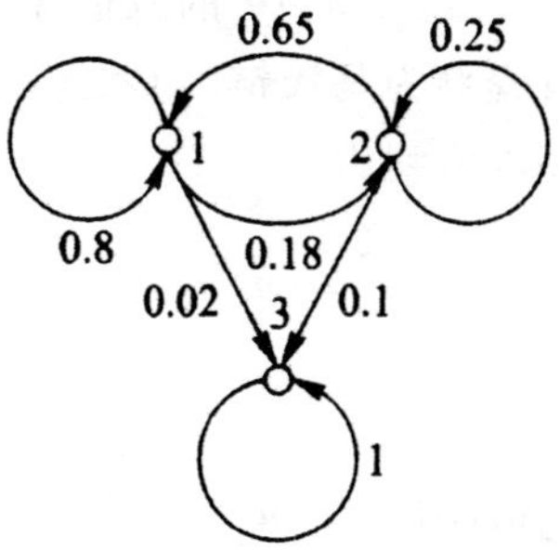

图 8-11　三种状态及其转移概率

仍用 $a_i(n)$ 表示状态概率，$i=1,2,3$，用 p_{ij} 表示状态转移概率，$i,j=1,2,3$，具体数值见图 8-11，特别注意，$p_{31}=p_{32}=0, p_{33}=1$. 第 $n+1$ 年的状态概率为

$$\begin{cases}a_1(n+1)=a_1(n)p_{11}+a_2(n)p_{21}+a_3(n)p_{31}\\a_2(n+1)=a_1(n)p_{12}+a_2(n)p_{22}+a_3(n)p_{32}\\a_3(n+1)=a_1(n)p_{13}+a_2(n)p_{23}+a_3(n)p_{33}\end{cases}$$

计算，若投保人开始时处于健康状态，则由(2) 式算出以后各年他处于三种状态的概率，如表 8-13.

表 8-13　投保人处于健康状态时三种状态概率的变化

n	0	1	2	3	…	30	…	50	…	∞
$a_1(n)$	1	0.8	0.757	0.7285	…	0.2698	…	0.1293	…	0
$a_2(n)$	0	0.18	0.189	0.1835	…	0.0680	…	0.0326	…	0
$a_3(n)$	0	0.02	0.054	0.0880	…	0.6621	…	0.8381	…	1

表中最后一列是根据计算数值的趋势猜测的. 如果设初始状态概率为

$a_1(0)=0.75, a_2(0)=0.25, a_3(0)=0$,会发现当 $n\to\infty$ 时,$a_1(n), a_2(n)$, $a_3(n)$ 的趋向和表 8-12 相同.

可以看到,不论初始状态如何,最终都要转到状态 3,这代表了另一种主要的马氏链类型.

通过这个例子容易了解下面给出的马氏链的基本概念.

马氏链及其基本方程 按照系统的发展,时间离散化为 $n=0,1,2,\cdots$,对每个 n,系统的状态用随机变量 X_n 表示,设 X_n 可以取 k 个离散值 $X_n=1, 2,\cdots,k$,且记 $a_i(n)=P(X_n=i)$,即状态概率,从 $X_n=i$ 到 $X_{n+1}=j$ 的概率记 $p_{ij}=P(X_{n+1}=j\mid X_n=i)$,即转移概率.如果 X_{n+1} 的取值只取决于 X_n 的取值及转移概率,而与 $X_{n-1}, X_{n-2},\cdots$ 的取值无关,那么这种离散状态按照离散时间的随机转移过程称为马氏链.由状态转移的无后效性和全概率公式可以写出马氏链的基本方程为

$$a_i(n+1)=\sum_{j=1}^{k}a_j(n)p_{ji}, i=1,2,\cdots,k$$

并且 $a_i(n)$ 和 p_{ij} 应满足

$$\sum_{i=1}^{k}a_i(n)=1(n=1,2,\cdots,k)$$

$$p_{ij}\geqslant 0(i,j=1,2,\cdots,k)$$

$$\sum_{j=1}^{k}p_{ij}=1(i=1,2,\cdots,k)$$

引入状态概率向量(行向量)和转移概率矩阵(简称转移矩阵)

$$\boldsymbol{a}(n)=(a_1(n),a_2(n),\cdots,a_k(n)),\boldsymbol{P}=\{p_{ij}\}_{k\times k}$$

则基本方程可以表为

$$\boldsymbol{a}(n+1)=\boldsymbol{a}(n)\boldsymbol{P}$$

由此还可得到

$$\boldsymbol{a}(n)=\boldsymbol{a}(0)\boldsymbol{P}^n$$

$p_{ij}\geqslant 0$ 表明转移矩阵 $\boldsymbol{P}$ 是非负阵,$\sum\limits_{j=1}^{k}p_{ij}=1$ 表示 $\boldsymbol{P}$ 的行和为 1,称为随机矩阵.

对于上例的两种情况,转移矩阵分别为

$$\boldsymbol{P}=\begin{bmatrix}0.8 & 0.2\\0.7 & 0.3\end{bmatrix},\boldsymbol{P}=\begin{bmatrix}0.8 & 0.18 & 0.02\\0.65 & 0.25 & 0.1\\0 & 0 & 1\end{bmatrix}$$

容易看出,对于马氏链模型最基本的问题是构造状态 X_n 及写出转移矩阵 $\boldsymbol{P}$.一旦有了 $\boldsymbol{P}$,那么给定初始状态概率 $\boldsymbol{a}(0)$ 就可以计算任意时段 n 的状

态概率 $\boldsymbol{a}(n)$.

应该指出，这里的转移概率 p_{ij} 与时段 n 无关，这种马氏链称为时齐的.

从上面的计算结果可以看出这两个马氏链之间有很大差别，事实上它们属于马氏链的两个重要类型，下面分别作简单介绍.

正则链　这类马氏链的特点是，从任意状态出发经过有限次转移都能达到另外的任意状态.

定义 8.6　一个有 k 个状态的马氏链如果存在正整数 N，使从任意状态 i 经 N 次转移都以大于零的概率到达状态 $j\,(i,j=1,2,\cdots,k)$，则称为正则链.

用下面的定理容易检验一个马氏链是否是正则链.

定理 8.5　若马氏链的转移矩阵为 $\boldsymbol{P}$，则它是正则链的充要条件是，存在正整数 N，使 $\boldsymbol{P}^N > 0$（指 $\boldsymbol{P}^N$ 的每一元素大于零).

上面第 1 种情况的转移矩阵显然满足定理 1，即它是正则链. 我们已经看到，从任意初始状态 $\boldsymbol{a}(0)$ 出发，$n \to \infty$ 时状态概率 $\boldsymbol{a}(n)$ 趋于与 $\boldsymbol{a}(0)$ 无关的稳定值. 事实上有如下的定理.

定理 8.6　正则链存在唯一的极限状态概率 $\boldsymbol{w}=(w_1,w_2,\cdots,w_k)$，使得当 $n\to\infty$ 时状态概率 $\boldsymbol{a}(n)\to\boldsymbol{w}$，$\boldsymbol{w}$ 与初始状态概率 $\boldsymbol{a}(0)$ 无关. $\boldsymbol{w}$ 又称稳态概率，满足

$$\boldsymbol{wP}=\boldsymbol{w}$$

$$\sum_{i=1}^{n} w_i = 1$$

首达概率　从状态 i 出发经 n 次转移，第一次到达状态 j 的概率称为 i 到达 j 的首达概率，记住 $f_{ij}(n)$. 于是

平均转移次数　$\mu_{ij}=\sum_{n=1}^{\infty} n f_{ij}(n)$ 为由状态 i 第一次到达状态 j 的平均转移次数. 是状态首次返回的平均转移次数.

定理 8.7　对于正则链 $\mu_{ij}=1/w_i$.

吸收链　转移概率 $p_{ii}=1$ 的状态称 i 为吸收状态. 如果马氏链至少包含一个吸收状态，并且从每一个非吸收状态出发，能以正的概率经有限次转移到达某个吸收状态，那么这个马氏链称为吸收链.

吸收链的转移矩阵可以写成简单的标准形式. 若有 r 个吸收状态，$k-r$ 个非吸收状态，则转移矩阵 $\boldsymbol{P}$ 可表为

$$\boldsymbol{P}=\begin{bmatrix} \boldsymbol{I}_{r\times r} & \boldsymbol{O} \\ \boldsymbol{R} & \boldsymbol{Q} \end{bmatrix}$$

其中 $k-r$ 阶子方阵 $\boldsymbol{Q}$ 的特征值 λ 满足 $|\lambda|<1$. 这要求子阵 $\boldsymbol{R}_{(k-r)\times r}$，中必含

有非零元素，以满足从任一非吸收状态出发经有限次转移可到达某吸收状态的条件. 这样 $\boldsymbol{Q}$ 就不是随机矩阵，它至少存在一个小于 1 的行和，且如下定理成立.

定理 8.8 设吸收链的转移矩阵 $\boldsymbol{P}$ 为标准形式，记 $\boldsymbol{F}=[f_{ij}]_{(k-r)\times r}$，则 $\boldsymbol{F}=\boldsymbol{MR}$.

8.5.2 钢琴销售的存贮策略

(1) 问题分析

对于钢琴这样奢侈品销售量很小，商店一般不会有多大的存储量让它积压资金. 现一家商店根据以往的经验，平均每周售出 1 架钢琴. 经理制订的策略是，每周检查库存量，仅当库存量为零式，才订购 3 假供下周销售；否则不订购. 估计在这种策略下失去销售机会的可能性有多大.

(2) 模型假设

① 钢琴每周需求量服从泊松分布，均值为每周 1 架.

② 存贮策略是：当周末库存量为零时，订购 3 架，周初到货；否则，不订购.

③ 以每周初的库存量作为状态变量，状态转移具有无后效性.

④ 在稳态情况下计算该存贮策略失去销售机会的概率和每周的平均销售量.

(3) 模型建立

记第 n 周的需求量为 D_n，由假设 1，D_n 服从均值为 1 的泊松分布，即

$$P(D_n=k)=\mathrm{e}^{-1}/k!\,(k=0,1,2,\cdots)$$

记第 n 属初的库存量为 S_n，$S_n\in\{1,2,3\}$ 是这个系统的状态变量，由假设②，状态转移规律为

$$S_{n+1}=\begin{cases}S_n-D_n, D_n<S_n\\ 3, D_n\geqslant S_n\end{cases}$$

因此不难算出 $P(D_n=0)=0.368$，$P(D_n=1)=0.368$，$P(D_n=2)=0.184$，$P(D_n=3)=0.061$，$P(D_n>3)=0.01$，由此计算状态转移矩阵

$$\boldsymbol{P}=\begin{bmatrix}p_{11} & p_{12} & p_{13}\\ p_{21} & p_{22} & p_{23}\\ p_{31} & p_{32} & p_{33}\end{bmatrix}$$

其中

$$p_{11}=P(S_{n+1}=1|S_n=1)=P(D_n=0)=0.368$$
$$p_{12}=P(S_{n+1}=2|S_n=1)=0$$

$$p_{13} = P(S_{n+1} = 3 \mid S_n = 1) = P(D_n \geqslant 1) = 0.632$$
$$p_{21} = P(S_{n+1} = 1 \mid S_n = 2) = P(D_n = 1) = 0.368$$
$$p_{22} = P(S_{n+1} = 2 \mid S_n = 2) = P(D_n = 0) = 0.368$$
$$p_{23} = P(S_{n+1} = 3 \mid S_n = 2) = P(D_n \geqslant 2) = 0.264$$
$$p_{31} = P(S_{n+1} = 1 \mid S_n = 3) = P(D_n = 2) = 0.184$$
$$p_{32} = P(S_{n+1} = 2 \mid S_n = 3) = P(D_n = 1) = 0.368$$
$$p_{33} = P(S_{n+1} = 3 \mid S_n = 3) = P(D_n = 0) + P(D_n \geqslant 3) = 0.448$$

得到

$$\boldsymbol{P} = \begin{bmatrix} 0.368 & 0 & 0.632 \\ 0.368 & 0.368 & 0.264 \\ 0.184 & 0.368 & 0.448 \end{bmatrix}$$

记状态概率 $a_i(n) = P(S_n = i), i = 1,2,3, a(n) = (a_1(n), a_2(n), a_3(n))$，根据状态转移具有无后效性的假设，有 $\boldsymbol{a}(n+1) = \boldsymbol{a}(n)\boldsymbol{P}$. 由矩阵 $\boldsymbol{P}$ 知该项链这是一个正则链，具有稳态概率 $\boldsymbol{w}$，$\boldsymbol{w}$ 可表示为

$$\boldsymbol{w} = (w_1, w_2, w_3) = (0.285, 0.263, 0.452)$$

该存贮策略(第 n 周) 失去销售机会的概率为 $P(D_n > S_n)$，按照全概率公式有

$$P(D_n > S_n) = \sum_{i=1}^{3} P(D_n > i \mid S_n = i) P \quad (S_n = i)$$

其中的条件概率为 $P(D_n > i \mid S_n = i)$. 当 n 充分大时，可以认为

$$P(S_n = i) = w_i, i = 1,2,3$$

最终得到

$$P(D_n > S_n) = 0.264 \times 0.285 + 0.080 \times .263 + 0.019 \times .452 = 0.105$$

即从长远看，失去销售机会的可能性大约 10%.

在计算该存贮策略(第 n 周) 的平均销售量 R_n 时，应注意到，当需求超过存量时只能销售捧存量，于是

$$R_n = \sum_{I=1}^{3} \left[\sum_{J=1}^{I-1} jP(D_n = j \mid S_n = i) + iP(D_n \geqslant j \mid S_n = i) \right] P(S_n = i)$$

同样地，当 n 充分大时用稳态概率 w_i 代替 $P(S_n = i)$，得到

$$R_n = 0.632 \times .285 + 0.896 \times 0.263 + 0.976 \times .452 = 0.857$$

即从长期看，每周的平均销售量为 0.857 架.

(4) 敏感性分析

为了计算当平均需求在 1 附近波动时，最终结果有多大变化，设 D_n 服从均值为 λ 的泊松分布，即有

$$P(D_n = k) = \lambda^k e^{-\lambda} / k! \quad (k = 0,1,2,\cdots)$$

由此得到状态转移矩阵为

$$
\boldsymbol{P}=\begin{bmatrix} e^{-\lambda} & 0 & 1-e^{-\lambda} \\ \lambda e^{-\lambda} & e^{-\lambda} & 1-(1+\lambda)e^{-\lambda} \\ \lambda^2 e^{-\lambda}/2 & \lambda e^{-\lambda} & 1-(\lambda+\lambda^2/2)e^{-\lambda} \end{bmatrix}
$$

对于不同的平均需求 λ，类似于上面的计算过程，记 $P=P(D_n>S_n)$，可得到以下结果：

λ	0.8	0.9	1.0	1.1	1.2
P	0.073	0.089	0.105	0.122	0.139

即当平均需求增长(或减少)10％时，失去销售机会的概率将增长(或减少)约15％，这是可以接受的.

8.5.3 资金流通

若干地区之间资金每年按一定比例相互流动，各个地区还有一部分资金流出这些地区，并且不再回来. 银行为了使这些地区的资金分布趋向给定的稳定分布，计划每年向各地区投放或收回一定的资金. 本节要建立一个模型描述各地区资金分布的变化规律，讨论在什么条件下可以趋近稳定分布，并确定银行应投放或收回多少资金.

这个问题与上节的等级结构有相似之处. 地区间的资金流通可类比等级间的成员转移，资金流出这些地区可类比成员退出系统，而银行投放或收回资金相当于成员的调入. 也有几点不同之处，一是进入各地区的资金可正(投放)可负(收回)，而成员的调入比例不能为负；二是各地区资金总和每年是变化的，而上节是在系统总人数不变的假定下进行讨论的.

下面先建立资金分布的基本方程，再研究趋向稳定分布的问题.

设有 k 个地区，第 t 年地区 i 的资金为 $c_i(t)(i=1,2,\cdots,k;t=0,1,2,\cdots)$，每年从地区 i 流入地区 k 的资金的比例为 p_{ij}，每年银行向地区 i 投放的资金为 d_i(当 d_i 为负时表示从地区 i 收回). 这些量满足 $c_i(t)\geqslant 0,p_{ij}\geqslant 0$，$\sum\limits_{j=1}^{k}p_{ij}\leqslant 1$(总有某些地区每年有一定比例资金流出该系统). $\boldsymbol{c}(t)=(c_1(t),c_2(t),\cdots,c_k(t))$，$\boldsymbol{Q}=\{p_{ij}\}$，$\boldsymbol{d}=(d_1,d_2,\cdots,d_k)$，容易得到

$$
\boldsymbol{c}(t+1)=\boldsymbol{c}(t)\boldsymbol{Q}+\boldsymbol{d}
$$

经递推可得

$$c(t)=c(0)Q^t+d\sum_{s=0}^{t-1}Q^s$$

如果暂不考虑资金投放，资金在 $k+1$ 个状态间的转移矩阵可表示为

$$P=\begin{bmatrix}1 & 0\\ R & Q\end{bmatrix}$$

其中第 1 行对应于状态 0，因为资金一旦流出系统，就不再回来，所以状态 0 是一个吸收状态，不妨假定各地区均对应于非吸收状态，并且从这些状态出发可以到达状态 0，即形成一个吸收链. 于是由转移矩阵 P 的标准形式可知，$I-Q$ 可逆，且 $(I-Q)^{-1}=\sum_{s=0}^{\infty}Q^s$. 这隐含着 $Q^t\to 0(t\to\infty)$. 令 $t\to\infty$ 有

$$c(\infty)=d(I-Q)^{-1}$$

设银行希望各地区资金趋向于稳定分布 c^*，令 $c(\infty)=c^*$ 可以得到

$$d=c^*(I-Q)=c^*-c^*Q$$

这就是说，对于给定的 c^* 和 Q，可算出 d 可使 $c(t)\to c^*\ (t\to\infty)$，也可得到

$$c(t)=c(0)Q^t+(c^*-c^*Q)\sum_{s=0}^{t-1}Q^s$$

是否对于 $t=1,2,\cdots$ 都有 $c(t)\geqslant 0$（指每个 $c_i(t)\geqslant 0$）.

分两种情况讨论上述问题.

1) 因为 $c(0)\geqslant 0$，$Q\geqslant 0$（指每个元素不小于零），若

$$c^*\geqslant c^*Q$$

则对于任意的初始分布 $c(0)$ 都有 $c(t)\geqslant 0(t=1,2,\cdots)$. 这时给出的 d 就是使 $c(t)\to c^*\ (t\to\infty)$ 的银行资金投放量，不妨称 c^* 是可达到的.

2) $c^*\geqslant c^*Q$ 只是 $c(t)\geqslant 0$ 的充分条件. 当 $c^*\geqslant c^*Q$ 不成立时可以进一步将 $c(t)=c(0)Q^t+(c^*-c^*Q)\sum_{s=0}^{t-1}Q^s$ 化为

$$\begin{aligned}c(t)&=c(0)Q^t+(I-Q)(I+Q+\cdots Q^{t+1})\\&=c(0)Q^t+c^*(I-Q^t)\\&=c^*-[c^*-c(0)]Q^t\end{aligned}$$

记

$$h(t)=[c^*-c(0)]Q^t$$

可得 $c(t)\geqslant 0$ 的充要条件为 E_t：

$$c^*\geqslant h(t),t=1,2,\cdots$$

条件 E_t 可以方便地用来检验 c^* 不能达到，因为只要存在一个 t，使 E_t 不满足即可；但是无法判断 c^* 可以达到，因为我们不能对所有的 $t=1,2,\cdots$ 都来验证 E_t 的正确性.

有一个判断 E_t 成立的充分条件,可以与条件 E_t 结合起来使用.下面不加证明地引述一个定理.

定理 8.9 设 $\boldsymbol{c}^* > 0, \boldsymbol{h}(s)$,由 $\boldsymbol{h}(t) = [\boldsymbol{c}^* - \boldsymbol{c}(0)]\boldsymbol{Q}^t$ 定义,记

$$\bar{h}(s) = \sum_{i=1}^{k} |h_i(s)|, \boldsymbol{h}(s) = (h_1(s), \cdots, h_k(s))$$

① 若存在某个 $s(s = 0,1,2,\cdots)$ 使条件 F_s:

$$\min_i c_i^* \geqslant \bar{h}(s)$$

成立,则条件 E_t 对 $t \geqslant s$ 均成立.

② 必存在某个 s_0 使条件 F_{s_0} 成立.

对于给定的 $\boldsymbol{c}^*, \boldsymbol{Q}$ 和 $\boldsymbol{c}(0)$,判断 $\boldsymbol{c}^*$ 能否达到的程序如图 8-12 所示.

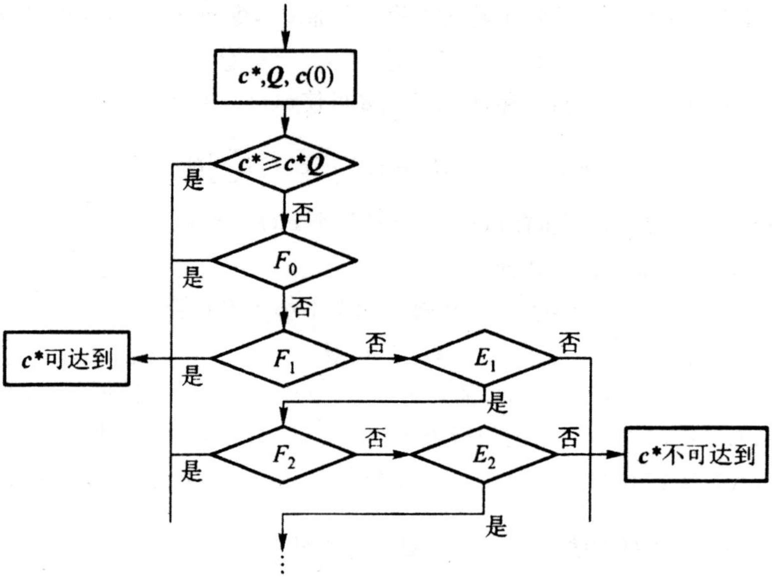

图 8-12 判断 $\boldsymbol{c}^*$ 是否可达到程序示意图

例 8-7 3 个地区的资金流通比例矩阵为

$$\boldsymbol{Q} = \begin{bmatrix} \frac{1}{3} & 0 & \frac{1}{3} \\ \frac{1}{3} & \frac{1}{3} & \frac{1}{3} \\ 0 & \frac{2}{3} & \frac{1}{3} \end{bmatrix}$$

初始分布为 $\boldsymbol{c}(0) = (9,3,6)$.判断稳定分布 $\boldsymbol{c}^* = (12,6,3)$ 能否达到;若能达到,问银行每年应如何投放资金.

解:按照图 8-12 的程序,步骤如下:

① 检验 $\boldsymbol{c}^* \geqslant \boldsymbol{c}^*\boldsymbol{Q}$. 计算 $\boldsymbol{c}^*\boldsymbol{Q} = (6,4,7)$, $\boldsymbol{c}^* \geqslant \boldsymbol{c}^*\boldsymbol{Q}$ 不成立.

② 检验 F_0. 计算 $\boldsymbol{h}(0) = \boldsymbol{c}^* - \boldsymbol{c}^*(0) = (3,3,-3)$, $\bar{h}(0) = 9$, 而 $\min\limits_i c_i^* = 3$, $F_0: \min\limits_i c_i^* = \bar{h}(0)$ 不成立.

③ 检验 F_1. 计算 $\bar{h}(1) = \bar{h}(0)\boldsymbol{Q} = (2,-1,1)$, $\bar{h}(1) = 4$, $F_1: \min\limits_i c_i^* = 3$, $F_0: \min\limits_i c_i^* = \bar{h}(1)$ 不成立.

④ 检验 E_1. $\boldsymbol{c}^* > \boldsymbol{h}(1)$ 成立.

⑤ 检验 F_2. 计算 $\boldsymbol{h}(2) = \boldsymbol{h}(1)\boldsymbol{Q} = \left(\frac{1}{3}, \frac{1}{3}, \frac{2}{3}\right)$, $\bar{h}(2) = \frac{4}{3}$, $F_2: \min\limits_i c_i^* \geqslant \bar{h}(2)$ 成立.

检验完毕, $\boldsymbol{c}^*$ 可达到. 银行应投放的资金 $\boldsymbol{d}$, 有

$$\boldsymbol{d} = \boldsymbol{c}^* - \boldsymbol{c}^*\boldsymbol{Q} = (6,2,-4)$$

即每年向地区 1,2 分别投放 6 和 2 个资金单位,从地区 3 收回 4 个资金单位.

参考文献

[1]陈东彦，刘凤秋，牛犇. 数学建模[M]. 2 版. 北京：科学出版社，2013.

[2]周永正，詹棠森，方成鸿，等. 数学建模[M]. 上海：同济大学出版社，2010.

[3]陈恩水，王峰. 数学建模与实验[M]. 北京：科学出版社，2008.

[4]黎协锐，常进荣，吴琼扬. 数学建模思想及应用分析[M]. 北京：中国商务出版社，2011.

[5]薛毅. 数学建模基础[M]. 2 版. 北京：科学出版社，2011.

[6]汪晓银，周保平. 数学建模与数学实验[M]. 北京：科学出版社，2010.

[7]陈汝栋，于延荣. 数学模型与数学建模[M]. 2 版. 北京：国防工业出版社，2009.

[8]李汉龙，缪淑贤，韩婷，等. 数学建模入门与提高[M]. 北京：国防工业出版社，2016.

[9]张秀兰，林峰. 数学建模与实验[M]. 北京：化学工业出版社，2013.

[10]姜启源，谢金星，叶俊. 数学模型[M]. 北京：高等教育出版社，2011.

[11]姜启源. 数学模型[M]. 3 版. 北京：高等教育出版社，2009.

[12]司守奎，孙玺菁. 数学建模算法与应用[M]. 北京：国防工业出版社，2011.

[13]刘红良. 数学建模与建模算法[M]. 北京：科学出版社，2017.

[14]王庚，王敏生. 现代数学建模方法[M]. 北京：科学出版社，2017.

[15]方道元，韦明俊. 数学建模——方法导引与案例分析[M]. 杭州：浙江大学出版社，2015.

[16]林峰，张秀兰. 数学建模与实验[M]. 2 版. 北京：化学工业出版社，2016.

[17]沈世云. 数学建模与方法[M]. 北京：清华大学出版社，2016.

[18]章绍辉. 数学建模[M]. 北京：科学出版社，2016.

[19]陈华友，周礼刚，刘金培. 数学模型与数学建模[M]. 北京：科学出

版社，2016.

[20]刘锋，周群艳，胡江胜. 数学建模[M]. 南京：南京大学出版社，2016.

[21]朱晓峰. 数学实验与数学建模[M]. 北京：北京理工大学出版社，2016.

[22](美)Mark M. Meerschaert. 数学建模方法与分析[M]. 北京：机械工业出版社，2015.